非饱和土中弹性波的传播及其动力特性

周凤玺　马　强　著

中国建筑工业出版社

图书在版编目（CIP）数据

非饱和土中弹性波的传播及其动力特性/周凤玺，马强著．—北京：中国建筑工业出版社，2023.12
ISBN 978-7-112-29074-1

Ⅰ．①非…　Ⅱ．①周…②马…　Ⅲ．①非饱和-土力学-弹性波-研究　Ⅳ．①TU43

中国国家版本馆 CIP 数据核字（2023）第 160328 号

本书系统介绍了地基中弹性波的传播特性、振动响应及其治理等土动力学和环境岩土工程领域中的基础性科学问题。针对土动力学中的基础性科学问题，建立了具有多孔多相特性土体的动力学数学模型，从非饱和土中弹性波的传播特性、动力响应行为以及能量传输等方面开展了分层次相关联的分析讨论。全书共 6 章，主要内容包括：绪论；非饱和土流固耦合模型；非饱和半空间中弹性波的传播特性；平面谐波在半空间表面处的传播特性；平面谐波在土层分界面处的传播特性；非饱和土的动力响应。

本书可供岩土工程相关的研究生、教师和科研人员阅读使用。

策划编辑：沈文帅
责任编辑：张伯熙
责任校对：张　颖
校对整理：赵　菲

非饱和土中弹性波的传播及其动力特性
周凤玺　马　强　著
*
中国建筑工业出版社出版、发行（北京海淀三里河路 9 号）
各地新华书店、建筑书店经销
霸州市顺浩图文科技发展有限公司制版
北京盛通数码印刷有限公司印刷
*
开本：787 毫米×960 毫米　1/16　印张：9¾　字数：206 千字
2023 年 12 月第一版　2023 年 12 月第一次印刷
定价：**60.00** 元
ISBN 978-7-112-29074-1
（41802）

如有内容及印装质量问题，请联系本社读者服务中心退换
电话：（010）58337283　QQ：2885381756
（地址：北京海淀三里河路 9 号中国建筑工业出版社 604 室　邮政编码：100037）

前　言

土动力学是岩土工程领域的一个重要分支，主要研究土体在动力荷载作用下的应力、变形和运动规律，其所涉及的问题十分广泛。弹性波的传播及其散射作为土动力学中的一个基础性科学问题，在岩土工程技术的许多领域诸如地质勘探、损伤检测、地基振动控制等方面都有着重要的应用。几个世纪以来，单相均匀连续固体中弹性波的传播机理与应用研究已相当成熟，并且近几十年来关于两相饱和土中的波动理论同样取得突飞猛进的发展，但是非饱和状态下弹性波动的相关问题研究仍然有大量的研究工作亟待开展。

本书共 6 章，由非饱和土中弹性波的传播特性和动力响应行为两个部分的内容组成。其中，第 2～第 5 章对非饱和土的多场耦合动力学模型、各类弹性体波和 Rayleigh 面波的传播以及能量特性进行了讨论；第 6 章针对不同动力荷载下的非饱和土的动力响应行为进行了分析。具体各章节的内容如下：

第 1 章为绪论。主要介绍了非饱和土波动特性的研究意义，并对国内外的研究现状进行了简要的介绍。

第 2 章为非饱和土流固耦合模型。在已有研究成果的基础上，考虑非饱和土中固相、液相和气相的基本方程，包括质量平衡方程、动量平衡方程和有效应力原理、本构方程、广义 Darcy 定律等，建立了非饱和土的动力学控制方程。

第 3 章为非饱和半空间中弹性波的传播特性。基于第 2 章得到的多场耦合方程，通过数值算例分析了非饱和半空间中各种弹性体波以及 Rayleigh 波的传播速度和衰减特征，分析了土体饱和度、孔隙率、频率、固有渗透系数和粒间吸应力等因素对弹性波传播特性的影响规律，并且对非饱和土中平面波的能量传输特征进行了分析。

第 4 章和第 5 章分别为平面谐波在半空间表面处和土层分界面处的传播特性。在非饱和土弹性波动方程的基础之上，研究了弹性体波在不同边界条件时的反射问题和透射问题，包括不同弹性体波在非饱和半空间自由表面上的反射问题；不同弹性体波在非饱和土和弹性介质分界面上的反射与透射问题；不同弹性体波在非饱和土层分界面上的反射与透射问题。通过算例分析了频率、入射角度、饱和度等因素对势函数振幅和入射波的能量分配的影响。

第 6 章为非饱和土的动力响应。基于非饱和土的多场动力耦合模型，对不同动力荷载，包括突加荷载、竖向和水平简谐荷载、移动荷载等作用下的动力响应行为进行了分析讨论。

本书是课题组在土动力学方面相关研究成果的总结。在编写过程中得到了梁玉旺博士、柳鸿博博士以及硕士研究生张雅森、姚桃岐、邵彦平等诸多课题组成员的大力支持，在此一并表示感谢！

本书的出版得到了国家自然科学基金（编号：11162008、5136803、51978320）、甘肃省基础研究创新群体（编号：20JR5RA478）、甘肃省环境保护厅科研计划（编号：GSEP-2014-2）、兰州理工大学红柳青年教师培养计划和兰州理工大学红柳杰出青年人才计划的资助，在此作者表示衷心的感谢！由于作者水平、能力有限，书中难免存在不妥之处，敬请各位专家、同行和读者批评指正。

目　录

第1章 绪论

1.1 非饱和土波动特性的研究意义

岩土介质的波动特性以及动力响应问题的研究在石油工程、岩土工程以及地震工程、地球物理等各种工程领域内有着非常重要的应用价值。例如：我国地处环太平洋地震带和喜马拉雅-地中海地震带之间，是一个多地震的国家，21世纪以来多次发生强烈地震，给人们造成了重大的生命和财产损失。近年来，我国发生的地震有增多的趋势，且具有强度大、频率高、震源浅的特点，随着经济的高速发展及城市人口的集中，城市抗震防灾问题日显突出。由于城市抗震防灾问题所涉及的研究问题内容广泛，如何有效地评估场地的动力响应，针对地震作用下安全经济地进行设计、施工是抗震防灾首要问题。

众所周知，自然界中绝大部分陆地处于干旱和半干旱地区，其覆盖土体均处于非饱和状态。贾永莹（1995）在《世界干旱地区概貌》一文中更是明确指出世界陆地的总面积约为150亿hm^2，而包括极端干旱区、干旱区、半干旱区和干燥的半湿润区在内的总的干旱区面积约占世界陆地总面积的41%，约为61.5亿hm^2。因此，对非饱和土波动特性问题进行探究将更加具有实际意义。此外，非饱和土波动问题的研究将会涉及数学、力学、土木工程等诸多学科，非饱和多孔介质波动特性的研究成果将会进一步发展土动力学理论，丰富多孔介质理论和固体力学的内容。

1.2 非饱和土波动特性的研究概况

由于每一种波都含有波源介质和传播介质的物理特性信息，因此研究波传播问题具有重要的理论实践意义和学术价值。对饱和多孔介质中波的研究，国内外学者已经取得大量的研究成果。Biot（1956）将连续介质力学应用于流体饱和多孔介质中，分别考虑流体和固体骨架的应力应变及其运动，并考虑了两相之间复杂的惯性和黏性耦合作用。Biot 理论成功预言了在宏观各向同性均匀多孔介质中，一般存在两种压缩波（P_1 波、P_2 波）和一种剪切波（S 波），三种波均是弥散、衰减波。自 Biot 开创性工作以后，吴世明（1997）、Lo（2008）、Zhou 等（2013，2014，2016）众多学者从不同角度研究了双相饱和多孔介质中的波动问题。Reint（2000）对多孔介质理论的传承及发展过程进行了详细的总结。

与单相弹性固体介质和饱和多孔弹性介质相比，非饱和多孔介质中存在着较为复杂的毛细压力和耦合效应，其波动问题的研究将更加复杂。自 Biot 在 1965 年建立多孔弹性介质理论以来，众多学者通过对 Biot 理论进行扩展研究了等温条件下孔隙气体对非饱和多孔介质中弹性波的波速和衰减系数的影响（Santos 等，1990；Lo 等，2005；Lu 等，2007；Albers，2011），这些研究表明在非饱和多孔弹性介质中存在四类弹性体波：三种压缩波（P_1 波，P_2 波，P_3 波）和一种剪切波（S 波），其中 P_1 波和 P_2 波类似于 Biot 理论中的快波和慢波，P_3 波是由于气相的出现而存在。国内学者徐长节（2004）、徐明江（2009）和陈炜昀（2013）等基于热力学和连续介质力学的混合物理论建立了非饱和多孔弹性介质的波动方程，分析了非饱和土中四类弹性体波的波速和衰减系数。周凤玺和柳鸿博等（2019、2020）在考虑热效应影响的条件下，开展了非饱和多孔介质中热弹性波的传播特性的研究。

介质的边界远离振源，而仅仅考虑弹性波在非饱和土体内部的传播时，可以认为介质是无限大。然而实际工程中，土体总是有界的空间域，并且在沉积过程中受到各种环境因素的影响，土体内部也会出现分界面，如不同饱和度土层分界面等，弹性波在这些介质分层的交界面处将会产生反射和透射现象。弹性体波在多孔介质（如天然土、岩石等）中，不同介质交界面处反射和透射问题一直是岩土工程、海洋工程、石油工程、地球物理学等领域中重要的研究课题。当入射波入射至两种物理性质不同的介质的分界面上，所产生的反射波的反射系数随着入射角的变化，是反映反射特性的关键指标，已有研究表明，当弹性波垂直入射在不同介质的交界面处时会发生多次反射、透射以及绕射，并且在斜入射时还会存在压缩波与剪切波的波形转换。上述现象将使得交界面处的介质同时受到挤压和剪切作用，进而会引发一系列工程问题。例如，地震作用下，弹性波将在土层与空气分界处发生多次反射和透射现象，从而导致地面建筑物倾斜、开裂，甚至倒塌。此外，海底滑坡等自然灾害与弹性波在不同介质交界面处的反射和透射行为密不可分。因此，不同土层分界面上弹性体波的反射和透射现象有着重要的理论和现实意义。

土体动力响应问题包含的范围很广，如：土-结构的动力相互作用问题、基础振动及隔振问题、地下洞室的动力响应问题及地震作用时的地面响应问题等。动力响应问题与工程建设安全存在密切的关系，一直是工程界关注的重要研究课题。对于连续弹性介质，由于模型简单，对于其弹性动力响应已经取得了许多研究成果。由于数学模型的复杂性及数学处理上的困难，多孔介质尤其是非饱和多孔介质动力响应方面的研究要较一般弹性土介质动力响应相对少得多。Zhang 等（2014）在假定土骨架为多孔弹性连续介质，且具有均匀性和各向同性的基础上，通过应用 Fiourier 展开技术和 Hankel 积分的方法得到了在内部激励作用下的非饱和土中动态格林函数解。王春玲等（2019）采用积分变换法和消元法求得了非饱和地基受竖向简谐荷载作用下的稳态响应积分变换解，但其最终解的形式十分复杂，不便于应用。徐明江（2019）以三相多孔介质模型为基础，通过引入双变量本构关系，采用解析法研究了简谐荷载作用下非饱和土地基的动力响应问题，给出了积分形式的解答。针对非饱和半空间表面在竖向集中简谐荷载作用下的动力学响应及能量传输问题，周凤玺等（2021）结合吸力表示的有效应力原理，获得了不同边界条件下半空间表面位移场和能量场等物理量的解析解答。

综上所述，非饱和土的弹性波动理论是土动力学研究领域中具有挑战性的课题，特别是考虑了土中各相的相互耦合作用等因素后，问题的复杂性使得该课题成为波动理论领域的研究热点和难点。因而，深入系统地研究非饱和土体中弹性波的传播特性及其动力响应将会进一步发展土动力学理论，丰富多孔介质理论和固体力学的内容，并且为土木工程建设、地震工程及地球物理等领域提供重要的理论和应用价值。

第2章 非饱和土流固耦合模型

2.1 非饱和土三相组成

非饱和土可视为由固相颗粒、液相水和气相气体构成的多相多孔介质，非饱和土三相示意图如图 2.1-1 所示。其中，固相土颗粒构成了土体骨架，骨架间的孔隙由溶解有干燥气体的液态水以及水蒸气和干燥气体填充。表 2.1-1 为非饱和土中的各相及组成，给出了非饱和土中各相和组分之间的具体赋存关系，以及液态水与水蒸气之间、干燥气体与溶解气体之间均可能存在相互转化。

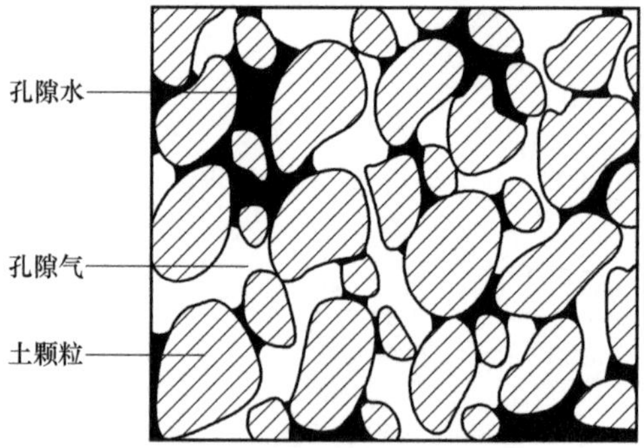

图 2.1-1　非饱和土三相示意图

非饱和土中的各相及组成　　**表 2.1-1**

相（π）	组分（α）
气相（g）	干燥气体（a）
	水蒸气（w）
液相（l）	液态水（w）
	溶解气体（a）
固相（s）	固体颗粒（s）

考虑可变形的非饱和土体，三相混合物的体积和质量定义为：

$$\left.\begin{aligned}M&=M^{\mathrm{l}}+M^{\mathrm{g}}+M^{\mathrm{s}}\\V&=V^{\mathrm{l}}+V^{\mathrm{g}}+V^{\mathrm{s}}=V_{\mathrm{v}}+V^{\mathrm{s}}\end{aligned}\right\}\tag{2.1-1}$$

式中，M，V 和 V_{v} 分别表示混合物的整体质量、体积和孔隙体积；M^{π} 和 V^{π}（$\pi=$ s,l,g）分别为非饱和土中 π 相的质量和体积。

因此，π 相所占的体积分数 ϕ^{π} 可表示为：

$$\phi^{\pi}=\frac{V^{\pi}}{V}\tag{2.1-2}$$

土体的孔隙率 n 和孔隙中液相和气相流体的饱和度 S^{l} 和 S^{g} 分别记为：

$$n=\frac{V_{\mathrm{v}}}{V}=\phi^{\mathrm{l}}+\phi^{\mathrm{g}}\tag{2.1-3}$$

$$S^{\mathrm{l}}=\frac{V^{\mathrm{l}}}{V_{\mathrm{v}}},\ S^{\mathrm{g}}=\frac{V^{\mathrm{g}}}{V_{\mathrm{v}}}\tag{2.1-4}$$

根据式（2.1-1）～式（2.1-4），可得到以下关系：

$$\phi^{\mathrm{s}}=1-n,\ \phi^{\mathrm{l}}=nS^{\mathrm{l}},\ \phi^{\mathrm{g}}=nS^{\mathrm{g}}\tag{2.1-5a}$$

且有：

$$n=\phi^{\mathrm{l}}+\phi^{\mathrm{g}},\ S^{\mathrm{g}}+S^{\mathrm{l}}=1\tag{2.1-5b}$$

2.2　多场耦合问题的基本方程

建立连续介质力学理论时，无论是弹性还是非弹性，都必须通过三个守恒方程进行研究。第一个守恒方程是动量守恒方程，也就是常说的运动方程；第二个守恒方程是质量守恒的数学表达式，也就是常说的连续性方程；第三个守恒方程是对一个物质系统或空间区域内能量守恒和转化规律的数学描述，即通常所说的能量方程。这三个方程是确定物质存在和运动形式的普遍规律。因为不同的物质有不同的特性，因而有不同的关系式。所以，为了描述特定的物质运动，还必须增加一些反映物质特性的补充方程，这些方程被称作物性方程，其包括状态方程和本构方程。

2.2.1　基本假定

建立非饱和土流固耦合数学模型时，通常将非饱和土这一由固相骨架、孔隙水和孔隙气组成的多孔多相介质等效为连续介质，这就需要在宏观水平上对土体中任一点的参数用一定范围的平均值去代替局部真实值，这种方法称为局部容积平均方法，而所选取的平均范围称为代表性体积单元或表征单元体（Representative elementary volume，简称 Rev）。确定 Rev 的原则主要包括：

1）Rev 应是一个小范围，它远小于整个研究对象的区域尺度；

2）Rev 应远大于土体中单个孔隙空间，以致能包括足够多的孔隙；

3）在 Rev 中基本参数随空间坐标的变化幅度较小，使得平均值逼近于真实值。

基于连续介质力学建立非饱和土流固耦合数学模型，还须引入以下基本假定：

1）非饱和土 Rev 存在，且在 Rev 尺度上，土体的力学特性、土水特性和渗透特性是均匀的；

2）非饱和土中的孔隙空间是相互连通的，液相和气相在孔隙中的流动规律满足广义 Darcy 定律；

3）将孔隙中的气相视为理想气体，孔隙水为理想溶液；

4）土体为各向同性的弹性体，且满足小变形条件。

2.2.2 质量守恒方程

非饱和土中组分 α 在 π 相中的质量守恒方程的一般形式为：

$$\frac{\partial(\phi^{\pi}\rho_{\alpha}^{\pi})}{\partial t}+\nabla\cdot(\phi^{\pi}\rho_{\alpha}^{\pi}\boldsymbol{v}^{\pi})+\nabla\cdot\boldsymbol{j}_{\alpha}^{\pi}=\dot{m}_{\alpha}^{\pi} \tag{2.2-1}$$

式中，ρ_{α}^{π} 表示组分 α 在单位体积 π 相中的质量分数，对于气相有 $\rho_{\mathrm{a}}^{\mathrm{g}}+\rho_{\mathrm{w}}^{\mathrm{g}}=\rho^{\mathrm{g}}$，对于液相有 $\rho_{\mathrm{a}}^{\mathrm{l}}+\rho_{\mathrm{w}}^{\mathrm{l}}=\rho^{\mathrm{l}}$，对于固相土颗粒有 $\rho_{\mathrm{s}}^{\mathrm{s}}=\rho^{\mathrm{s}}$；$\boldsymbol{v}^{\pi}$ 表示 π 相的速度矢量；$\dot{m}_{\alpha}^{\pi}$ 为源项；$\boldsymbol{j}_{\alpha}^{\pi}$ 表示组分 α 的非对流项，主要包括扩散和机械弥散，且有：

$$\boldsymbol{j}_{\alpha}^{\pi}=-(\boldsymbol{D}_{\alpha}v_{\mathrm{v}}\phi^{\pi}\tau+\boldsymbol{D}^{\pi'})\nabla\rho_{\alpha}^{\pi}(\pi=1\text{ 时},\alpha=\mathrm{w};\pi=\mathrm{g}\text{ 时},\alpha=\mathrm{w、a}) \tag{2.2-2}$$

式中，$\boldsymbol{D}_{\alpha}$ 为扩散系数；v_{v} 为质量流因子；τ 为孔隙迂曲度；$\boldsymbol{D}^{\pi'}$ 为机械弥散系数。

式（2.2-1）描述了通过对流（流体流动）和非对流（扩散和机械弥散），以及由于变形等引起的质量变化，结合连续介质的宏观过程描述与分子扩散的微观过程描述，反映了多孔介质传输过程中的多机制和多效应的耦合性。

1. 固相质量守恒

根据式（2.2-1），令 $\pi=s$，$\alpha=s$，可以得到固相中土颗粒的质量守恒方程为：

$$\frac{\partial(\phi^{\mathrm{s}}\rho^{\mathrm{s}})}{\partial t}+\nabla\cdot(\phi^{\mathrm{s}}\rho^{\mathrm{s}}\boldsymbol{v}^{\mathrm{s}})=0 \tag{2.2-3}$$

考虑到 $\phi^{\mathrm{s}}=1-n$，上式可表示为：

$$(1-n)\frac{\partial\rho^{\mathrm{s}}}{\partial t}-\rho^{\mathrm{s}}\frac{\partial n}{\partial t}+(1-n)\rho^{\mathrm{s}}\nabla\cdot\boldsymbol{v}^{\mathrm{s}}+(1-n)\boldsymbol{v}^{\mathrm{s}}\cdot\nabla\rho^{\mathrm{s}}+\rho^{\mathrm{s}}\boldsymbol{v}^{\mathrm{s}}\cdot\nabla(1-n)=0 \tag{2.2-4}$$

由于固体骨架的变形速度很小，即 $\boldsymbol{v}^{\mathrm{s}}\approx0$，则式（2.2-4）可简化为：

$$\frac{\partial n}{\partial t}=(1-n)\frac{\partial\rho^{\mathrm{s}}}{\rho^{\mathrm{s}}\partial t}+(1-n)\nabla\cdot\boldsymbol{v}^{\mathrm{s}} \tag{2.2-5}$$

由于固体密度是关于流体压力 $\overline{p}$ 和体积变形的函数，即：

$$\frac{\partial\rho^{\mathrm{s}}}{\partial t}=\frac{\rho^{\mathrm{s}}}{(1-n)}\left[\frac{(\alpha-n)}{K_{\mathrm{s}}}\frac{\partial\overline{p}}{\partial t}-(1-\alpha)\nabla\cdot\boldsymbol{v}^{\mathrm{s}}\right] \tag{2.2-6}$$

式中，$\alpha=1-K^{\mathrm{b}}/K^{\mathrm{s}}$，$K^{\mathrm{s}}$ 和 K^{b} 分别为固相颗粒以及骨架的体积压缩模量。

流体压力 $\overline{p}$ 为：

$$\overline{p}=(1-S_{\mathrm{e}})p_{\mathrm{g}}+S_{\mathrm{e}}p_{\mathrm{l}} \tag{2.2-7}$$

式中，$S_{\mathrm{e}}=\dfrac{S^{\mathrm{l}}-S_{\mathrm{res}}^{\mathrm{l}}}{S_{\mathrm{sat}}^{\mathrm{l}}-S_{\mathrm{res}}^{\mathrm{l}}}$ 为土体有效饱和度，$S_{\mathrm{res}}^{\mathrm{l}}$ 和 $S_{\mathrm{sat}}^{\mathrm{l}}$ 分别表示残余饱和度和最大饱和度。

由式（2.2-7）可得：

$$\frac{\partial\overline{p}}{\partial t}=(1-S_{\mathrm{e}})\frac{\partial p_{\mathrm{g}}}{\partial t}+S_{\mathrm{e}}\frac{\partial p_{\mathrm{l}}}{\partial t}-\frac{p_{\mathrm{g}}-p_{\mathrm{l}}}{S_{\mathrm{sat}}^{\mathrm{l}}-S_{\mathrm{res}}^{\mathrm{l}}}\frac{\partial S^{\mathrm{l}}}{\partial t} \tag{2.2-8}$$

考虑到 $\boldsymbol{v}^{\mathrm{s}}=\dfrac{\partial\boldsymbol{u}^{\mathrm{s}}}{\partial t}$，$\varepsilon_{\mathrm{v}}^{\mathrm{s}}=\nabla\cdot\boldsymbol{u}^{\mathrm{s}}$，可得：

$$\nabla\cdot\boldsymbol{v}^{\mathrm{s}}=\nabla\cdot\frac{\partial\boldsymbol{u}^{\mathrm{s}}}{\partial t}=\frac{\partial\varepsilon_{\mathrm{v}}^{\mathrm{s}}}{\partial t} \tag{2.2-9}$$

式中，$\boldsymbol{u}^{\mathrm{s}}$ 和 $\varepsilon_{\mathrm{v}}^{\mathrm{s}}$ 分别表示土骨架位移矢量和体积应变。

将式（2.2-8）和式（2.2-9）代入式（2.2-6）可得：

$$\frac{\partial n}{\partial t}=\frac{(\alpha-n)}{K^{\mathrm{s}}}\left[(1-S_{\mathrm{e}})\frac{\partial p_{\mathrm{g}}}{\partial t}+S_{\mathrm{e}}\frac{\partial p_{\mathrm{l}}}{\partial t}-\frac{p_{\mathrm{g}}-p_{\mathrm{l}}}{S_{\mathrm{sat}}^{\mathrm{l}}-S_{\mathrm{res}}^{\mathrm{l}}}\frac{\partial S^{\mathrm{l}}}{\partial t}\right]+(\alpha-n)\frac{\partial\varepsilon_{\mathrm{v}}^{\mathrm{s}}}{\partial t} \tag{2.2-10}$$

若不考虑固体土颗粒的可压缩性，$\partial\rho^{\mathrm{s}}/\partial t\approx0$，即 $K^{\mathrm{s}}\to\infty$，则式（2.2-10）可简化为：

$$\frac{\partial n}{\partial t}=(\alpha-n)\frac{\partial\varepsilon_{\mathrm{v}}^{\mathrm{s}}}{\partial t} \tag{2.2-11}$$

式（2.2-11）表明土体的孔隙率变化主要受到土体骨架变形的影响。对式（2.2-11）两边积分后，整理可得：

$$n=\alpha-(\alpha-n_0)\exp(-\varepsilon_{\mathrm{v}}^{\mathrm{s}}) \tag{2.2-12}$$

式中，n_0 为土体初始孔隙率。

2. 水分质量守恒

考虑水分主要存在于液相和气相中，忽略固体颗粒中的水分含量，结合 $\phi^{\mathrm{l}}\rho_{\mathrm{w}}^{\mathrm{l}}=nS^{\mathrm{l}}\rho_{\mathrm{w}}^{\mathrm{l}}$，$\phi^{\mathrm{g}}\rho_{\mathrm{w}}^{\mathrm{g}}=nS^{\mathrm{g}}\rho_{\mathrm{w}}^{\mathrm{g}}$，根据式（2.2-1），令 $\pi=\mathrm{g}$，l，$\alpha=\mathrm{w}$，则可分别得到气相和液相中水分的质量平衡方程：

$$\frac{\partial(nS^{\mathrm{g}}\rho_{\mathrm{w}}^{\mathrm{g}})}{\partial t}+\nabla\cdot(nS^{\mathrm{g}}\rho_{\mathrm{w}}^{\mathrm{g}}\boldsymbol{v}^{\mathrm{g}})+\nabla\cdot\boldsymbol{j}_{\mathrm{w}}^{\mathrm{g}}=\dot{m}_{\mathrm{w}}^{\mathrm{g}} \tag{2.2-13a}$$

$$\frac{\partial(nS^{\mathrm{l}}\rho_{\mathrm{w}}^{\mathrm{l}})}{\partial t}+\nabla\cdot(nS^{\mathrm{l}}\rho_{\mathrm{w}}^{\mathrm{l}}\boldsymbol{v}^{\mathrm{l}})+\nabla\cdot\boldsymbol{j}_{\mathrm{w}}^{\mathrm{l}}=-\dot{m}_{\mathrm{w}}^{\mathrm{g}} \tag{2.2-13b}$$

式中，$\dot{m}_{\mathrm{w}}^{\mathrm{g}}$ 表示由于蒸发引起的液态水消耗率。

液相和气相中的水分之和构成了土体中总的水分质量，即式（2.2-13a）和式（2.2-13b）相加可得：

$$\begin{aligned}&\frac{\partial(nS^{l}\rho_{w}^{l})}{\partial t}+\nabla\cdot(nS^{l}\rho_{w}^{l}\boldsymbol{v}^{l})+\nabla\cdot\boldsymbol{j}_{w}^{l}\\&+\frac{\partial(nS^{g}\rho_{w}^{g})}{\partial t}+\nabla\cdot(nS^{g}\rho_{w}^{g}\boldsymbol{v}^{g})+\nabla\cdot\boldsymbol{j}_{w}^{g}=0\end{aligned}\tag{2.2-14}$$

考虑在液相中存在很少量的气体溶解在液态水中，从而忽略扩散量，令$\nabla\cdot\boldsymbol{j}_{w}^{l}=0$，式（2.2-14）可表示为：

$$\frac{\partial(nS^{l}\rho_{w}^{l})}{\partial t}+\frac{\partial(nS^{g}\rho_{w}^{g})}{\partial t}+\nabla\cdot(nS^{l}\rho_{w}^{l}\boldsymbol{v}^{l})+\nabla\cdot(nS^{g}\rho_{w}^{g}\boldsymbol{v}^{g})+\nabla\cdot\boldsymbol{j}_{w}^{g}=0\tag{2.2-15}$$

展开式（2.2-14）并考虑 $\boldsymbol{v}^{s}\approx0$，引入流体的平均相对速度：

$$\boldsymbol{q}^{l}=nS^{l}(\boldsymbol{v}^{l}-\boldsymbol{v}^{s}),\ \boldsymbol{q}^{g}=nS^{g}(\boldsymbol{v}^{g}-\boldsymbol{v}^{s})\tag{2.2-16}$$

结合式（2.2-16），则土体中水分的质量守恒方程［式（2.2-15）］变为：

$$\begin{aligned}&\frac{\partial(nS^{l}\rho_{w}^{l})}{\partial t}+\frac{\partial(nS^{g}\rho_{w}^{g})}{\partial t}+(nS^{l}\rho_{w}^{l}+nS^{g}\rho_{w}^{g})\frac{\partial\varepsilon_{v}^{s}}{\partial t}\\&+\nabla\cdot(\rho_{w}^{l}\boldsymbol{q}^{l})+\nabla\cdot(\rho_{w}^{g}\boldsymbol{q}^{g})+\nabla\cdot\boldsymbol{j}_{w}^{g}=0\end{aligned}\tag{2.2-17}$$

（1）液态水密度

与固相颗粒密度相似，考虑液态水密度 ρ_{w}^{l} 为孔隙水压力 p_{l} 的函数，即：

$$\frac{\partial\rho_{w}^{l}}{\partial t}=\frac{\rho_{w}^{l}}{K^{w}}\frac{\partial p_{l}}{\partial t}\tag{2.2-18}$$

式中，K^{w} 为液体的体积模量。

（2）液体饱和度的变化

考虑非饱和土中孔隙水压力和孔隙气压力分别为 p_{l} 和 p_{g}（规定以压为正），饱和度 S^{l} 与基质吸力 p_{c} 之间关系可表示为：

$$S^{l}=S^{l}(p_{c})\tag{2.2-19}$$

式中，$p_{c}=p_{g}-p_{l}$。上述关系称为土水特征曲线（SWCC），则饱和度的变化率为：

$$\frac{\partial S^{l}}{\partial t}=\frac{\partial S^{l}}{\partial p_{c}}\left(\frac{\partial p_{g}}{\partial t}-\frac{\partial p_{l}}{\partial t}\right)\tag{2.2-20}$$

结合式（2.2-10）和式（2.2-20），则土体孔隙率随时间的变化可表示为：

$$\frac{\partial n}{\partial t}=\xi\left(S_{ww}\frac{\partial p_{l}}{\partial t}+S_{gg}\frac{\partial p_{g}}{\partial t}\right)+(\alpha-n)\frac{\partial\varepsilon_{v}^{s}}{\partial t}\tag{2.2-21}$$

式中：$\xi=\dfrac{(\alpha-n)}{K^{s}}$，$S_{ww}=S_{e}+\dfrac{p_{c}}{S_{sat}^{l}-S_{res}^{l}}\dfrac{\partial S^{l}}{\partial p_{c}}$，$S_{gg}=(1-S_{e})-\dfrac{p_{c}}{S_{sat}^{l}-S_{res}^{l}}\dfrac{\partial S^{l}}{\partial p_{c}}$

(3) 水蒸气密度

在气相中，水蒸气的密度 ρ_w^g 可表示为：

$$\rho_w^g = RH\rho_{w,sat}^g \tag{2.2-22}$$

式中：$RH=\exp\left(\dfrac{-M_w p_c}{RT\rho_w^l}\right)$为相对湿度（$M_w=0.018016$kg/mol 为水蒸气摩尔质量；$R=8.2144$J/mol/K 为摩尔气体常数）；$\rho_{w,sat}^g$ 为饱和蒸汽压力。

结合式（2.2-20）和式（2.2-22）可得：

$$\frac{\partial\rho_w^g}{\partial t}=\frac{\partial\rho_w^g}{\partial p_c}\left(\frac{\partial p_g}{\partial t}-\frac{\partial p_l}{\partial t}\right) \tag{2.2-23}$$

式中，$\dfrac{\partial\rho_w^g}{\partial p_c}=\dfrac{-\rho_w^g M_w}{RT\rho_w^l}$。

在一般土木工程中通常遇到的温度和压力范围内，干空气和湿空气均可视作理想气体，则式（2.2-23）可近似为：

$$\frac{\partial\rho_w^g}{\partial t}=\frac{\rho_w^g}{K^g}\frac{\partial p_g}{\partial t} \tag{2.2-24}$$

式中，K^g 为气体的体积模量。

(4) 流体对流项

考虑非饱和土中液相和气相的流动服从 Darcy 定律：

$$\boldsymbol{q}^l=-\boldsymbol{K}_l(\nabla p_l+\rho_w^l\ddot{\boldsymbol{u}}^l+\rho_w^l\boldsymbol{g}) \tag{2.2-25a}$$

$$\boldsymbol{q}^g=-\boldsymbol{K}_g(\nabla p_g+\rho^g\ddot{\boldsymbol{u}}^g+\rho^g\boldsymbol{g}) \tag{2.2-25b}$$

式中，$\boldsymbol{g}$ 为重力加速度向量；$\boldsymbol{K}_l$ 和 $\boldsymbol{K}_g$ 分别为液相和气相的渗透系数。式（2.2-25a）、式（2.2-25b）右端包括了分别由压力、流速和位置引起的渗流，且有：

$$\boldsymbol{K}_l=\frac{k_r^l}{\mu_l}\boldsymbol{k}_{int},\ \boldsymbol{K}_g=\frac{k_r^g}{\mu_g}\boldsymbol{k}_{int} \tag{2.2-26}$$

式中，k_r^l 和 k_r^g 表示液相和气相的相对渗透率，均为饱和度的函数；$\boldsymbol{k}_{int}$ 为土体的固有渗透率；μ_l 和 μ_g 分别为液相和气相的动力黏滞系数，纯水和空气的动力黏滞系数与温度之间的函数关系如图 2.2-1 所示。

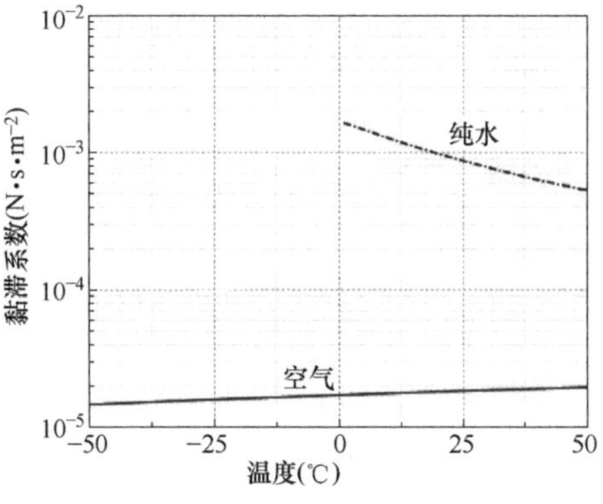

图 2.2-1　纯水和空气的动力黏滞系数与温度之间的函数关系

(5) 流体非对流项

利用式（2.2-2）、式（2.2-23），忽略机械弥散后等温状态下水分的非对流迁移为：

$$\boldsymbol{j}_w^g=\boldsymbol{D}_{vw}\nabla(p_g-p_l) \tag{2.2-27}$$

式中，$\boldsymbol{D}_{vw}=nS^g\rho_w^g D_w v_v \tau\boldsymbol{\delta}\dfrac{M_w}{RT\rho_w^l}$。

（6）气体饱和度

考虑到 $S^g+S^l=1$，可得：

$$\frac{\partial S^g}{\partial t}=-\frac{\partial S^l}{\partial t} \tag{2.2-28}$$

结合式（2.2-18）、式（2.2-20）、式（2.2-21）、式（2.2-24）和式（2.2-27），最终可得到水分质量平衡方程为：

$$\left[\xi S_{ww}(S^l\rho_w^l+S^g\rho_w^g)+nS^l\frac{\rho_w^l}{K^w}-n(\rho_w^l-\rho_w^g)\frac{\partial S^l}{\partial p_c}\right]\frac{\partial p_1}{\partial t}$$

$$+\left[\xi S_{gg}(S^l\rho_w^l+S^g\rho_w^g)+nS^g\frac{\rho_w^g}{K^g}+n(\rho_w^l-\rho_w^g)\frac{\partial S^l}{\partial p_c}\right]\frac{\partial p_g}{\partial t} \tag{2.2-29}$$

$$+\alpha(S^l\rho_w^l+S^g\rho_w^g)\frac{\partial \varepsilon_v^s}{\partial t}+\nabla\cdot(\rho_w^l\boldsymbol{q}^l)+\nabla\cdot(\rho_w^g\boldsymbol{q}^g)+\nabla\cdot\boldsymbol{j}_w^g=0$$

3. 干燥气体质量守恒

干燥气体质量守恒方程为：

$$\frac{\partial(\phi^l\rho_a^l)}{\partial t}+\nabla\cdot(\phi^l\rho_a^l\boldsymbol{v}^l)+\nabla\cdot\boldsymbol{j}_a^l$$

$$+\frac{\partial(\phi^g\rho_a^g)}{\partial t}+\nabla\cdot(\phi^g\rho_a^g\boldsymbol{v}^g)+\nabla\cdot\boldsymbol{j}_a^g=0 \tag{2.2-30}$$

式中，$\phi^g\rho_a^g=nS^g\rho_a^g=n(1-S^l)\rho_a^g$ 表示气相中干燥气体的质量含量。基于 Henry 定律，溶解于液态水中的干燥气体质量可表示为：

$$\phi^l\rho_a^l=nHS^l\rho_a^l \tag{2.2-31}$$

式中，H 为气体在水中的体积可溶性系数。

忽略干燥气体在水中的扩散，即 $\boldsymbol{j}_a^l=0$，则有：

$$\boldsymbol{j}_a^g=-\boldsymbol{j}_w^g \tag{2.2-32}$$

为简化计算，假设溶解于水的干燥气体密度与孔隙中干燥气体的密度相等，均记为 ρ_a，即 $\rho_a^g\approx\rho_a^l=\rho_a$，并考虑到 $\boldsymbol{v}^s\approx0$，则式（2.2-30）可表示为：

$$\frac{\partial(nS^g\rho_a)}{\partial t}+\frac{\partial(nHS^l\rho_a)}{\partial t}+\nabla\cdot(\rho_a\boldsymbol{q}^g)+\nabla\cdot(\rho_aH\boldsymbol{q}^l)$$

$$+n\rho_a(S^g+HS^l)\frac{\partial \varepsilon_v^s}{\partial t}-\nabla\cdot\boldsymbol{j}_w^g=0 \tag{2.2-33}$$

（1）体积可溶性系数

基于理想气体热力学理论，气体在水中的体积可溶性系数可表示为：

$$H=\frac{\rho_{\mathrm{w}}^{\mathrm{l}}}{H_{\mathrm{c}}}\frac{RT}{M_{\mathrm{w}}} \tag{2.2-34}$$

式中，$H_{\mathrm{c}}=10^{10}$ pa 为 Henry 常数。

根据式（2.2-34）、式（2.2-18）可得体积可溶性系数随时间的变化关系：

$$\frac{\partial H}{\partial t}=\frac{\rho_{\mathrm{w}}^{\mathrm{l}}}{H_{\mathrm{c}}}\frac{RT}{M_{\mathrm{w}}}\frac{\partial\rho_{\mathrm{w}}^{\mathrm{l}}}{\rho_{\mathrm{w}}^{\mathrm{l}}\partial t}=\frac{H}{K^{\mathrm{w}}}\frac{\partial p_{\mathrm{l}}}{\partial t} \tag{2.2-35}$$

（2）干燥气体密度

考虑干燥气体为理想气体，则有：

$$\rho_{\mathrm{a}}=\frac{M_{\mathrm{a}}}{RT}(p_{\mathrm{g}}-p_{\mathrm{v}}) \tag{2.2-36}$$

式中，p_{v} 为水蒸气压力。

$$p_{\mathrm{v}}=\frac{\rho_{\mathrm{w}}^{\mathrm{g}}RT}{M_{\mathrm{w}}} \tag{2.2-37}$$

将式（2.2-37）代入式（2.2-36），可得：

$$\rho_{\mathrm{a}}=\frac{M_{\mathrm{a}}p_{\mathrm{g}}}{RT}-\frac{M_{\mathrm{a}}\rho_{\mathrm{w}}^{\mathrm{g}}}{M_{\mathrm{w}}} \tag{2.2-38}$$

由于 $\rho^{\mathrm{g}}=\rho_{\mathrm{w}}^{\mathrm{g}}+\rho_{\mathrm{a}}^{\mathrm{g}}$，则孔隙中气相的密度为：

$$\rho^{\mathrm{g}}=\rho_{\mathrm{w}}^{\mathrm{g}}+\frac{M_{\mathrm{a}}p_{\mathrm{g}}}{RT}-\frac{M_{\mathrm{a}}\rho_{\mathrm{w}}^{\mathrm{g}}}{M_{\mathrm{w}}} \tag{2.2-39}$$

根据式（2.2-38），可得到干燥气体密度随时间的变化率为：

$$\frac{\partial\rho_{\mathrm{a}}}{\partial t}=\left(\frac{M_{\mathrm{a}}}{RT}-\frac{M_{\mathrm{a}}}{M_{\mathrm{w}}}\frac{\partial\rho_{\mathrm{w}}^{\mathrm{g}}}{\partial p_{\mathrm{c}}}\right)\frac{\partial p_{\mathrm{g}}}{\partial t}+\frac{M_{\mathrm{a}}}{M_{\mathrm{w}}}\frac{\partial\rho_{\mathrm{w}}^{\mathrm{g}}}{\partial p_{\mathrm{c}}}\frac{\partial p_{\mathrm{l}}}{\partial t} \tag{2.2-40}$$

与式（2.2-24）相似，式（2.2-40）可近似为：

$$\frac{\partial\rho_{\mathrm{a}}}{\partial t}=\frac{\rho_{\mathrm{a}}}{K^{\mathrm{g}}}\frac{\partial p_{\mathrm{g}}}{\partial t} \tag{2.2-41}$$

将式（2.2-20）、式（2.2-21）、式（2.2-35）和式（2.2-41）代入式（2.2-33），最终可得到干燥气体的质量守恒方程：

$$\begin{aligned}&\left[\xi S_{\mathrm{ww}}(S^{\mathrm{g}}+HS^{\mathrm{l}})\rho_{\mathrm{a}}+n(1-H)\rho_{\mathrm{a}}\frac{\partial S^{\mathrm{l}}}{\partial p_{\mathrm{c}}}+nS^{\mathrm{l}}\rho_{\mathrm{a}}\frac{H}{K^{\mathrm{w}}}\right]\frac{\partial p_{\mathrm{l}}}{\partial t}\\&+\left(\xi S_{\mathrm{gg}}(S^{\mathrm{g}}+HS^{\mathrm{l}})\rho_{\mathrm{a}}-n(1-H)\rho_{\mathrm{a}}\frac{\partial S^{\mathrm{l}}}{\partial p_{\mathrm{c}}}+n(S^{\mathrm{g}}+HS^{\mathrm{l}})\frac{\rho_{\mathrm{a}}}{K^{\mathrm{g}}}\right)\frac{\partial p_{\mathrm{g}}}{\partial t}\\&+\nabla\cdot(\rho_{\mathrm{a}}\boldsymbol{q}^{\mathrm{g}})+\nabla\cdot(\rho_{\mathrm{a}}H\boldsymbol{q}^{\mathrm{l}})+\alpha(S^{\mathrm{g}}+HS^{\mathrm{l}})\rho_{\mathrm{a}}\frac{\partial\varepsilon_{\mathrm{v}}^{\mathrm{s}}}{\partial t}-\nabla\cdot\boldsymbol{j}_{\mathrm{w}}^{\mathrm{g}}=0\end{aligned} \tag{2.2-42}$$

2.2.3　有效应力原理

有效应力作为描述土体应力状态的基础性状态变量，是现代土力学的核心。由于 Terzaghi 提出的饱和土有效应力原理成功的应用，使得许多研究人员着手于非饱和土力学的研究，其中一个备受争议的问题是：非饱和土能否像饱和土一样存在控制强度和变形的有效应力？如果存在，其具体的形式又如何？这些问题的提出推动了非饱和土有效应力理论进一步地发展和完善。目前关于非饱和土的有效应力大致可以分为单应力变量理论、双应力变量理论和复合应力变量理论。

1. 单应力变量理论

试图按照饱和土有效应力的表达方式，即单应力变量的方式来定义非饱和土的有效应力，希望能够建立一个非饱和土的有效应力表达式，土体的变形和强度仅仅与该表达式有关，且具有唯一性。单应力变量理论中最具代表的是 Bishop 提出的一类非饱和土有效应力方程：

$$\boldsymbol{\sigma}'=(\sigma-p_{\mathrm{g}}\boldsymbol{\delta})+\chi(p_{\mathrm{g}}-p_{1})\boldsymbol{\delta} \tag{2.2-43}$$

式中，$\boldsymbol{\sigma}'$和 $\boldsymbol{\sigma}$ 分别为有效应力和总应力张量；($\boldsymbol{\sigma}-p_{\mathrm{g}}\boldsymbol{\delta}$) 和 ($p_{\mathrm{g}}-p_{1}$)$\boldsymbol{\delta}$ 分别称为净应力和基质吸力张量；χ 是与饱和度有关的材料参数，从 0 到 1 变化。

有效应力的实质为土体骨架应力，所以该应力是否能够作为整个非饱和材料唯一的状态参数也成为一个研究重点。然而，由于试验技术及吸力控制测量的限制，该公式在很长一段时间仍然存在争议，没有被大家接受。其中 Jennings 和 Burland (1962) 对一系列重塑试样进行浸湿固结试验，发现非饱和土样在浸湿中会发生湿陷。若按 Bishop 的有效应力原理，增湿会减小土的有效应力，而有效应力的减小一般应伴随土样体积的增大，由此得出了和试验结果相矛盾的结论。由于非饱和土的力学和变形特性复杂，受许多因素的影响，一些学者还提出了非饱和土中存在第四个相，即液-气交界面，因为该交界面的性质不同于液相，也不同于气相，需要当作独立的相来考虑。仅用 Bishop 给出的有效应力理论不可能建立唯一的、能够全面考虑非饱和土性质和力学变形特性的弹塑性本构模型。然而，鉴于单变量有效应力表达简单、物理概念清楚、易于掌握理解，且剪切强度随总应力、孔隙水压力及孔隙气压力的变化仅仅与一个应力变量有关，易于在程序中实现。在一定条件下，用于实际工程会取得较好的效果，至今仍有不少科研工作者在继续研究。

2. 双应力变量理论

为了克服单应力变量的不足，Coleman (1962) 基于三轴试验提出了用两个数学上相互独立的状态变量来表征非饱和土的强度和变形，重新对之前提出的有效应力公式进行检验和评价，提出基质吸力变化引起的土体变化和净正应力变化引起土体变化的不相同，并用三维图表表示试验结果，其中净正应力和基质吸力作为两个独立的正交坐标轴。Fredlund 等 (1977) 根据相的定义，提出气-液接触面应该作为第四相，即一个独立的相来考虑。在多相连续介质力学的基础上对非饱和单元体中各相介质的应力状态进行分析，并用可测变量表示其平衡方程，最终确定采用两个独立变量来描述非饱和土的应力状态，它们可以采用以下任意一组应力变量组合成等效有效应力：

$$\begin{cases}(\boldsymbol{\sigma}-p_g\boldsymbol{\delta})\text{和}(p_g-p_l)\\(\boldsymbol{\sigma}-p_l\boldsymbol{\delta})\text{和}(p_g-p_l)\\(\boldsymbol{\sigma}-p_g\boldsymbol{\delta})\text{和}(\boldsymbol{\sigma}-p_l\boldsymbol{\delta})\end{cases}$$

Fredlund等提出用零位试验的方式来验证采用两个独立变量描述非饱和土的性质和力学行为的适用性。用净应力（$\boldsymbol{\sigma}-p_g\boldsymbol{\delta}$）和基质吸力（$p_g-p_l$）作为两个独立应力变量在三轴试验中是可控的，并且试验过程中加载路径明确，数据也容易得到解释。但是双应力变量理论也存在理论基础不够充分、不能很好地描述非饱和土的一些复杂现象的缺点，同时它也没有阐明非饱和土有效应力的物理意义。比如不能退化为饱和土有效应力公式，未考虑饱和度对土体强度和变形的影响等。

3. 复合应力变量理论

上述理论均忽略了粒间与外力无关的其他物理-化学机制，Lu和Likos（2006）在考虑微观颗粒间作用力和有效应力的基础上，提出了复合有效应力理论，将代表性单元体上的合力定义为吸力σ_s，以吸力σ_s取代有效应力公式中的参数χ和基质吸力（p_g-p_l）来定义粒间应力。根据吸力概念，非饱和土中有效应力可以描述为：

$$\boldsymbol{\sigma}'=(\boldsymbol{\sigma}-p_g\boldsymbol{\delta})-\sigma_s\boldsymbol{\delta} \tag{2.2-44}$$

式中，σ_s定义为土的吸力，一般形式为：

$$\sigma_s=\begin{cases}-(p_g-p_l) & p_g-p_l\leqslant 0\\ f(p_g-p_l) & p_g-p_l\geqslant 0\end{cases} \tag{2.2-45}$$

式中，$f(p_g-p_l)$表示与基质吸力有关的函数，Lu认为基质吸力作为应力变量，可以根据土水特征曲线的试验结果来计算非饱和状态下的吸力，其表达式为：

$$\sigma_s=-(p_g-p_l)S_e=-p_c\cdot S_e \tag{2.2-46}$$

由热力学第一定律可知，自然界中能量是守恒的，因此从功的角度来描述非饱和土中应力和变形是可行的。赵成刚等（2021）用能量方程中的变形功来建立非饱和土的有效应力，得到了形式与式（2.2-46）相同的有效应力公式。

2.2.4　土水特征曲线

土水特征曲线（SWCC）概念来自于土壤学，是土的含水率（重量含水率或体积含水率）或饱和度随基质吸力变化的一个特征曲线。在20世纪60年代，Bishop将土壤学中吸力的概念引入非饱和土力学中，研究土中含水率的变化对非饱和土力学性质的影响。由于土水特征曲线可以用来解释非饱和土的一些常见的工程现象，还可以将基本理论、试验测试与预测方法等相联系，因此针对土水特征曲线的研究，在非饱和土力学中占有相当重要的地位。图2.2-2绘制了典型非饱和土水特征曲线及阶段划分，横坐标表示吸力的对数坐标。从图中可以看出，SWCC呈反S形。相应的，该曲线可以分为四个阶段：

第Ⅰ阶段，土体处于饱和状态，土孔隙中为能够传递压力的自由水，没有水-气接触面存在，也没有由表面张力产生的毛细应力。

第Ⅱ阶段，为毛细作用发挥阶段。当基质吸力超过最大空气进气值，土体开始进入非饱和状态，含水率从饱和含水率变化到塑限含水率，毛细应力开始快速增大。

第Ⅲ阶段，为水膜吸附作用阶段。土体中的水主要为结合水，弱结合水膜变薄。孔隙水和孔隙气处于双封闭状态。这一阶段的特点是固-液之间短程作用力（范德华力、双电层力和化学吸附力）快速增大。

第Ⅳ阶段，为牢固吸附阶段。土体中的水为强结合水，孔隙气处于连通状态。粒间作用力主要为化学键力。

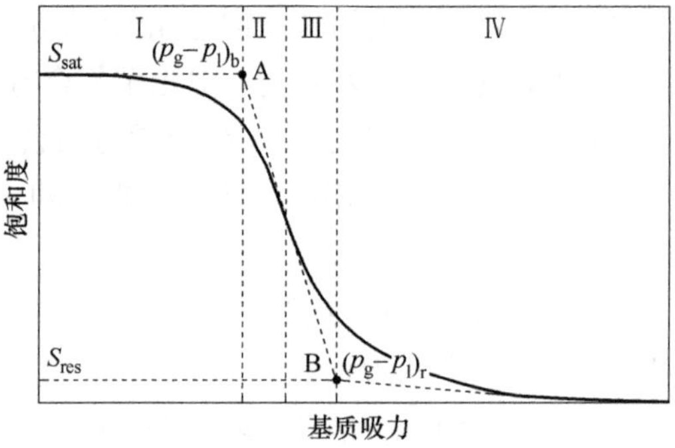

图 2.2-2　典型非饱和土水特征曲线及阶段划分

因为土水特征曲线对研究非饱和土强度变形有十分重要的意义，为了能够更好地描述土水特征曲线的形状特征，分析和掌握其工程力学等特性，研究人员建立了各类数学模型，其中 van Genuchten 模型被广泛应用，其表达式为：

$$\left.\begin{aligned} S_e&=\frac{S^l-S^l_{res}}{S^l_{sat}-S^l_{res}}=[1+(\alpha_{vg}p_c)^{n_{vg}}]^{-m_{vg}} \\ p_c&=\alpha_{vg}^{-1}(S_e^{-m_{vg}^{-1}}-1)^{n_{vg}^{-1}} \end{aligned}\right\} \tag{2.2-47}$$

式中，α_{vg}，n_{vg}，$m_{vg}=1-n_{vg}^{-1}$ 为模型参数。

变形整理后，由式（2.2-47）可以得到：

$$S^l=(S^l_{sat}-S^l_{res})[1+(\alpha_{vg}p_c)^{n_{vg}}]^{-m_{vg}}+S^l_{res} \tag{2.2-48}$$

结合式（2.2-20）可得到式（2.2-29）和式（2.2-42）中的$\partial S^l/\partial p_c$为：

$$\frac{\partial S^l}{\partial p_c}=-\alpha_{vg}m_{vg}n_{vg}(S^l_{sat}-S^l_{res})S_e^{m_{vg}^{-1}}(1-S_e^{m_{vg}^{-1}})^{m_{vg}} \tag{2.2-49}$$

基于 van Genuchten 模型［式（2.2-47)］，图 2.2-3 绘出了不同参数下非饱和土体的土水特征曲线。

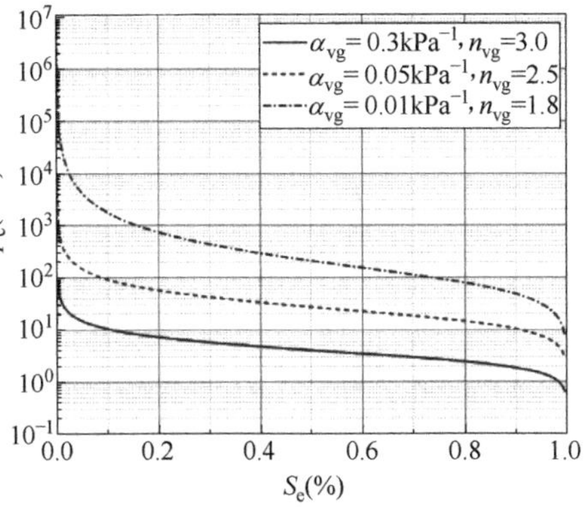

图 2.2-3 不同参数下非饱和土体的土水特征曲线

2.2.5 吸力特征曲线

非饱和土中颗粒间的吸力对其物理力学特性有着重要的影响，其粒间吸力是一种只能由它自身的基本物理本质因素（粒度、密度、湿度和构度）所决定的属性力。下面将从微观和宏观两个方面进行讨论粒间吸力特性。

1. 两球形湿颗粒体系

在各种不同的吸力当中，由毛细作用引起的湿吸力对非饱和土的变形和强度有着重要的作用。采用两球形颗粒和其间的弯液面系统来分析毛细力与液桥体积、固-液接触角等因素对非饱和土特性影响的一种常见的分析方法。考虑如图 2.2-4 所示的两球形颗粒与液体所形成的弯液桥的纵截面示意图。两颗粒之间的距离为 $2d$，θ 为弯液桥与颗粒表面的接触角，β 为填充角，弯液面与颗粒接触点的坐标为 (x_c，y_c)。忽略重力影响，当液桥自由表面发生静态变形时，气-水-固交界面必须满足 Young-Laplace 方程：

$$\frac{p_g - p_l}{\gamma} = \frac{1}{r_1} - \frac{1}{r_2} \tag{2.2-50}$$

式中，γ 为液体的表面张力；r_1 和 r_2 分别为液桥的两个主曲率半径。

相应液桥的体积为：

$$\begin{aligned} V_w = & \pi\int_{x_1}^{x_2} y^2(x)\mathrm{d}x \\ & -\frac{\pi}{3}[(2-3\cos\beta_1+\cos^3\beta_1)R_1^3+(2-3\cos\beta_2+\cos^3\beta_2)R_2^3] \end{aligned} \tag{2.2-51}$$

式中，$y(x)$ 表示为弯液面气-水交界面的几何曲线形状。

根据 Gorge 法，毛细作用的合力由基质吸力作用 f_p 和表面张力作用 f_γ 两部分组成，粒间作用力分析如图 2.2-5 所示，即：

$$f_{cap} = f_\gamma + f_p = 2\pi y_0 \gamma + \pi y_0^2 (P_g - P_l) \tag{2.2-52}$$

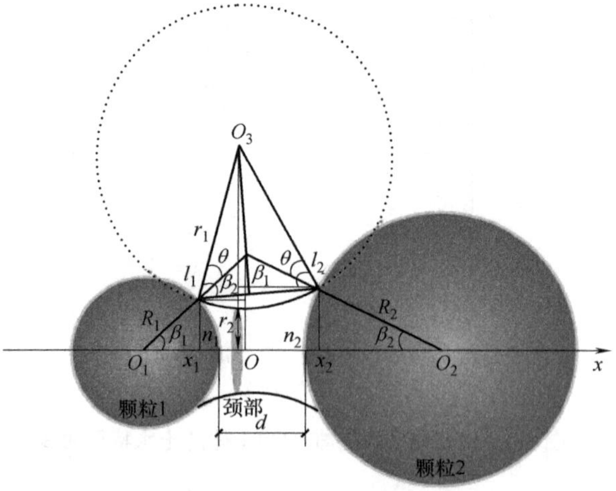

图 2.2-4　两球形颗粒与液体所形成的弯液桥的纵截面示意图

问题的控制方程［式（2.2-50)］为非线性的常微分方程，在一般的边界条件下很难获得其解析解。打靶法是求解非线性常微分方程组边值问题较为简便的方法，且能按照精度要求满足边界条件，从而得到方程的精确解答。为了从微观到宏观地分析毛细作用的影响，应将颗粒间的湿吸力平均作用到有效土骨架面积上，称为由毛细作用引起的吸力。为了分析毛细作用对非饱和土吸力的影响，选取液桥力作用的面积为（$2R$)^2，吸力示意图如图 2.2-6 所示，则由液桥力引起的吸力为：

$$\sigma_s = \frac{f_{cap}}{(2R)^2} \tag{2.2-53}$$

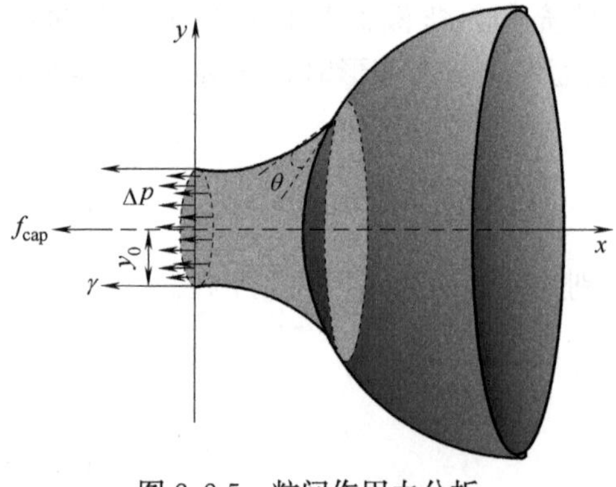

图 2.2-5　粒间作用力分析

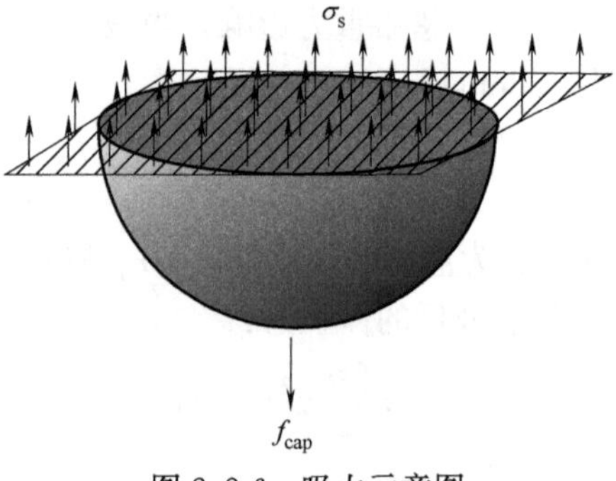

图 2.2-6　吸力示意图

图 2.2-7 和图 2.2-8 为无量纲化土水特征曲线与吸力特征曲线。分别给出了等粒径 R 情形下，不同颗粒间无量纲间距 D/R 以及不同接触角 θ 下，无量纲化的基质吸力（$P_g - P_l$）R/γ 与液桥体积以及无量纲吸力 $\sigma_s R/\gamma$ 与基质吸力之间的关系曲线。从图中可以看出，吸力不仅与基质吸力有关，并且还受到粒间距离以及接触角的影响，因此和土体的湿度和密度等性质有关。

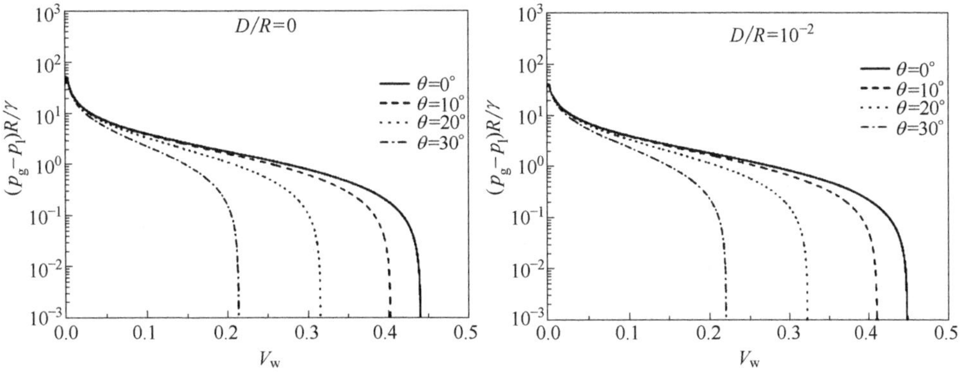

图 2.2-7　无量纲化土水特征曲线

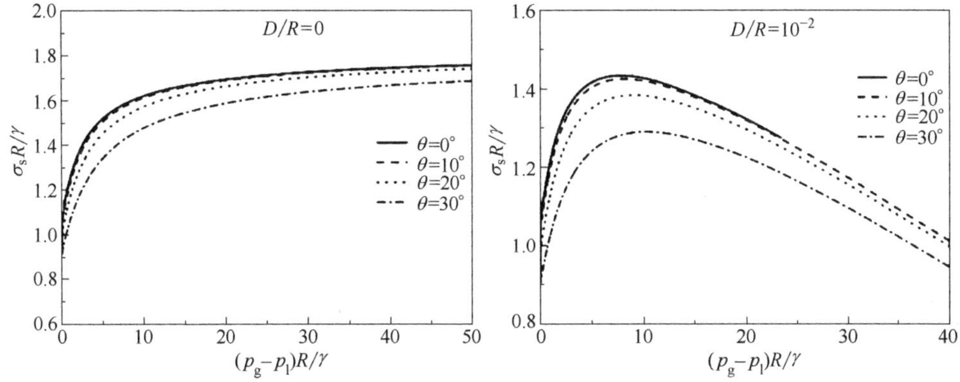

图 2.2-8　无量纲化吸力特征曲线

2. 直剪试验方法确定吸力特征曲线

对不同含水量的土样采用常规直剪试验方法测得各含水量下的土体的强度参数，最后可利用作图的方法获得土体的吸力特征曲线。对 5 组不同含水量的兰州地区原状黄土进行直剪试验，原状黄土直剪试验结果如表 2.2-1 所示，通过常规直剪试验所得原状黄土破坏线和吸力特征曲线如图 2.2-9 所示。在剪切力-正应力（τ-σ）坐标系下，吸力可看成是强度包络线在正应力轴上的截距，在不同含水量下，试验所得强度包络线近似为一组平行线，这组平行线是以有效内摩擦角为斜率，并通过不同含水率试验所对应的吸力值绘制而成。同时绘制出吸力和含水量的关系曲线，即不同参数下的吸力与有效饱和度之间的关系曲线图，如图 2.2-10 所示。

原状黄土直剪试验结果　　　**表 2.2-1**

θ(%)	18.41	20.58	24.49	29.37	32.37
c(kPa)	60	53	37.5	24	15.5
ϕ(°)	34.21	33.82	35.37	35.75	35.18
σ_s(kPa)	92.92	83.94	57.69	34.17	23.03

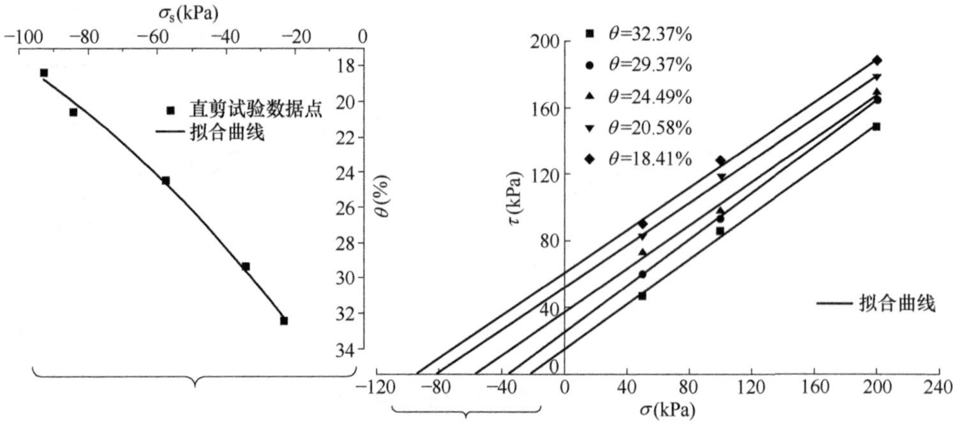

图 2.2-9　通过常规直剪试验所得原状黄土破坏线和吸力特征曲线

3. 吸力理论表达式

结合式（2.2-46）和式（2.2-47），消去基质吸力（p_g-p_l），可以得到吸力和饱和度之间的相互关系，吸力的表达式为：

$$\sigma^s=-\frac{S_e}{\alpha_{vg}}\left(S_e^{\frac{n_{vg}}{1-n_{vg}}}-1\right)^{\frac{1}{n_{vg}}} \tag{2.2-54a}$$

同样，将式（2.2-47）代入式（2.2-46），消去效饱和度 S_e 后可以得到吸力与基质吸力之间的关系：

$$\sigma^s=-(p_g-p_l)\left\{\frac{1}{1+[\alpha_{vg}(p_g-p_l)]^{n_{vg}}}\right\}^{1-1/n_{vg}} \tag{2.2-54b}$$

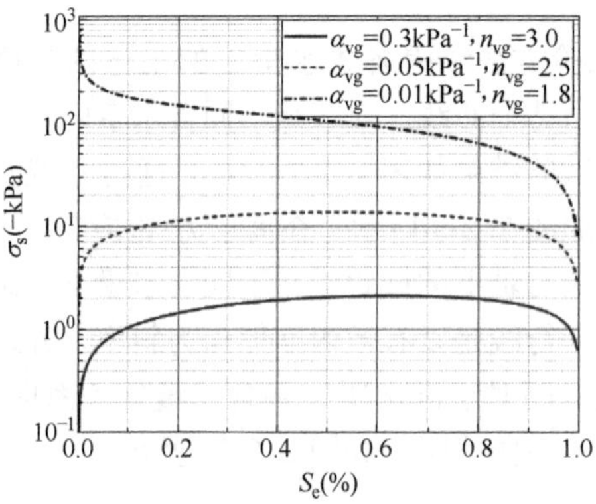

图 2.2-10　不同参数下的吸力与有效饱和度之间的关系曲线图

Lu 等（2010）通过对式（2.2-54）的分析，将吸力特征曲线的形态根据 n_{vg} 值的不同分为两类，即当 $n_{vg}\leqslant 2$ 时，吸力特征曲线为单调递减的函数，而当 $n_{vg}>2$ 时，随着饱和度的增大，吸力呈现先增大后减小的趋势。图 2.2-10 绘出了不同参数下由式（2.2-54）得到的吸力特征曲线。从图中可以看出无论哪一类曲线形式，随着饱和度的增大，吸力曲线上都存在两处明显的变化，在这些部位曲线的斜率将从一种线性趋势逐渐变为另一种线性趋势。

为了与理论表达式（2.2-46）的预测结果进行比较，通过压力板仪试验得到了原状黄土的土水特征曲线，其 van Genuchten 模型的拟合参数分别为 $\alpha_{vg}=0.042\text{kPa}^{-1}$，

$n_{vg}=1.355$，将参数代入式（2.1-51）可得出不同参数下吸力与有效饱和度之间的关系曲线图（如图 2.2-9 所示）。通过对直剪试验得出的关系曲线与理论预测曲线进行对比，发现通过两种不同的方法得到的结果基本相近。

2.2.6　几何方程

假定土体发生的是弹性小变形，则通过单元体的连续小变形几何位移分析，可得到土体骨架应变场 $\boldsymbol{\varepsilon}^{s}$ 和位移场 $\boldsymbol{u}^{s}$ 之间的微分几何关系为：

$$\boldsymbol{\varepsilon}^{s}=\frac{1}{2}[\nabla \boldsymbol{u}^{s}+(\nabla \boldsymbol{u}^{s})^{T}] \tag{2.2-55}$$

式中，$\boldsymbol{\varepsilon}^{s}$ 和 $\boldsymbol{u}^{s}$ 分别为土体骨架的应变张量和位移矢量。

2.2.7　应力-应变关系

考虑等温条件下，非饱和土体骨架的应力-应变关系满足广义 Hooke 定律，即：

$$\boldsymbol{\sigma}'=\boldsymbol{D}:\boldsymbol{\varepsilon}^{s} \tag{2.2-56}$$

式中，$\boldsymbol{D}$ 表示弹性系数张量。

对均匀的各向同性介质有：

$$\boldsymbol{D}=\begin{bmatrix} \lambda+2\mu & \lambda & \lambda & 0 & 0 & 0 \\ & \lambda+2\mu & \lambda & 0 & 0 & 0 \\ & & \lambda+2\mu & 0 & 0 & 0 \\ & & & \mu & 0 & 0 \\ & sym & & & \mu & 0 \\ & & & & & \mu \end{bmatrix}$$

式中，λ 和 μ 为 Lame′常数。

当固体颗粒压缩变形时，须对式（2.2-56）进行修正，将式（2.2-55）代入式（2.2-56），可得各向同性的线弹性非饱和土应力-应变关系式为：

$$\boldsymbol{\sigma}=\boldsymbol{D}:\frac{1}{2}[\nabla \boldsymbol{u}^{s}+(\nabla \boldsymbol{u}^{s})^{T}]-\alpha[(1-S_{e})p_{g}+S_{e}p_{l}]\boldsymbol{\delta} \tag{2.2-57}$$

式中，$\boldsymbol{\sigma}$ 为土体宏观总应力。

2.2.8　动量平衡方程

与式（2.2-1）相类似，动量守恒方程的一般形式为：

$$\frac{\partial(\phi^{\pi}\rho_{\alpha}^{\pi}\boldsymbol{v}^{\pi})}{\partial t}+\nabla\cdot(\phi^{\pi}\rho_{\alpha}^{\pi}\boldsymbol{v}^{\pi}\boldsymbol{v}^{\pi})=\phi^{\pi}\rho_{\alpha}^{\pi}\boldsymbol{b}^{\pi}+\nabla\cdot(\phi^{\pi}\boldsymbol{\sigma}^{\pi}) \tag{2.2-58}$$

式中，$\boldsymbol{b}^{\pi}$ 表示作用在 π 相的单位质量上的体积力，是内部的动量产生项；$\boldsymbol{\sigma}^{\pi}$ 是 π 相的应力张量，表示通过交界面的动量交换。

对式（2.2-58）进行三相叠加，并结合质量守恒方程［式（2.2-1）］可得非饱和土体三相混合物的动量守恒方程：

$$\nabla\cdot\left(\sum_{\pi}\phi^{\pi}\boldsymbol{\sigma}^{\pi}\right)+\sum_{\pi}\phi^{\pi}\rho_{\alpha}^{\pi}\boldsymbol{b}^{\pi}=\sum_{\pi}\phi^{\pi}\rho_{\alpha}^{\pi}\frac{\partial\boldsymbol{v}^{\pi}}{\partial t}\tag{2.2-59}$$

令

$$\boldsymbol{\sigma}=\sum_{\pi}\phi^{\pi}\boldsymbol{\sigma}^{\pi},\ \boldsymbol{b}=\sum_{\pi}\phi^{\pi}\rho_{\alpha}^{\pi}\boldsymbol{b}^{\pi},\ \boldsymbol{v}=\sum_{\pi}\phi^{\pi}\rho_{\alpha}^{\pi}\boldsymbol{v}^{\pi}\tag{2.2-60}$$

将式（2.2-60）代入式（2.2-59），并考虑关系式（2.1-5），可得：

$$\nabla\cdot\boldsymbol{\sigma}+\boldsymbol{b}=(1-n)\rho^{\mathrm{s}}\ddot{\boldsymbol{u}}^{\mathrm{s}}+nS^{\mathrm{l}}\rho_{\mathrm{w}}^{\mathrm{l}}\ddot{\boldsymbol{u}}^{\mathrm{l}}+nS^{\mathrm{g}}\rho^{\mathrm{g}}\ddot{\boldsymbol{u}}^{\mathrm{g}}\tag{2.2-61}$$

式中，$\boldsymbol{\sigma}$ 为土体宏观总应力；$\boldsymbol{b}$ 为宏观体积力；$\boldsymbol{u}^{\mathrm{s}}$，$\boldsymbol{u}^{\mathrm{l}}$ 和 $\boldsymbol{u}^{\mathrm{g}}$ 分别为土体骨架、孔隙液相和气相位移矢量。

根据有效应力原理，将式（2.2-57）代入式（2.2-61）中，可得：

$$\begin{aligned}&\nabla\cdot\left\{\boldsymbol{D}:\frac{1}{2}[\nabla\boldsymbol{u}^{\mathrm{s}}+(\nabla\boldsymbol{u}^{\mathrm{s}})^{\mathrm{T}}]-\alpha[(1-S_{\mathrm{e}})p_{\mathrm{g}}+S_{\mathrm{e}}p_{\mathrm{l}}]\boldsymbol{\delta}\right\}+\boldsymbol{b}\\&=(1-n)\rho^{\mathrm{s}}\ddot{\boldsymbol{u}}^{\mathrm{s}}+nS^{\mathrm{l}}\rho_{\mathrm{w}}^{\mathrm{l}}\ddot{\boldsymbol{u}}^{\mathrm{l}}+nS^{\mathrm{g}}\rho^{\mathrm{g}}\ddot{\boldsymbol{u}}^{\mathrm{g}}\end{aligned}\tag{2.2-62}$$

2.2.9 多场耦合问题的数学描述

式（2.2-10）、式（2.2-29）、式（2.2-42）和式（2.2-62）组成了非饱和土中多相多场耦合的控制方程，其中基本未知量为孔隙率 $n(\boldsymbol{x},t)$，孔隙水压力 $p_{\mathrm{l}}(\boldsymbol{x},t)$，孔隙气压力 $p_{\mathrm{g}}(\boldsymbol{x},t)$ 以及位移 $\boldsymbol{u}^{\mathrm{s}}(\boldsymbol{x},t)$。假设介质空间域的体积为 Ω，其边界为 Γ。问题的求解旨在空间域 Ω 和时间域 τ 内寻找出一组以 $\{n,p_{\mathrm{l}},p_{\mathrm{g}},\boldsymbol{u}\}$ 为基本未知量的解，使其满足前述控制方程组。此外，在 $t=0$ 时满足下列初始条件：

$$\begin{cases}n(\boldsymbol{x},0)=n_0 & \forall\boldsymbol{x}\in\Omega\\ p_{\mathrm{l}}(\boldsymbol{x},0)=p_{\mathrm{l0}} & \forall\boldsymbol{x}\in\Omega\\ p_{\mathrm{g}}(\boldsymbol{x},0)=p_{\mathrm{g0}} & \forall\boldsymbol{x}\in\Omega\\ \boldsymbol{u}^{\mathrm{s}}(\boldsymbol{x},0)=\boldsymbol{u}_0 & \forall\boldsymbol{x}\in\Omega\end{cases}\tag{2.2-63}$$

在边界 Γ 上满足以第一类边界条件：

$$\begin{cases}p_{\mathrm{l}}=\overline{p}_{\mathrm{l}} & \forall\boldsymbol{x}\in\Gamma_{\mathrm{l}}\\ p_{\mathrm{g}}=\overline{p}_{\mathrm{g}} & \forall\boldsymbol{x}\in\Gamma_{\mathrm{g}}\\ \boldsymbol{u}^{\mathrm{s}}=\overline{\boldsymbol{u}}^{\mathrm{s}} & \forall\boldsymbol{x}\in\Gamma_{u}\end{cases}\tag{2.2-64}$$

和第二类边界条件：

$$\begin{cases}(\rho_{\mathrm{w}}^{\mathrm{l}}\boldsymbol{q}^{\mathrm{l}}+\rho_{\mathrm{w}}^{\mathrm{g}}\boldsymbol{q}^{\mathrm{g}}+\boldsymbol{j}_{\mathrm{w}}^{\mathrm{g}})\cdot\boldsymbol{n}=\overline{q}_{\mathrm{l}} & \forall\boldsymbol{x}\in\Gamma_{\mathrm{l}}^{q}\\ (\rho_{\mathrm{a}}H\boldsymbol{q}^{\mathrm{l}}+\rho_{\mathrm{a}}\boldsymbol{q}^{\mathrm{g}}-\boldsymbol{j}_{\mathrm{w}}^{\mathrm{g}})\cdot\boldsymbol{n}=\overline{q}_{\mathrm{g}} & \forall\boldsymbol{x}\in\Gamma_{\mathrm{g}}^{q}\\ \boldsymbol{t}=\boldsymbol{\sigma}\boldsymbol{n}=\overline{t} & \forall\boldsymbol{x}\in\Gamma_{\sigma}\end{cases}\tag{2.2-65}$$

式（2.2-63）～式（2.2-65）中，n_0，p_{l0}，p_{g0}，$\boldsymbol{u}_0^s$ 分别为初始孔隙率、初始孔隙水压力、初始孔隙气压力和初始位移；Γ_l，Γ_w^q 分别为已知孔隙水压力和水分通量边界；Γ_g，Γ_g^q 分别为已知孔隙气压力和气体通量边界；$\Gamma_{\mathbf{u}}$，$\Gamma_{\boldsymbol{\sigma}}$ 分别为已知位移和面力边界。

2.3　耦合模型的退化

上一节分析了非饱和土在外部环境作用下变形场、水分和气体运移场的动态耦合过程，建立了能够较为全面地描述非饱和土体流固耦合的数学模型。但在一些特定的条件下，可以忽略复杂模型中一些次要的影响因素，从而能够有效地减少模型参数的确定工作和数值计算所需的计算机内存和耗时。

2.3.1　水力耦合模型

如果土体孔隙中的气体与外界大气相通，则气体对土体力学性质和工程特性的影响较小，因此可以忽略气相的影响，并不考虑固相颗粒和液态水的可压缩性。则三相耦合模型可退化为单相流水力耦合模型：

$$n\frac{\partial S^l}{\partial p_c}\frac{\partial p_l}{\partial t}-S^l\frac{\partial \varepsilon_v^s}{\partial t}-\nabla\cdot\boldsymbol{q}^l=0 \tag{2.3-1a}$$

$$\nabla\cdot[\boldsymbol{D}:\nabla\boldsymbol{u}^s-S_e p_l\boldsymbol{\delta}]+\boldsymbol{b}=(1-n)\rho^s\ddot{\boldsymbol{u}}^s+nS^l\ddot{\boldsymbol{u}}^l \tag{2.3-1b}$$

式（2.3-1a）和式（2.3-1b）分别为土体中液态水的质量守恒方程以及动量守恒方程，描述了孔隙水的渗流以及渗流-变形的耦合影响。在控制方程［式（2.3-1）］中，隐含的土体土水特征曲线 $p_c(S_e)$ 以及渗透特性 $\boldsymbol{K}_l(S_e)$ 对渗流-变形的水力耦合过程有着重要的影响。

同样，该问题在 $t=0$ 时刻满足下列初始条件：

$$\begin{cases} n(\boldsymbol{x},0)=n_0 & \forall\boldsymbol{x}\in\Omega \\ p_l(\boldsymbol{x},0)=p_{l0} & \forall\boldsymbol{x}\in\Omega \\ \boldsymbol{u}^s(\boldsymbol{x},0)=\boldsymbol{u}_0^s & \forall\boldsymbol{x}\in\Omega \end{cases} \tag{2.3-2}$$

在边界 Γ 上满足下列第一类边界条件：

$$\begin{cases} p_l=\overline{p}_l & \forall\boldsymbol{x}\in\Gamma_l \\ \boldsymbol{u}^s=\overline{\boldsymbol{u}}^s & \forall\boldsymbol{x}\in\Gamma_u \end{cases} \tag{2.3-3}$$

满足下列第二类边界条件：

$$\begin{cases} \rho_w^l\boldsymbol{q}^l\cdot\boldsymbol{n}=\overline{q}_l & \forall\boldsymbol{x}\in\Gamma_l^q \\ \boldsymbol{t}=\boldsymbol{\sigma n}=\overline{t} & \forall\boldsymbol{x}\in\Gamma_\sigma \end{cases} \tag{2.3-4}$$

在饱和状态下时，土中有效饱和度 $S_e=1$，则式（2.3-1）可进一步简化为：

$$\frac{\partial \varepsilon_{\mathrm{v}}^{\mathrm{s}}}{\partial t}+\nabla \cdot \boldsymbol{q}^{1}=0 \tag{2.3-5a}$$

$$\nabla \cdot \{\boldsymbol{D}:\nabla \boldsymbol{u}^{\mathrm{s}}-p_{1}\boldsymbol{\delta}\}+\boldsymbol{b}=(1-n)\rho^{\mathrm{s}}\ddot{\boldsymbol{u}}^{\mathrm{s}}+n\ddot{\boldsymbol{u}}^{1} \tag{2.3-5b}$$

2.3.2 水-气两相流模型

若不考虑土体变形的影响以及溶解于液态水中气相的条件，则非饱和土中水分运移和气体传输过程可由式（2.2-29）和式（2.2-42）经过简化得到：

$$\left(\frac{nS^{1}}{K^{\mathrm{w}}}-n\frac{\partial S^{1}}{\partial p_{\mathrm{c}}}\right)\frac{\partial p_{1}}{\partial t}+n\frac{\partial S^{1}}{\partial p_{\mathrm{c}}}\frac{\partial p_{\mathrm{g}}}{\partial t}+\nabla \cdot \boldsymbol{q}^{1}=0 \tag{2.3-6a}$$

$$n\frac{\partial S^{1}}{\partial p_{\mathrm{c}}}\frac{\partial p_{1}}{\partial t}+n\left(\frac{S^{\mathrm{g}}}{K^{\mathrm{g}}}-\frac{\partial S^{1}}{\partial p_{\mathrm{c}}}\right)\frac{\partial p_{\mathrm{g}}}{\partial t}+\nabla \cdot \boldsymbol{q}^{\mathrm{g}}=0 \tag{2.3-6b}$$

和式（2.3-1）相似，式（2.3-6）中隐含了两个重要的本构关系，即土水特征曲线 $p_{\mathrm{c}}(S_{\mathrm{e}})$ 及渗透特性关系 $\boldsymbol{K}_{1}(S_{\mathrm{e}})$。

在 $t=0$ 时刻满足下列初始条件：

$$\begin{cases} p_{1}(\boldsymbol{x},0)=p_{10} & \forall \boldsymbol{x}\in \Omega \\ p_{\mathrm{g}}(\boldsymbol{x},0)=p_{\mathrm{g0}} & \forall \boldsymbol{x}\in \Omega \end{cases} \tag{2.3-7}$$

在边界 Γ 上满足下列第一类边界条件：

$$\begin{cases} p_{1}=\overline{p}_{1} & \forall \boldsymbol{x}\in \Gamma_{1} \\ p_{\mathrm{g}}=\overline{p}_{\mathrm{g}} & \forall \boldsymbol{x}\in \Gamma_{\mathrm{g}} \end{cases} \tag{2.3-8}$$

满足下列第二类边界条件：

$$\begin{aligned} \rho_{\mathrm{w}}^{1}\boldsymbol{q}^{1}\cdot \boldsymbol{n}=\overline{q}_{1} \quad & \forall \boldsymbol{x}\in \Gamma_{1}^{q} \\ \rho_{\mathrm{a}}\boldsymbol{q}^{\mathrm{g}}\cdot \boldsymbol{n}=\overline{q}_{\mathrm{g}} \quad & \forall \boldsymbol{x}\in \Gamma_{\mathrm{g}}^{q} \end{aligned} \tag{2.3-9}$$

2.3.3 单相连续固体模型

如果不考虑土体孔隙中的流体，则问题退化为单相的连续固体力学模型，即 $n=0$ 的情形下，由式（2.3-1）可得：

$$\nabla \cdot (\boldsymbol{D}:\nabla \boldsymbol{u}^{\mathrm{s}})+\boldsymbol{b}=\rho^{\mathrm{s}}\ddot{\boldsymbol{u}}^{\mathrm{s}} \tag{2.3-10}$$

该问题的描述为：在 $t=0$ 时刻满足下列初始条件：

$$\boldsymbol{u}^{\mathrm{s}}(\boldsymbol{x},0)=\boldsymbol{u}_{0}^{\mathrm{s}} \quad \forall \boldsymbol{x}\in \Omega \tag{2.3-11}$$

在边界 Γ 上满足下列第一类边界条件：

$$\boldsymbol{u}^{\mathrm{s}}=\overline{\boldsymbol{u}}^{\mathrm{s}} \quad \forall \boldsymbol{x}\in \Gamma_{\mathrm{u}} \tag{2.3-12}$$

和满足下列第二类边界条件：

$$\boldsymbol{t}=\boldsymbol{\sigma n}=\overline{\boldsymbol{t}} \quad \forall \boldsymbol{x}\in \Gamma_{\sigma} \tag{2.3-13}$$

第 3 章

非饱和半空间中弹性波的传播特性

3.1 非饱和土弹性波动控制方程

经典弹性力学指出，在各向同性的均质弹性全空间内产生的弹性体波包含两种波形：压缩波和剪切波。压缩波又称膨胀波、无旋波、纵波、P 波，其传播方向与质点运动方向相同，如图 3.1-1（a）所示，介质中既有压缩区，也有拉伸区。因此，压缩波既可以在固体介质中传播，也可以在流体介质中传播。剪切波又称等容波、旋转波、横波、S 波，其传播方向与质点运动方向垂直，如图 3.1-1（b）所示，且不会使介质产生体积应变。当质点的运动方向处于垂直平面内时，这种剪切波称为 SV 波；当质点运动方向落在水平面内时，这种剪切波则称为 SH 波。值得注意的是，由于流体的剪切模量可以忽略不计，通常认为剪切波不能在流体中传播。在 Biot 双相多孔介质波动模型建立之后，许多学者从不同方面对饱和多孔介质中弹性体波的传播特性进行研究。研究结果指出，饱和多孔介质中存在三种弹性体波：两种压缩波（P_1 波和 P_2 波）和一种剪切波（S 波）。

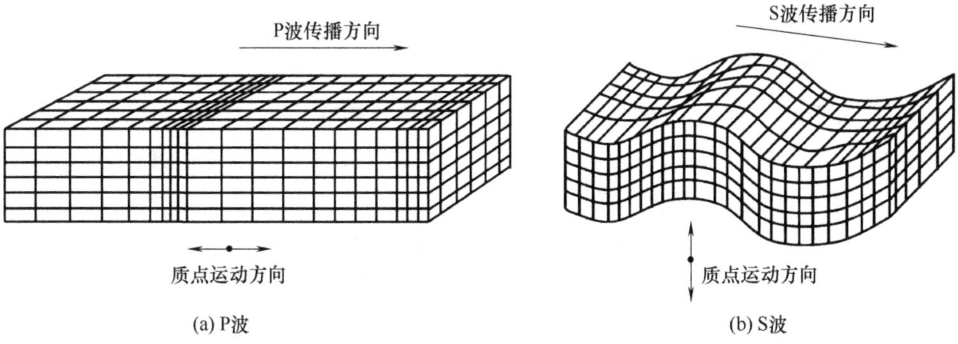

图 3.1-1　弹性介质中的弹性体波

在第 2 章给出的非饱和土流固耦合模型的基础上，本节通过适当简化后建立了以土体各相位移表示的动力学控制方程，为分析非饱和土体中弹性波的传播和动力响应问题提供必要的数学模型。

3.1.1 质量守恒方程

一般而言，一个变量的空间导数和时间导数的乘积相对于其时间导数是比较小的高阶项，可将其忽略，同时忽略非饱和土溶解于水中的少量气体以及气相中的水分质量，则有 $\rho^{l}\approx\rho^{l}_{w}$。引入液相和气相，其相对于固体骨架的相对位移分别为：

$$\bar{\boldsymbol{u}}^{l}=\boldsymbol{u}^{l}-\boldsymbol{u}^{s} \tag{3.1-1a}$$

$$\bar{\boldsymbol{u}}^{g}=\boldsymbol{u}^{g}-\boldsymbol{u}^{s} \tag{3.1-1b}$$

结合式（2.2-16）和式（3.1-1），并根据式（2.2-29）和式（2.2-42），土体中质量守恒方程分别用各相位移可表示为：

$$A_{11}p_{l}+A_{12}p_{g}+A_{13}\nabla\cdot\boldsymbol{u}^{s}+A_{14}\nabla\cdot\bar{\boldsymbol{u}}^{l}=0 \tag{3.1-2a}$$

$$A_{21}p_{l}+A_{22}p_{g}+A_{23}\nabla\cdot\boldsymbol{u}^{s}+A_{24}\nabla\cdot\bar{\boldsymbol{u}}^{g}=0 \tag{3.1-2b}$$

式中，$A_{11}=\xi S_{ww}S^{l}+\dfrac{nS^{l}}{K^{w}}-n\dfrac{\partial S^{l}}{\partial p_{c}}$，$A_{12}=\xi S_{gg}S^{l}+n\dfrac{\partial S^{l}}{\partial p_{c}}$，$A_{13}=\alpha S^{l}$，$A_{14}=nS^{l}$，$A_{21}=\xi S_{ww}S^{g}+n\dfrac{\partial S^{l}}{\partial p_{c}}$，$A_{22}=\xi S_{gg}S^{g}+\dfrac{nS^{g}}{K^{g}}-n\dfrac{\partial S^{l}}{\partial p_{c}}$，$A_{23}=\alpha S^{g}$，$A_{24}=nS^{g}$。

对式（3.1-2a）和式（3.1-2b）进一步整理可得：

$$-p_{l}=a_{11}\nabla\cdot\boldsymbol{u}^{s}+a_{12}\nabla\cdot\bar{\boldsymbol{u}}^{l}+a_{13}\nabla\cdot\bar{\boldsymbol{u}}^{g} \tag{3.1-3a}$$

$$-p_{g}=a_{21}\nabla\cdot\boldsymbol{u}^{s}+a_{22}\nabla\cdot\bar{\boldsymbol{u}}^{l}+a_{23}\nabla\cdot\bar{\boldsymbol{u}}^{g} \tag{3.1-3b}$$

式中，$a_{11}=\dfrac{A_{13}A_{22}-A_{12}A_{23}}{A_{11}A_{22}-A_{12}A_{21}}$，$a_{12}=\dfrac{A_{14}A_{22}}{A_{11}A_{22}-A_{12}A_{21}}$，$a_{13}=-\dfrac{A_{12}A_{24}}{A_{11}A_{22}-A_{12}A_{21}}$，$a_{21}=\dfrac{A_{13}A_{21}-A_{11}A_{23}}{A_{12}A_{21}-A_{11}A_{22}}$，$a_{22}=\dfrac{A_{14}A_{21}}{A_{12}A_{21}-A_{11}A_{22}}$，$a_{23}=-\dfrac{A_{11}A_{24}}{A_{12}A_{21}-A_{11}A_{22}}$。

3.1.2 动量平衡方程

以广义 Darcy 定律来描述非饱和土中液相和气相在孔隙中的运动规律。对各相同性介质，结合式（2.2-16）、式（2.2-25）和式（3.1-1），忽略体积力的影响，则有孔隙中流体的动量平衡方程为：

$$-\nabla p_{l}=\rho^{l}\ddot{\boldsymbol{u}}^{s}+\rho^{l}\ddot{\bar{\boldsymbol{u}}}^{l}+\frac{nS^{l}}{\boldsymbol{K}_{l}}\dot{\bar{\boldsymbol{u}}}^{l} \tag{3.1-4a}$$

$$-\nabla p_{g}=\rho^{g}\ddot{\boldsymbol{u}}^{s}+\rho^{g}\ddot{\boldsymbol{u}}_{g}+\frac{nS^{g}}{\boldsymbol{K}_{g}}\dot{\bar{\boldsymbol{u}}}^{g} \tag{3.1-4b}$$

忽略体积力后，考虑式（3.1-1），由式（2.2-55）和式（2.2-61）可得各向同性非饱和土的动量平衡方程为：

$$\begin{aligned}&\mu\nabla^2\boldsymbol{u}^{s}+(\lambda+\mu)\nabla(\nabla\cdot\boldsymbol{u}^{s})-\alpha S_{e}\nabla p_{l}-\alpha(1-S_{e})\nabla p_{g}\\&=\rho\ddot{\boldsymbol{u}}^{s}+nS^{l}\rho^{l}\ddot{\overline{\boldsymbol{u}}}^{l}+nS^{g}\rho^{g}\ddot{\overline{\boldsymbol{u}}}^{g}\end{aligned}\tag{3.1-5}$$

式中，$\rho=(1-n)\rho^{s}+nS^{l}\rho^{l}+nS^{g}\rho^{g}$。

3.1.3 动力学控制方程

分别将式（3.1-3a）、式（3.1-4a）、式（3.1-3b）和式（3.1-4b）合并，并结合式（3.1-5），整理后可得以位移表示的弹性波动控制方程为：

$$a_{11}\nabla(\nabla\cdot\boldsymbol{u}^{s})+a_{12}\nabla(\nabla\cdot\overline{\boldsymbol{u}}^{l})+a_{13}\nabla(\nabla\cdot\overline{\boldsymbol{u}}^{g})=\rho_{w}^{l}\ddot{\boldsymbol{u}}^{s}+\rho_{w}^{l}\ddot{\overline{\boldsymbol{u}}}^{l}+\vartheta^{l}\dot{\overline{\boldsymbol{u}}}^{l}\tag{3.1-6a}$$

$$a_{21}\nabla(\nabla\cdot\boldsymbol{u}^{s})+a_{22}\nabla(\nabla\cdot\overline{\boldsymbol{u}}^{l})+a_{23}\nabla(\nabla\cdot\overline{\boldsymbol{u}}^{g})=\rho^{g}\ddot{\boldsymbol{u}}^{s}+\rho^{g}\ddot{\overline{\boldsymbol{u}}}^{g}+\vartheta^{g}\dot{\overline{\boldsymbol{u}}}^{g}\tag{3.1-6b}$$

$$\begin{aligned}&\mu\nabla^2\boldsymbol{u}^{s}+(\lambda_{c}+\mu)\nabla(\nabla\cdot\boldsymbol{u}^{s})+B_{1}\nabla(\nabla\cdot\overline{\boldsymbol{u}}^{l})+B_{2}\nabla(\nabla\cdot\overline{\boldsymbol{u}}^{g})\\&=\rho\ddot{\boldsymbol{u}}^{s}+nS^{l}\rho_{w}^{l}\ddot{\overline{\boldsymbol{u}}}^{l}+nS^{g}\rho^{g}\ddot{\overline{\boldsymbol{u}}}^{g}\end{aligned}\tag{3.1-6c}$$

式中，$\vartheta^{l}=\dfrac{nS^{l}}{\boldsymbol{K}_{l}}$，$\vartheta^{g}=\dfrac{nS^{g}}{\boldsymbol{K}_{g}}$，$\lambda_{c}=\lambda+\alpha S_{e}a_{11}+\alpha(1-S_{e})a_{21}$，$B_{1}=\alpha S_{e}a_{12}+\alpha(1-S_{e})a_{22}$，$B_{2}=\alpha S_{e}a_{13}+\alpha(1-S_{e})a_{23}$。

3.2 非饱和土中弹性体波的传播特性

3.2.1 非饱和土中弹性体波的特征方程

在上述用位移表示的波动控制方程中，各位移分量是耦合在一起的，这使得在求解中非常不便。借助矢量场 Helmholtz 分解定理构造位移场势函数，从而简化波动方程的求解。引入如下固、液、气三相介质位移矢量势函数分解形式：

$$\boldsymbol{u}^{s}=\nabla\psi_{s}+\nabla\times\boldsymbol{H}_{s}\tag{3.2-1a}$$

$$\overline{\boldsymbol{u}}^{l}=\nabla\psi_{l}+\nabla\times\boldsymbol{H}_{l}\tag{3.2-1b}$$

$$\overline{\boldsymbol{u}}^{g}=\nabla\psi_{g}+\nabla\times\boldsymbol{H}_{g}\tag{3.2-1c}$$

式中：ψ_{s}、ψ_{l}、ψ_{g} 分别为固体骨架、孔隙水、孔隙气体位移的标量势函数；$\boldsymbol{H}_{s}$、$\boldsymbol{H}_{l}$、$\boldsymbol{H}_{g}$ 分别为固体骨架、孔隙水、孔隙气体位移的矢量势函数。

考虑到：

$$\nabla\cdot\nabla\phi=\nabla^2\phi,\ \nabla\cdot(\nabla\times\phi)=0$$

式中，∇ 为 Hamilton 微分算子，∇^2 为 Laplace 算子，即：

$$\left.\begin{aligned}\nabla&=\frac{\partial}{\partial x_{\mathrm{k}}}i_{\mathrm{k}}\\ \nabla^{2}&=\frac{\partial^{2}}{\partial x_{\mathrm{k}}\partial x_{\mathrm{k}}}\end{aligned}\right\}$$

将式（3.2-1a）～式（3.2-1c）代入式（3.1-6a）～式（3.1-6c），并对方程两端进行散度和旋度运算，则波动方程解耦可得：

$$a_{11}\nabla^{2}\psi_{\mathrm{s}}+a_{12}\nabla^{2}\psi_{\mathrm{l}}+a_{13}\nabla^{2}\psi_{\mathrm{g}}=\rho^{\mathrm{l}}\ddot{\psi}_{\mathrm{s}}+\rho^{\mathrm{l}}\ddot{\psi}_{\mathrm{l}}+\vartheta^{\mathrm{l}}\dot{\psi}_{\mathrm{l}}\tag{3.2-2a}$$

$$a_{21}\nabla^{2}\psi_{\mathrm{s}}+a_{22}\nabla^{2}\psi_{\mathrm{l}}+a_{23}\nabla^{2}\psi_{\mathrm{g}}=\rho^{\mathrm{g}}\ddot{\psi}_{\mathrm{s}}+\rho^{\mathrm{g}}\ddot{\psi}_{\mathrm{g}}+\vartheta^{\mathrm{g}}\dot{\psi}_{\mathrm{g}}\tag{3.2-2b}$$

$$(\lambda_{\mathrm{c}}+2\mu)\nabla^{2}\psi_{\mathrm{s}}+B_{1}\nabla^{2}\psi_{\mathrm{l}}+B_{2}\nabla^{2}\psi_{\mathrm{g}}=\rho\ddot{\psi}_{\mathrm{s}}+nS^{\mathrm{l}}\rho^{\mathrm{l}}\ddot{\psi}_{\mathrm{l}}+nS^{\mathrm{g}}\rho^{\mathrm{g}}\ddot{\psi}_{\mathrm{g}}\tag{3.2-2c}$$

$$\rho_{\mathrm{w}}^{\mathrm{l}}\ddot{\boldsymbol{H}}_{\mathrm{s}}+\rho_{\mathrm{w}}^{\mathrm{l}}\ddot{\boldsymbol{H}}_{\mathrm{l}}+\vartheta^{\mathrm{l}}\dot{\boldsymbol{H}}_{\mathrm{l}}=0\tag{3.2-2d}$$

$$\rho^{\mathrm{g}}\ddot{\boldsymbol{H}}_{\mathrm{s}}+\rho^{\mathrm{g}}\ddot{\boldsymbol{H}}_{\mathrm{g}}+\vartheta^{\mathrm{g}}\dot{\boldsymbol{H}}_{\mathrm{g}}=0\tag{3.2-2e}$$

$$\rho\ddot{\boldsymbol{H}}_{\mathrm{s}}+nS^{\mathrm{l}}\rho_{\mathrm{w}}^{\mathrm{l}}\ddot{\boldsymbol{H}}_{\mathrm{l}}+nS^{\mathrm{g}}\rho^{\mathrm{g}}\ddot{\boldsymbol{H}}_{\mathrm{g}}=\mu\nabla^{2}\boldsymbol{H}_{\mathrm{s}}\tag{3.2-2f}$$

式（3.2-2a）～式（3.2-2f）的一般解可假设为以下形式：

$$\psi_{\pi}=A_{\pi}\exp[\mathrm{i}(k_{\mathrm{P}}\boldsymbol{n}\cdot\boldsymbol{x}-\omega t)]\tag{3.2-3a}$$

$$\boldsymbol{H}_{\pi}=B_{\pi}\exp[\mathrm{i}(k_{\mathrm{S}}\boldsymbol{n}\cdot\boldsymbol{x}-\omega t)]\tag{3.2-3b}$$

式中，$A_{\pi}(\pi=\mathrm{s},\ \mathrm{l},\ \mathrm{g})$ 和 B_{π} 表示相应的势函数幅值；k_{P} 和 k_{S} 分别表示 P 波和 S 波的圆波数，其物理意义是沿传播方向单位长度内所包含的简谐波的个数，反映了波在传播方向上的空间密度；$\omega=2\pi f$ 为圆频率，f 为频率；$\mathrm{i}=\sqrt{-1}$；$\boldsymbol{n}$ 和 $\boldsymbol{x}$ 分别表示方向和位置矢量。

将式（3.2-3）代入式（3.2-2），可得下列矩阵形式的非饱和土中弹性体波的控制方程：

$$\begin{bmatrix}b_{11}&b_{12}&b_{13}\\b_{21}&b_{22}&b_{23}\\b_{31}&b_{32}&b_{33}\end{bmatrix}\begin{bmatrix}A_{\mathrm{s}}\\A_{\mathrm{l}}\\A_{\mathrm{g}}\end{bmatrix}=0\tag{3.2-4a}$$

$$\begin{bmatrix}c_{11}&c_{12}&c_{13}\\c_{21}&c_{22}&c_{23}\\c_{31}&c_{32}&c_{33}\end{bmatrix}\begin{bmatrix}B_{\mathrm{s}}\\B_{\mathrm{l}}\\B_{\mathrm{g}}\end{bmatrix}=0\tag{3.2-4b}$$

式中，式（3.2-4a）为压缩波（P 波）的控制方程，式（3.2-4b）为剪切波（S 波）的控制方程，两个控制方程中的元素分别为：

$b_{11}=\rho^{\mathrm{l}}\omega^{2}-a_{11}k_{\mathrm{P}}^{2}$，$b_{12}=\rho^{\mathrm{l}}\omega^{2}+\vartheta^{\mathrm{l}}\mathrm{i}\omega-a_{12}k_{\mathrm{P}}^{2}$，$b_{13}=-a_{13}k_{\mathrm{P}}^{2}$，$b_{21}=\rho^{\mathrm{g}}\omega^{2}-a_{21}k_{\mathrm{P}}^{2}$，$b_{22}=-a_{22}k_{\mathrm{P}}^{2}$，$b_{23}=\rho^{\mathrm{g}}\omega^{2}+\vartheta^{\mathrm{g}}\mathrm{i}\omega-a_{23}k_{\mathrm{P}}^{2}$，$b_{31}=\rho\omega^{2}-(\lambda_{\mathrm{c}}+2\mu)k_{\mathrm{P}}^{2}$，$b_{32}=nS^{\mathrm{l}}\rho^{\mathrm{l}}\omega^{2}-B_{1}k_{\mathrm{P}}^{2}$，$b_{33}=nS^{\mathrm{g}}\rho^{\mathrm{g}}\omega^{2}-B_{2}k_{\mathrm{P}}^{2}$，$c_{11}=\rho^{\mathrm{l}}\omega^{2}$，$c_{12}=\rho^{\mathrm{l}}\omega^{2}+\mathrm{i}\vartheta^{\mathrm{l}}\omega$，$c_{13}=0$，$c_{21}=\rho^{\mathrm{g}}\omega^{2}$，$c_{22}=0$，$c_{23}=\rho^{\mathrm{g}}\omega^{2}+\mathrm{i}\vartheta^{\mathrm{g}}\omega$，$c_{31}=\rho\omega^{2}-\mu k_{\mathrm{S}}^{2}$，$c_{32}=nS^{\mathrm{l}}\rho^{\mathrm{l}}\omega^{2}$，$c_{33}=nS^{\mathrm{g}}\rho^{\mathrm{g}}\omega^{2}$

若要使得式（3.2-4a）和式（3.2-4b）存在非零解，则其系数矩阵的行列式必为零，故压缩波和剪切波的弥散特征方程可分别表示为：

$$\begin{vmatrix} b_{11} & b_{12} & b_{13} \\ b_{21} & b_{22} & b_{23} \\ b_{31} & b_{32} & b_{33} \end{vmatrix}=0 \tag{3.2-5a}$$

$$\begin{vmatrix} c_{11} & c_{12} & c_{13} \\ c_{21} & c_{22} & c_{23} \\ c_{31} & c_{32} & c_{33} \end{vmatrix}=0 \tag{3.2-5b}$$

式中，式（3.2-5a）为压缩波的弥散特征方程，式（3.2-5b）为剪切波的弥散特征方程。

式（3.2-5a）可以解出 6 个不同的复波数 $k_{\mathrm{P}}=\mathrm{Re}(k_{\mathrm{P}})+\mathrm{i}\mathrm{Im}(k_{\mathrm{P}})$，式（3.2-5b）可以解出 2 个不同的复波数 $k_{\mathrm{S}}=\mathrm{Re}(k_{\mathrm{S}})+\mathrm{i}\mathrm{Im}(k_{\mathrm{S}})$，其中 Re 和 Im 分别为实部和虚部，Re 反映常规波数，Im 反映波的衰减特性。由于振幅沿着波传播的方向衰减，则 $\mathrm{Im}(k_{\mathrm{P}})>0$，$\mathrm{Im}(k_{\mathrm{S}})>0$，故而 k_{P} 只有 3 个有意义的复根，即为 3 类压缩波（按照波速由大到小的顺序分别记为 P_1 波、P_2 波和 P_3 波）的复波数，而 k_{S} 只有 1 个有意义的复根，即为剪切波的复波数。

P 波和 S 波的波速和波衰减可分别表示为：

$$v_{\mathrm{P}_j}=\omega/\mathrm{Re}(k_{\mathrm{P}_j}),\ a_{\mathrm{P}_j}=\mathrm{Im}(k_{\mathrm{P}_j}),\ (j=1,2,3) \tag{3.2-6a}$$

$$v_{\mathrm{S}}=\omega/\mathrm{Re}(k_{\mathrm{S}}),\ a_{\mathrm{S}}=\mathrm{Im}(k_{\mathrm{S}}) \tag{3.2-6b}$$

式中，Re 和 Im 分别表示实部和虚部。

对式（3.2-5a）展开后可得：

$$E_1k_{\mathrm{P}}^6+E_2k_{\mathrm{P}}^4+E_3k_{\mathrm{P}}^2+E_4=0 \tag{3.2-7}$$

通过求解式（3.2-7）可得六个复根：

$$k_{\mathrm{P}_1}=-k_{\mathrm{P}_4}=\sqrt{N_1+\frac{N_2E_2^2}{3E_1}-N_2E_3+\frac{1}{3N_2E_1}} \tag{3.2-8a}$$

$$k_{\mathrm{P}_2}=-k_{\mathrm{P}_5}=\sqrt{N_1+\frac{3E_1E_3-E_2^2}{6E_1}N_2(1-\mathrm{i}\sqrt{3})-\frac{1}{6N_2E_1}(1+\mathrm{i}\sqrt{3})} \tag{3.2-8b}$$

$$k_{\mathrm{P}_3}=-k_{\mathrm{P}_6}=\sqrt{N_1+\frac{3E_1E_3-E_2^2}{6E_1}N_2(1+\mathrm{i}\sqrt{3})-\frac{1}{6N_2E_1}(1-\mathrm{i}\sqrt{3})} \tag{3.2-8c}$$

式中，$N_1=-\dfrac{E_2}{3E_1}$，$N_2=\dfrac{\sqrt[3]{2}}{N_3}$，

$$N_3=\sqrt[3]{\sqrt{4(-E_2^2+3E_1E_3)^3+(-2E_2^3+9E_1E_2E_3-27E_1^2E_4)^2}-2E_2^3+9E_1E_2E_3-27E_1^2E_4}$$

同样，对式（3.2-5b）展开后可得：

$$F_1 k_S^2 + F_2 = 0 \tag{3.2-9}$$

通过求解式（3.2-9）可得两个复根：

$$k_{S_1} = -k_{S_2} = \sqrt{\frac{F_2}{F_1}} \tag{3.2-10}$$

式中，

$F_1 = \mu(\vartheta^l - i\rho^l\omega)(\vartheta^g - i\rho^g\omega)$

$F_2 = \rho^l\rho^g(nS^l\rho^l + nS^g\rho^g - \rho)\omega^4 + [n\rho^g S^g\vartheta^l - \rho\rho^g\vartheta^l + \vartheta^g\rho^l(nS^l\rho^l - \rho)]i\omega^3 + \rho\vartheta^l\vartheta^g\omega^2$

3.2.2 非饱和土中弹性体波的传播特性

为了分析非饱和土中各类弹性体波的波速变化情况，利用数值算例并结合参数分析方法讨论了频率、饱和度及吸力对 P 波和 S 波的波速及衰减的影响。其中，孔隙液相和气相的相对渗透率采用式（3.2-11a）、式（3.2-11b）描述，液相和气相对渗透率与液相饱和度的关系如图 3.2-1 所示。

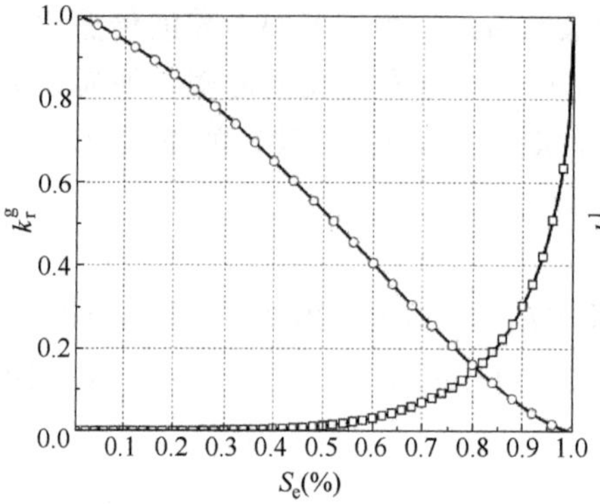

图 3.2-1 液相和气相对渗透率与液相饱和度的关系

$$k_r^l = \sqrt{S_e}[1-(1-S_e^{1/m_{vg}})^{m_{vg}}]^2 \tag{3.2-11a}$$

$$k_r^g = \sqrt{1-S_e}(1-S_e^{1/m_{vg}})^{2m_{vg}} \tag{3.2-11b}$$

1. 解的有效性验证

为了验证理论结果的有效性，选取 Massilon 砂岩的物理力学参数如表 3.2-1 所示，其中 $S_{sat}^l = 1$，$S_{res}^l = 0$，$m_{vg} = 0.5$，$\alpha_{vg} = 2\times10^{-5}$ Pa^{-1}。图 3.2-2 为 P$_1$ 波和 S 波的波速随饱和度变化曲线，给出了在 Massilon 砂岩中第一纵波（P$_1$ 波）和横波（S 波）在频率 500Hz 下饱和度对相速度的影响，并与 Murphy（1982）测得的试验数据进行了比较，可以看到模型预测与试验数据基本吻合。

Massilon 砂岩的物理力学参数 **表 3.2-1**

参数名称	参数符号	数值
孔隙率	n	0.23
土颗粒密度	ρ^s	2650kg/m^3
液体密度	ρ^l	997kg/m^3
气体密度	ρ^g	1.1kg/m^3

续表

参数名称	参数符号	数值
液体体积模量	K^{w}	2.25GPa
气体体积模量	K^{g}	0.11MPa
骨架体积模量	K^{b}	1.02GPa
土颗粒体积模量	K^{s}	35GPa
剪切模量	μ	1.44GPa
固有渗透率	k_{int}	$2.5\times10^{-12}m^2$
液体动力黏滞系数	μ_l	1×10^{-3}Pa·s
气体动力黏滞系数	μ_g	1.8×10^{-5} Pa·s

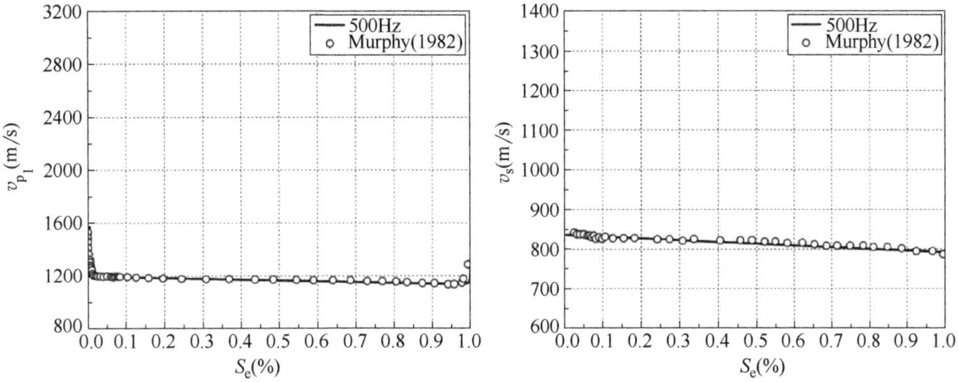

(a) P_1波 (b) S波

图 3.2-2 P_1 波和 S 波的波速随饱和度变化曲线

2. 数值分析与讨论

为了分析饱和度对弹性体波传播特性的影响，考虑土体孔隙率为 0.23，频率分别为 50Hz，500Hz，5000Hz，图 3.2-3 为非饱和土中弹性体波的波速和衰减与饱和度的关系。从图 3.2-3 中可以看出，饱和度对非饱和土中弹性体波的传播有着比较显著的影响。总体来看，P_1 波和 S 波的波速随着饱和度的变化趋势一致，随着饱和度的增大呈先降低后增大的趋势，且当饱和度较低时，波速几乎不受频率的影响；在饱和度小于 0.9 时，P_2 波的波速基本保持不变，当土体接近饱和时，随着饱和度的增大波速呈先减小后急剧增大的趋势，当达到完全饱和时 P_2 波的波速达到最大；P_3 波的波速随着饱和度的增大而增大，而当土体接近饱和时，急剧下降，且频率越高 P_3 波的波速越大，当土体达到完全饱和时 P_3 波消失，波速趋于零，这是因为 P_3 波是由于孔隙气压和孔隙水压的存在压差而引起的，当土体达到饱和时压差消失，则 P_3 波也相应的消失了。

从图 3.2-3 中也可以看出，P_1 波和 S 波的波速衰减均随着饱和度的增大总体呈增大趋势；P_2 波的波速衰减在饱和度小于 0.9 时基本不变，接近饱和时急剧降低；而 P_3 波衰减呈先下降后升高的趋势，并且四种弹性体波的波速衰减对频率具有很强的依赖性，频率越高其衰减也越大。综上分析表明，土体的含气量对弹性体波的波速衰减有着显著的影响。

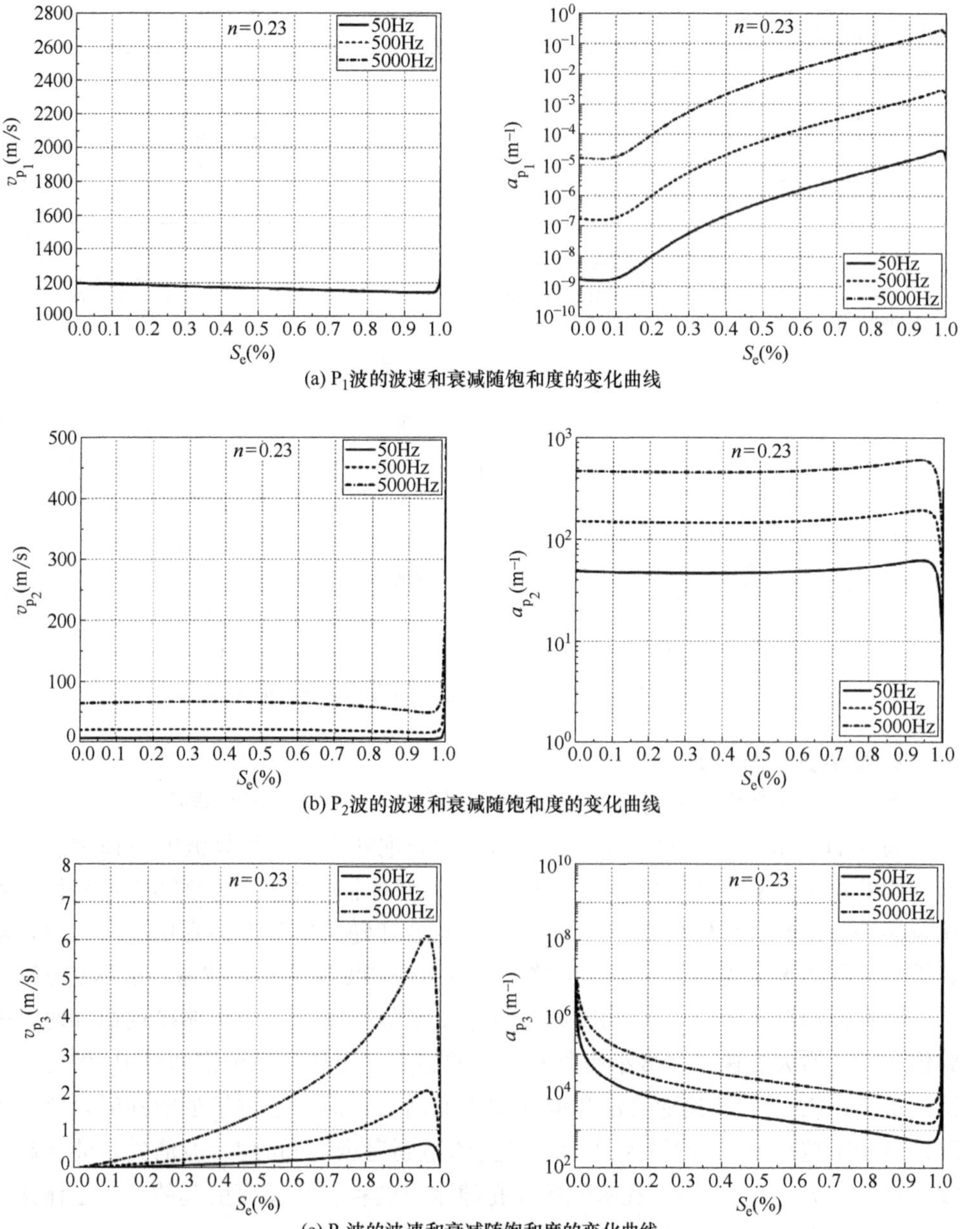

(a) P_1波的波速和衰减随饱和度的变化曲线

(b) P_2波的波速和衰减随饱和度的变化曲线

(c) P_3波的波速和衰减随饱和度的变化曲线

图 3.2-3 非饱和土中弹性体波的波速和衰减与饱和度的关系（一）

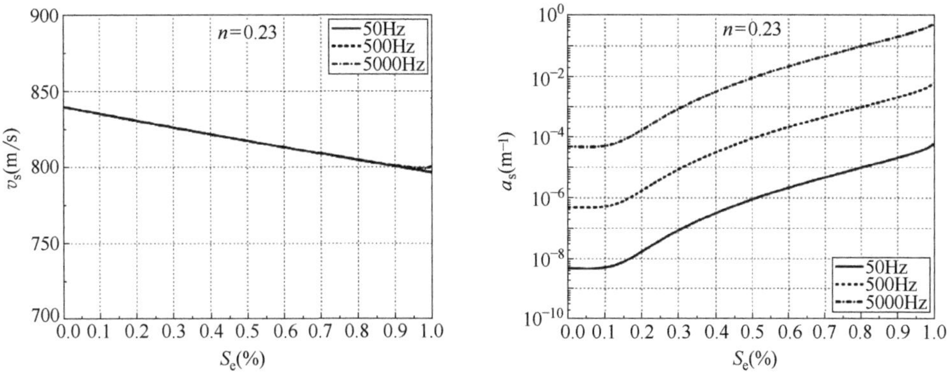

(d) S波的波速和衰减随饱和度的变化曲线

图 3.2-3　非饱和土中弹性体波的波速和衰减与饱和度的关系（二）

图 3.2-4 为频率 500Hz 时，波速和衰减随饱和度的曲线。从图 3.2-4 中可以明显看出，四种弹性体波的传播速度相差很大，P_1 波的波速最大，S 波次之，P_3 波的传播速度最小；同样，四种弹性体波衰减的数量级有所差异，其中 P_3 波的衰减最大，P_2 波的衰减次之，S 波、P_1 波的衰减很小。因此，在实际情况下，S 波和 P_1 波容易观测，而 P_2 波和 P_3 波将迅速消散，尤其是 P_3 波，很难被监测到，P_2 波和 P_3 波衰减较大的原因是流体与固体之间的相互作用和吸力效应引起的。

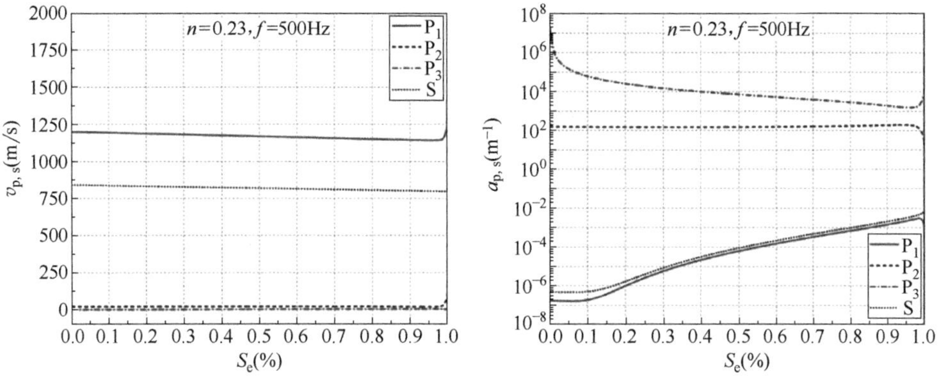

图 3.2-4　频率 500Hz 时，波速和衰减随饱和度的变化曲线

通常情况下，频率的变化会影响土体孔隙中流体的动力黏滞系数，特别是在高频情形下影响较为显著。这里为了简化，忽略了流体在高频下对动力黏滞系数的修正。饱和度分别为 0.3、0.6、0.9，频率变化为 $10^{-2}\sim10^{10}$ Hz 时，非饱和土中弹性体波的波速和衰减与频率的关系曲线如图 3.2-5 所示。由图可知，非饱和土中的四种弹性体波都在不同程度上存在弥散现象，相比较而言，P 波的弥散性大于 S 波

的弥散性，3 种 P 波中，P_1 波的弥散性最小。四种弹性体波的弥散性具有一个共同的特征，即在高频段和低频段，相速度基本保持不变；在中间频段，速度变化相对显著，这一点与饱和土中波的弥散性相似。

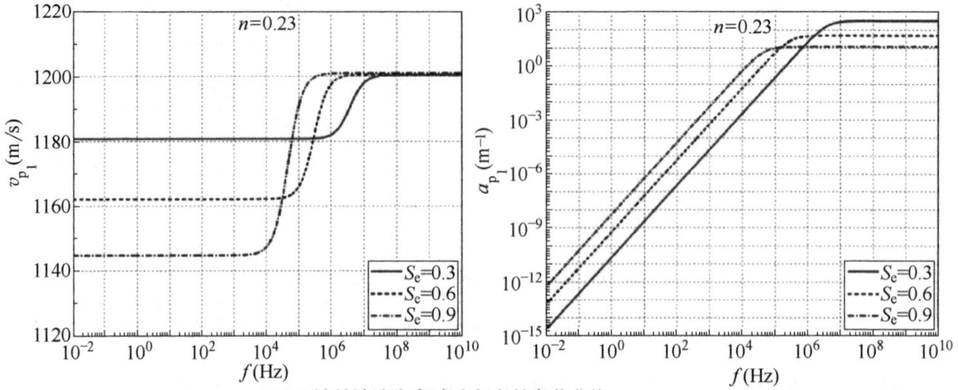

(a) P_1波的波速和衰减随频率的变化曲线

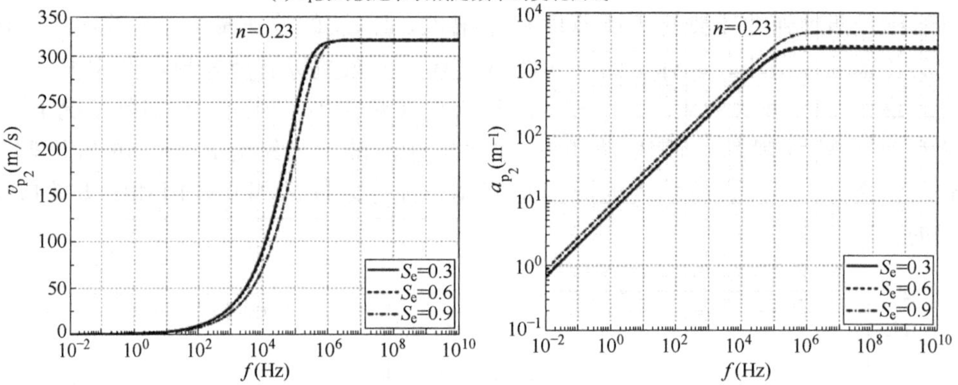

(b) P_2波的波速和衰减随频率的变化曲线

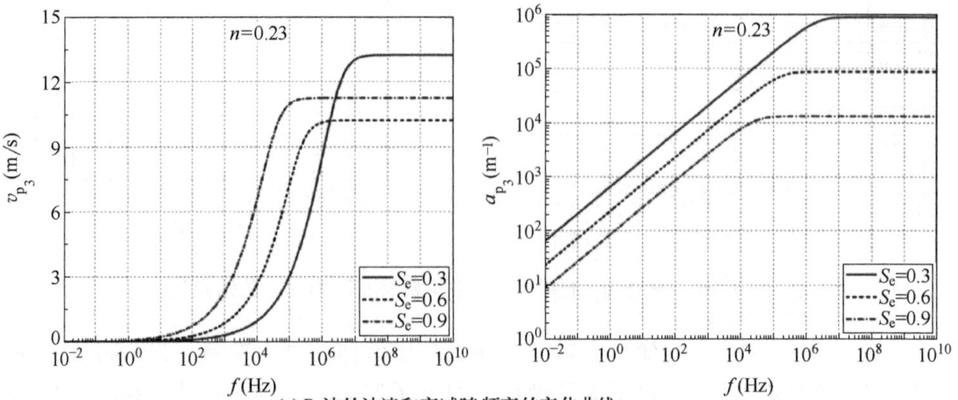

(c) P_3波的波速和衰减随频率的变化曲线

图 3.2-5 饱和度分别为 0.3、0.6、0.9，频率变化为 10^{-2}～10^{10} Hz 时，非饱和土中弹性体波的波速和衰减与频率的关系曲线（一）

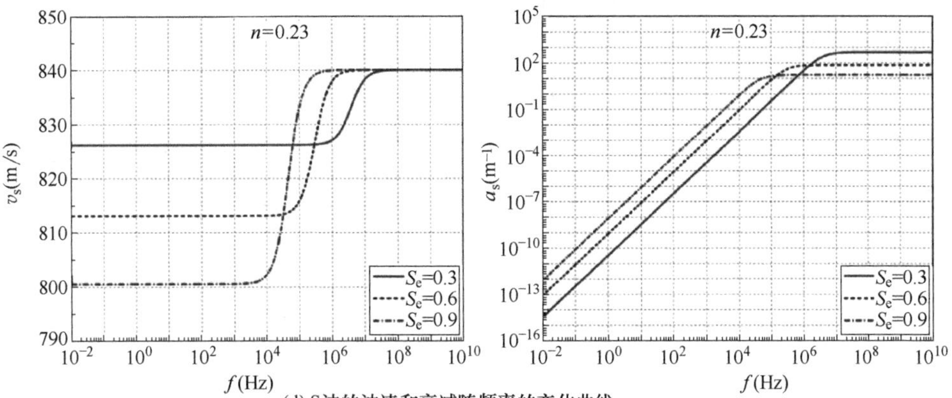

(d) S波的波速和衰减随频率的变化曲线

图 3.2-5 饱和度分别为 0.3、0.6、0.9，频率变化为 10^{-2}～10^{10} Hz 时，非饱和土中弹性体波的波速和衰减与频率的关系曲线（二）

通过分析图 3.2-5 中各种弹性体波的衰减与频率的关系曲线可知，四种弹性体波的衰减基本上都随频率的提高而增大，3 种 P 波中 P_3 波的衰减最大，P_1 波的衰减最小，在低频率段，衰减系数很小基本上没有衰减，这与徐长节等（2004）分析的结果相一致。而各种弹性体波的波速的衰减在高频段均保持不变，即不再随着频率的增大而增大。

为了更进一步说明上述传播特性随频率的影响关系，图 3.2-6 绘出了饱和度为 0.6，孔隙率为 0.23 时，各种弹性体波的波速和衰减随频率的变化曲线。从图中可发现，在低频段，P_2 和 P_3 波相对于 P_1 波来说波速很小，在 10Hz 以下，基本上无 P_2 和 P_3 波的传播（波速趋于零）。而 P_1 波和 S 波的衰减系数基本一致。

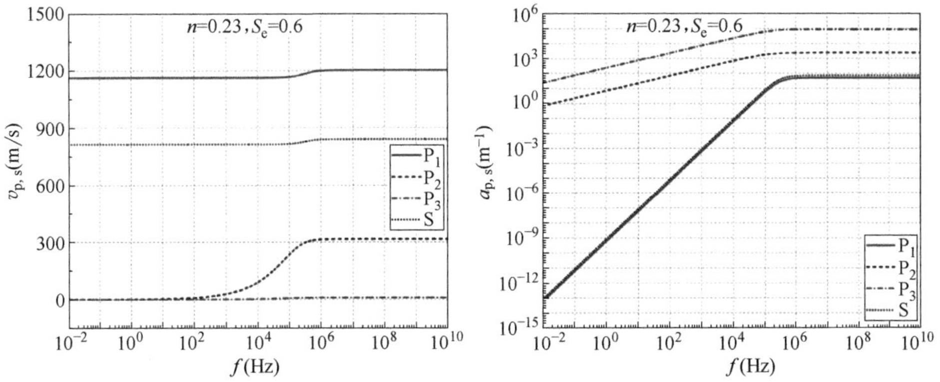

图 3.2-6 饱和度为 0.6，孔隙率为 0.23 时，各种弹性体波的波速和衰减随频率的变化曲线

孔隙率是土体基本的物理指标之一，它对土体物理力学性质有着重要的影响。图 3.2-7 为非饱和土体饱和度分别为 0.3、0.6、0.9，频率为 500Hz 时，4 类弹性体波的速度和衰减随孔隙率的变化曲线。从图中可以看出，P_1 波和 S 波的波速随

着孔隙率的增大而增大；而 P_2 波和 P_3 波的波速随着孔隙率的增大呈降低趋势，这是因为模型中没有考虑孔隙率变化对土体模量的影响。从图 3.2-7 可知，四种弹性体波的衰减均随着孔隙率的增大而增大。

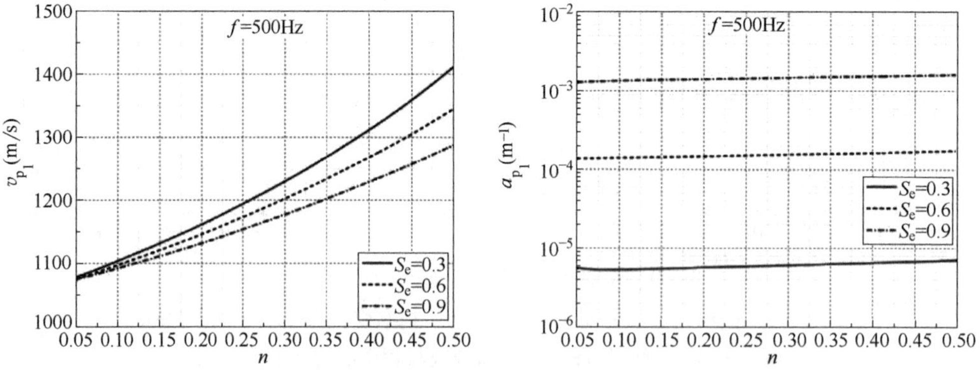

(a) P_1波的波速和衰减随孔隙率的变化曲线

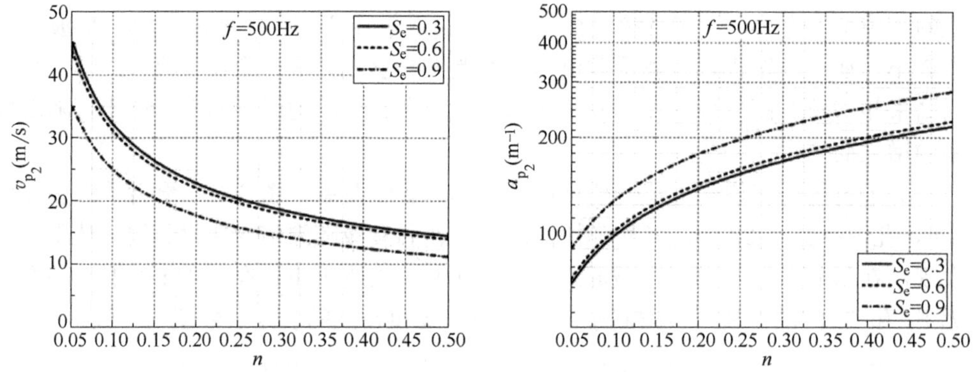

(b) P_2波的波速和衰减随孔隙率的变化曲线

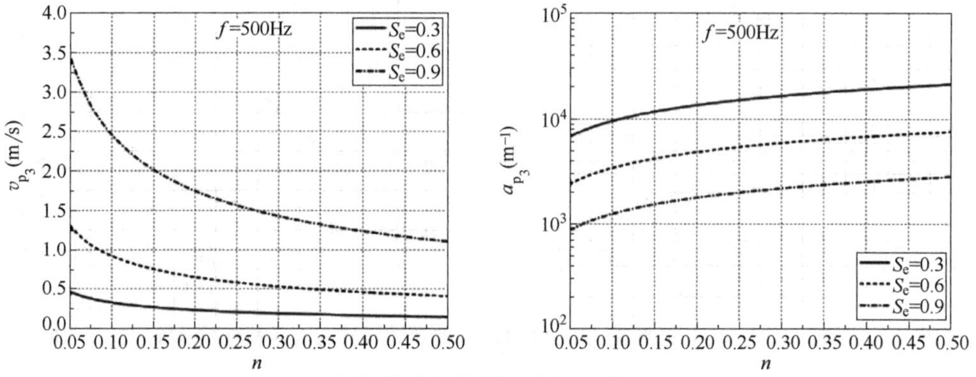

(c) P_3波的波速和衰减随孔隙率的变化曲线

图 3.2-7 非饱和土饱和度分别为 0.3、0.6、0.9，频率为 500Hz 时，4 类弹性体波的波速和衰减随孔隙率的变化曲线（一）

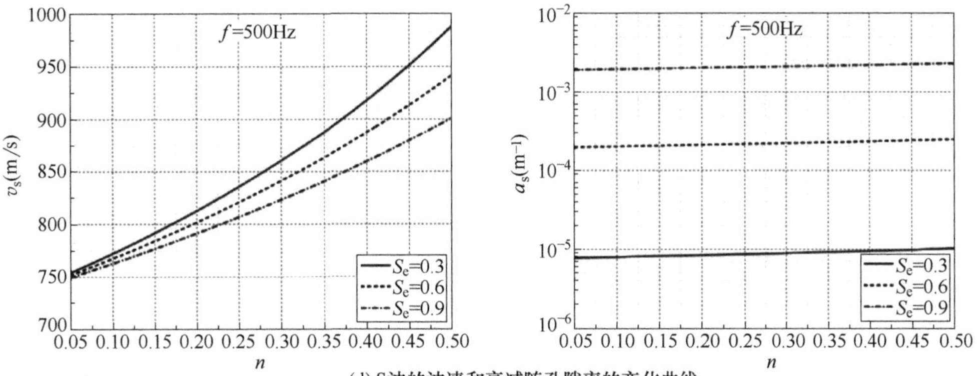

(d) S波的波速和衰减随孔隙率的变化曲线

图 3.2-7　非饱和土饱和度分别为 0.3、0.6、0.9，频率为 500Hz 时，4 类弹性体波的波速和衰减孔隙率的变化曲线（二）

为了进一步说明孔隙率对非饱和土中弹性体波传播特性的影响，考虑频率为 500Hz，饱和度为 0.6 时，不同弹性体波的波速和衰减随孔隙率的变化曲线如图 3.2-8 所示。从图中可以看出孔隙率的变化对 P_1 波和 S 波的波速影响都较为显著。

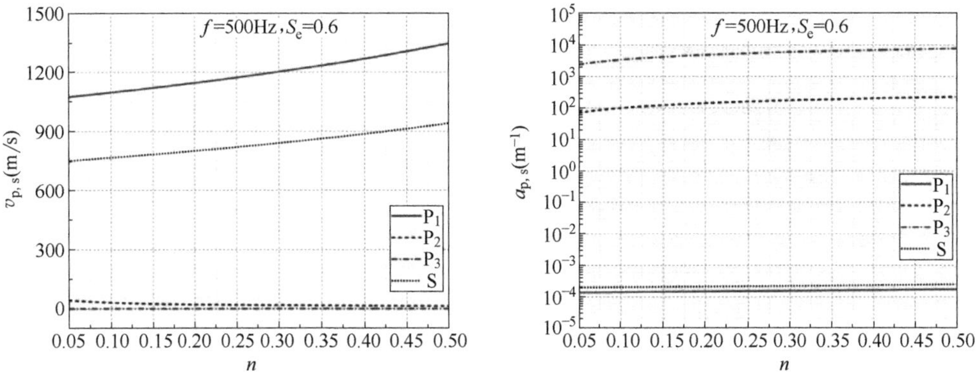

图 3.2-8　频率为 500Hz，饱和度为 0.6 时，不同弹性体波的波速和衰减随孔隙率的变化曲线

取非饱和土孔隙率为 0.23，饱和度为 0.6，频率分别为 50Hz、500Hz、5000Hz，土体固有渗透率变化为 $1\times10^{-13}\sim1\times10^{-5}\mathrm{m}^2$。非饱和土中弹性体波的波速和衰减随渗透率的变化曲线如图 3.2-9 所示。从图 3.2-9 可以看出，四种弹性体波的波速随着渗透率的变化趋势基本一致，当渗透率很低时，波速随着渗透率的增大急剧增大，随后波速基本保持不变。而各类弹性体波的衰减随着渗透率的增大而降低，上述规律可以在图 3.2-10 中不同弹性体波的波速和衰减随渗透率的变化曲线中进一步得到确认。

考虑非饱和土孔隙率为 0.23，频率为 500Hz，饱和度分别为 0.3、0.6 和 0.9，土体孔隙中液相的动力黏滞系数变化为 $1\times10^{-3}\sim1\times10^{-1}\mathrm{Pa\cdot s}$ 时，图 3.2-11 为

四种弹性体波的波速和衰减随液相的动力黏滞系数的变化曲线。从图中可以看出液相动力黏滞系数对弹性体波相速度的影响趋势基本一致，在液相动力黏滞系数较小时波速急剧下降，之后随液相动力黏滞系数的增大波速变化不大；液相动力黏滞系数对 P_1 波、P_3 波和 S 波的波速衰减影响较为显著，其中 P_1 波和 S 波随着动力黏滞系数的增大而降低，P_3 波则相反。

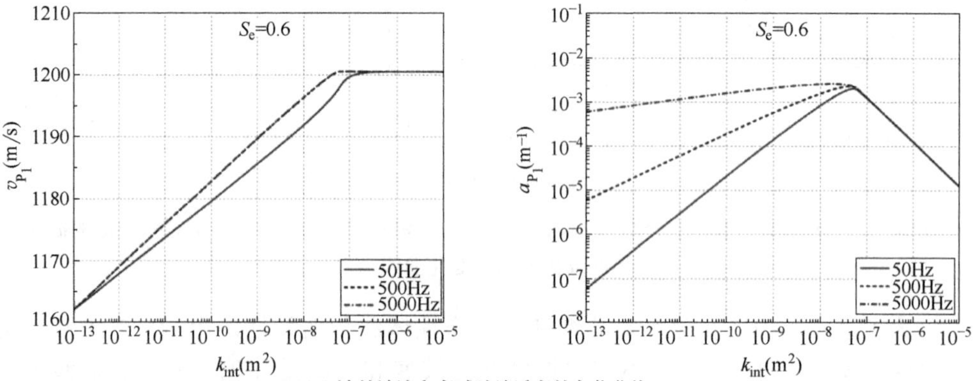

(a) P_1波的波速和衰减随渗透率的变化曲线

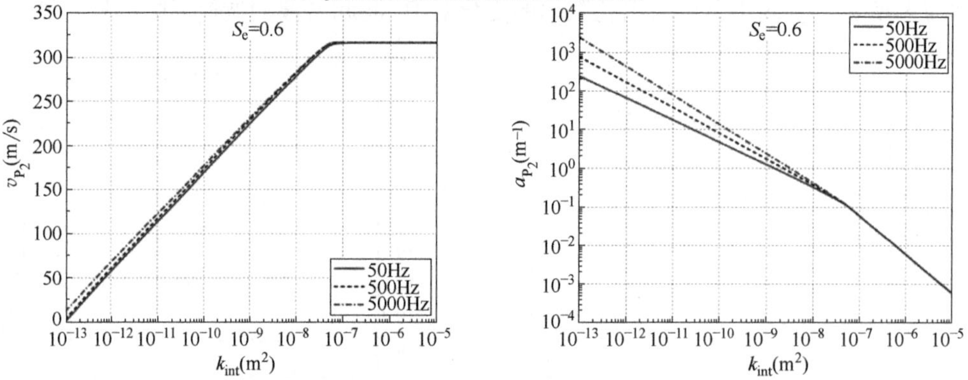

(b) P_2波的波速和衰减随渗透率的变化曲线

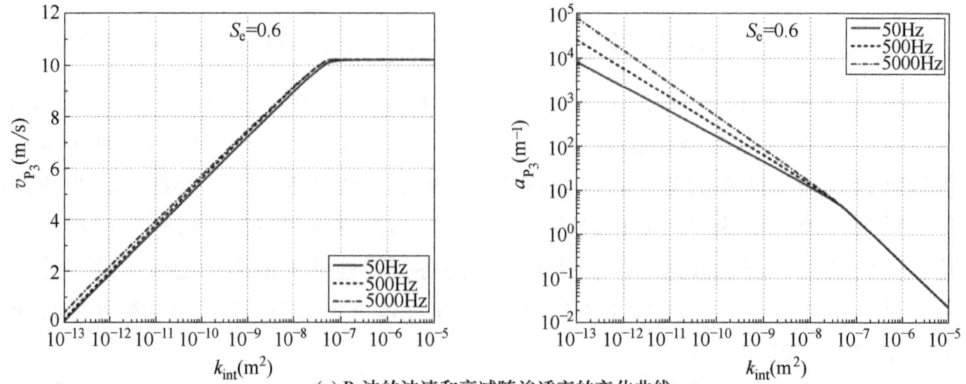

(c) P_3波的波速和衰减随渗透率的变化曲线

图 3.2-9 非饱和土中弹性体波的波速和衰减随渗透率的变化曲线（一）

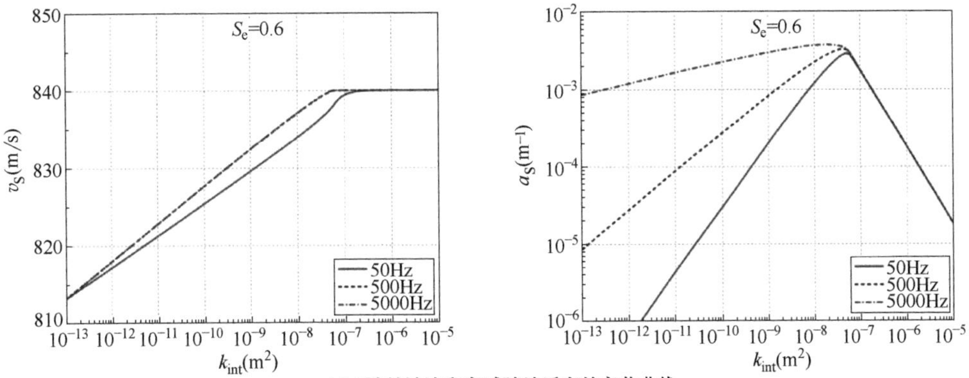

(d) S波的波速和衰减随渗透率的变化曲线

图 3.2-9 非饱和土中弹性体波的波速和衰减随渗透率的变化曲线（二）

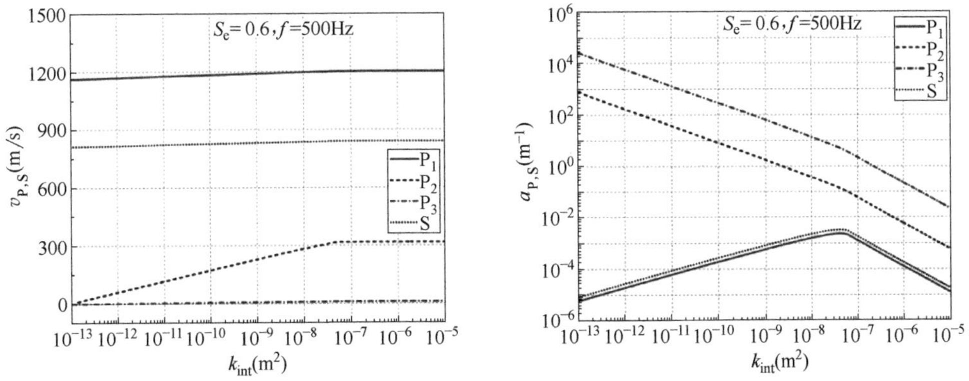

图 3.2-10 频率为 500Hz 时，弹性体波的波速和衰减随渗透率的变化曲线

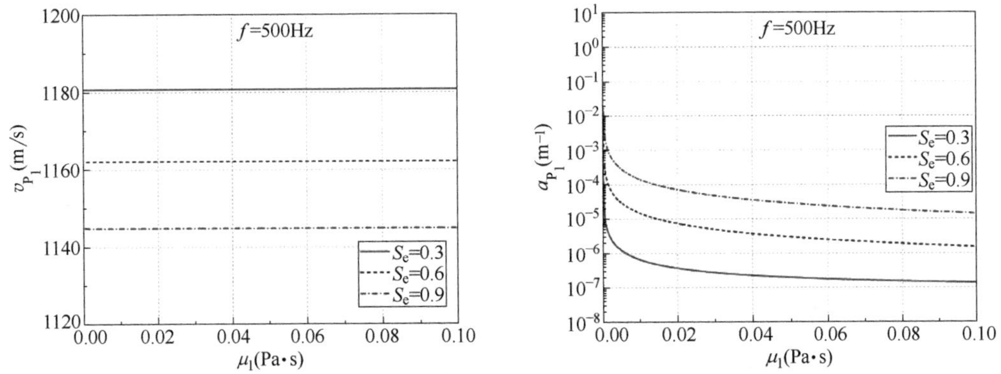

(a) P_1波的波速和衰减随液相动力黏滞系数的变化曲线

图 3.2-11 四种弹性体波的波速和衰减随液相的动力黏滞系数的变化曲线（一）

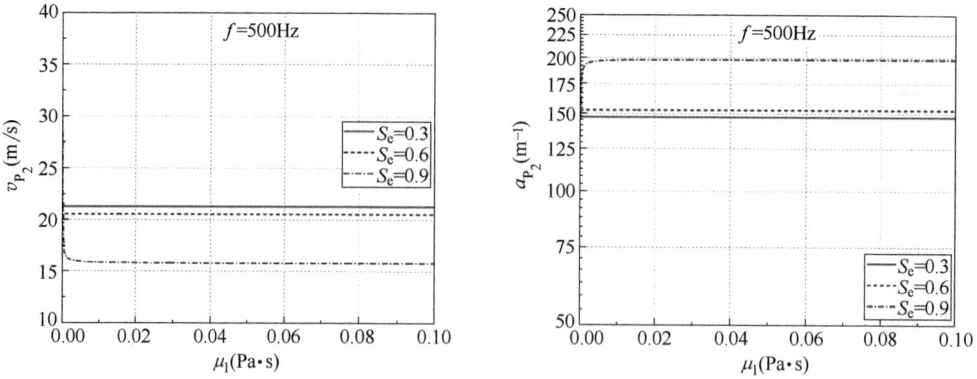

(b) P_2波的波速和衰减随液相动力黏滞系数的变化曲线

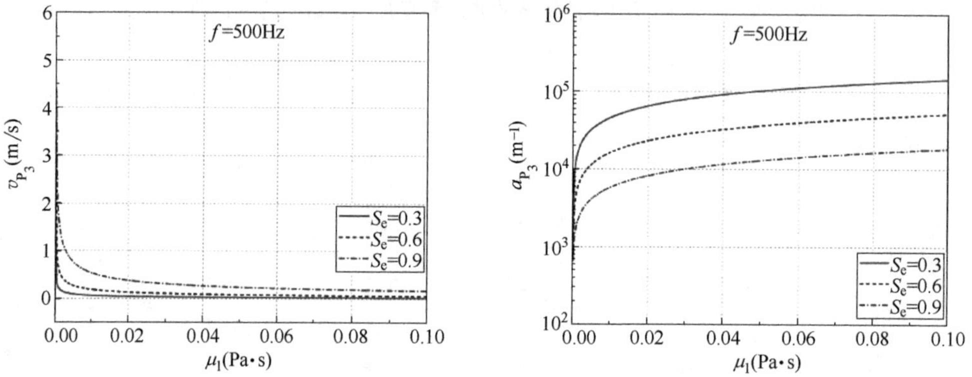

(c) P_3波的波速和衰减随液相动力黏滞系数的变化曲线

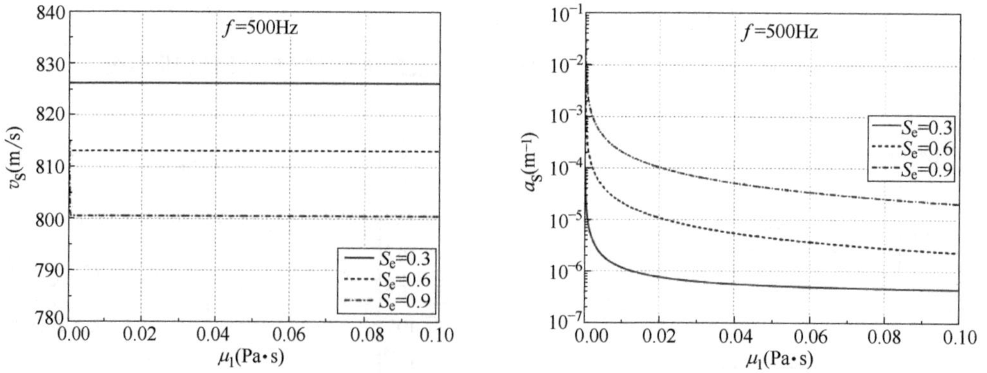

(d) S波的波速和衰减随液相动力黏滞系数的变化曲线

图 3.2-11　四种弹性体波的波速和衰减随液相的动力黏滞系数的变化曲线（二）

从图 3.2-11 可知，P_1 波和 S 波的衰减随着液相动力黏滞系数的增大而减小；P_3 波的波速衰减随液相动力黏滞系数的增大而增大；同样液相动力黏滞系数对 P_2 波的衰减影响并不显著。

图 3.2-12 绘出了频率为 500Hz，饱和度为 0.6 时，各类弹性体波的波速和衰减随液相动力黏滞系数的变化曲线，可以明显看出，液相动力黏滞系数对波速的影响程度要远小于对衰减的影响。

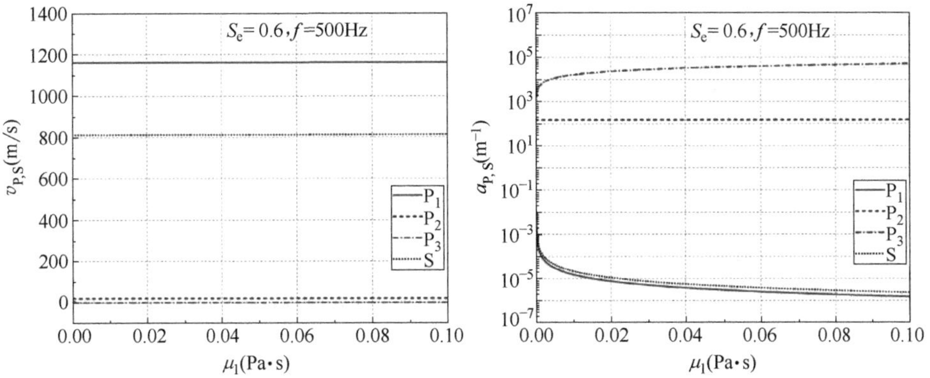

图 3.2-12 频率为 500Hz，饱和度为 0.6 时，各类弹性体波的波速和衰减随液相动力黏滞系数的变化曲线

粒间作用力是影响非饱和土物理力学特性的一个主要因素。非饱和土孔隙率为 0.23，饱和度为 0.6，频率分别为 50Hz、500Hz、5000Hz 的情形下，图 3.2-13 为四种弹性体波的波速和衰减随粒间吸力的变化曲线，图 3.2-14 为频率 500Hz，孔隙率为 0.23 时，四种弹性体波的波速和衰减随粒间吸力的变化曲线。从图中可以看出随着粒间吸力的增大，相应的土体的饱和度将会降低，因此，粒间吸力对弹性波传播特性的影响趋势与饱和度的影响规律恰恰相反，这里不再赘述。

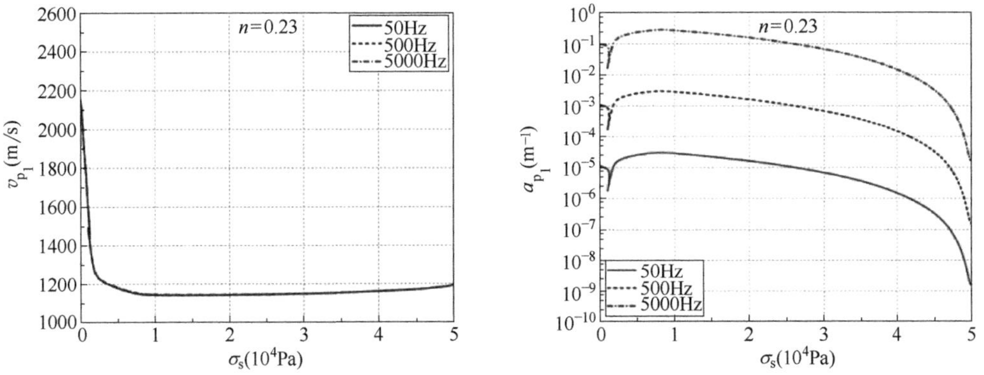

(a) P_1波的波速和衰减随粒间吸力的变化曲线

图 3.2-13 四种弹性体波的波速和衰减随粒间吸力的变化曲线（一）

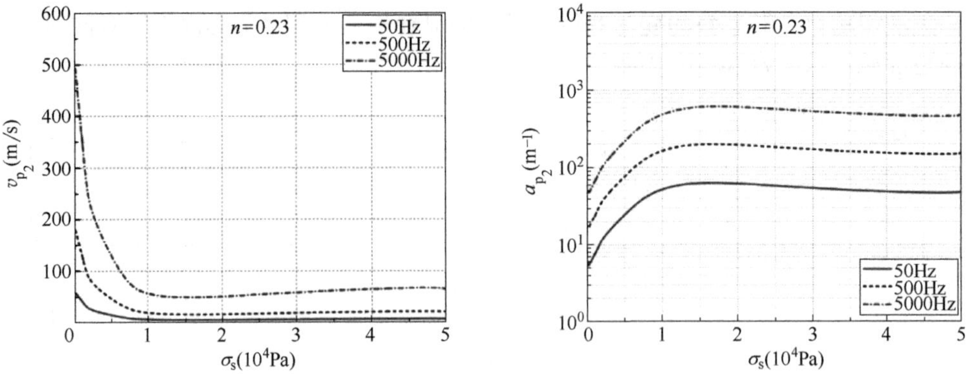

(b) P_2波的波速和衰减随粒间吸力的变化曲线

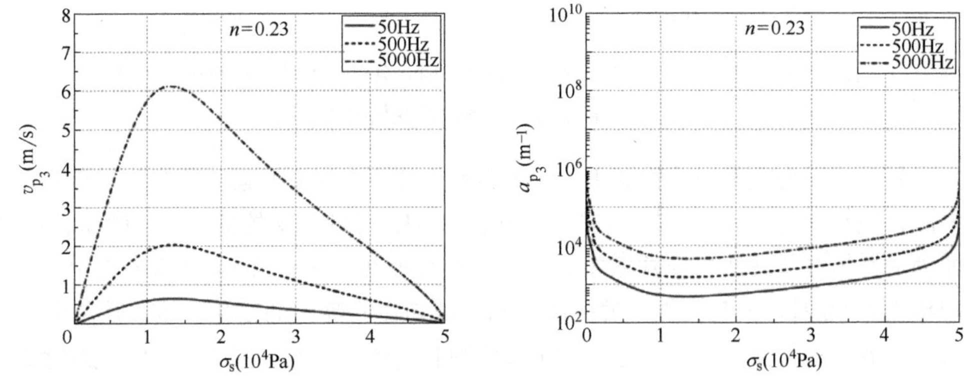

(c) P_3波的波速和衰减随粒间吸力的变化曲线

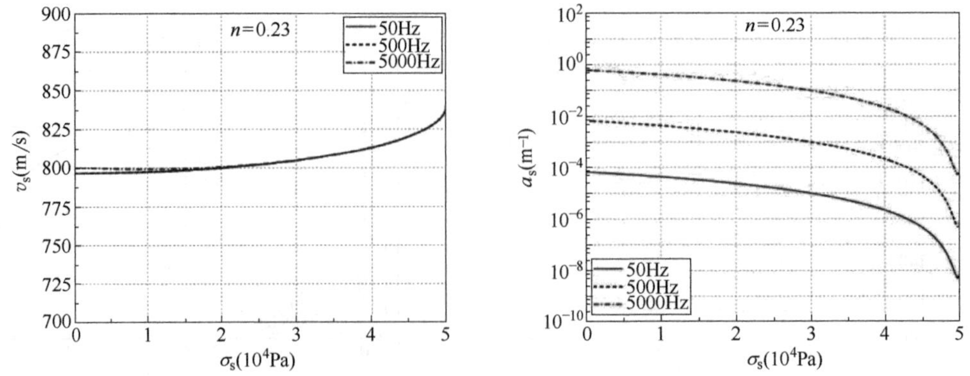

(d) S波的波速和衰减随粒间吸力的变化曲线

图 3.2-13 四种弹性体波的波速和衰减随粒间吸力的变化曲线（二）

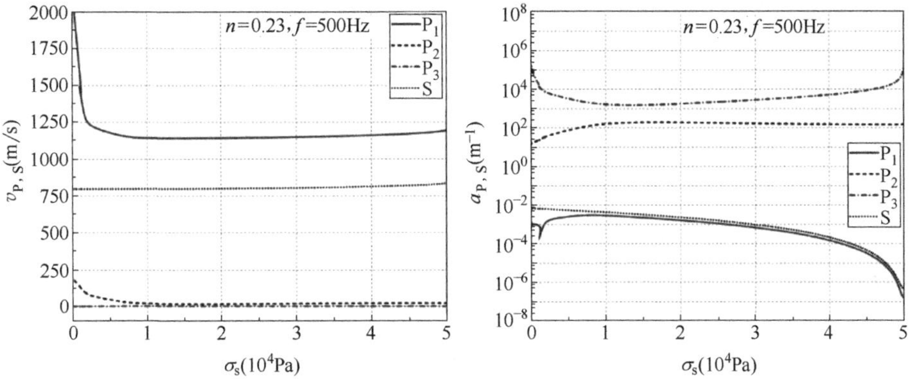

图 3.2-14　频率 500Hz，孔隙率为 0.23 时，四种弹性体波的波速和衰减随粒间吸力的变化曲线

3.3　非饱和土中的 Rayleigh 波

3.3.1　Rayleigh 波的特征方程

Rayleigh 波传播问题示意图如图 3.3-1 所示。假设土体为均质且各向同性，在 Cartesian 坐标系中，x-y 平面表示非饱和半空间的自由表面，z 轴的坐标正方向指向非饱和半无限体的内部，考虑 Rayleigh 波在自由边界 x-y 平面传播，即所有的位移矢量 $\boldsymbol{u}^{\pi}$ (π＝s，l，g）均与 y 方向无关。

考虑以 $x_3=0$ 为自由边界的 $x_3\geqslant 0$ 的非饱和弹性半空间，取场方程［式（3.2-2)］的试探解在 x 方向具有行波的形式，即：

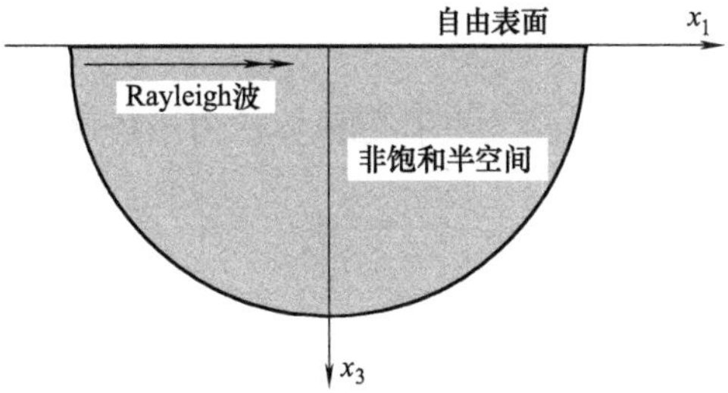

图 3.3-1　Rayleigh 波传播问题示意图

$$\psi_{\pi}=A_{\pi}\exp[-\gamma_1 x_3+\mathrm{i}(k_{\mathrm{R}}x_1-\omega t)] \tag{3.3-1a}$$

$$\boldsymbol{H}_{\pi}=B_{\pi}\exp[-\gamma_2 x_3+\mathrm{i}(k_{\mathrm{R}}x_1-\omega t)] \tag{3.3-1b}$$

式中：A_{π}(π＝s，l，g）和 B_{π} 表示相应的标量势函数幅值；k_{R} 为 Rayleigh 波的复波数；$\omega=2\pi f$ 为角频率，f 为频率；$\mathrm{i}=\sqrt{-1}$；γ_1 和 γ_2 表示衰减指数，且有：

$$\gamma_1=\sqrt{k_{\mathrm{R}}^2-k_{\mathrm{P}}^2} \tag{3.3-2a}$$

$$\gamma_2=\sqrt{k_{\mathrm{R}}^2-k_{\mathrm{S}}^2} \tag{3.3-2b}$$

式中，k_{P} 和 k_{S} 分别表示压缩波和剪切波的复波数。

可以看出，Rayleigh 波实际上是由非饱和弹性半空间自由表面上的压缩波和剪切波共同作用而产生。则 Rayleigh 波的标量势函数和矢量势函数可分别表示为：

$$\psi_\pi = A_{\pi P_1}\exp(-\gamma_{1P_1}x_3)\exp[i(k_R x_1-\omega t)]+A_{\pi P_2}\exp(-\gamma_{1P_2}x_3)\exp[i(k_R x_1-\omega t)] + A_{\pi P_3}\exp(-\gamma_{1P_3}z)x_3\exp[i(k_R x_1-\omega t)] \tag{3.3-3a}$$

$$\boldsymbol{H}_\pi = B_\pi\exp(-\gamma_2 x_3)\exp[i(k_R x_1-\omega t)] \tag{3.3-3b}$$

式中，$\gamma_{1P_n}=\sqrt{k_R^2-k_{P_i}^2}$ （$i=1$，2，3），且必须满足：

$$\mathrm{Im}(k_R)>0,\ \mathrm{Re}(\gamma_1)>0,\ \mathrm{Re}(\gamma_2)>0 \tag{3.3-4}$$

从式（3.2-3a）可以得到以下幅值关系式：

$$\left.\begin{aligned}\delta_{lP_i}&=\frac{A_{lP_i}}{A_{sP_i}}=\frac{b_{11}b_{23}-b_{13}b_{21}}{b_{13}b_{22}-b_{12}b_{23}}\\ \delta_{gP_i}&=\frac{A_{gP_i}}{A_{sP_i}}=\frac{b_{12}b_{21}-b_{11}b_{22}}{b_{13}b_{22}-b_{12}b_{23}}\end{aligned}\right\}\ (i=1,2,3) \tag{3.3-5}$$

同样，从式（3.2-3b）可以得到以下幅值关系式：

$$\left.\begin{aligned}\delta_{ls}&=\frac{B_l}{B_s}=\frac{c_{11}c_{23}-c_{13}c_{21}}{c_{13}c_{22}-c_{12}c_{23}}\\ \delta_{gs}&=\frac{B_g}{B_s}=\frac{c_{12}c_{21}-c_{11}c_{22}}{c_{13}c_{22}-c_{12}c_{23}}\end{aligned}\right\} \tag{3.3-6}$$

考虑地表为自由透水、透气边界，则在非饱和半空间的自由表面（$x_3=0$）处有以下边界条件：

$$\sigma_{33}=0,\ \sigma_{13}=0,\ p_l=0,\ p_g=0 \tag{3.3-7}$$

式中，土体应力和孔隙流体压力用势函数可分别表示为：

$$\sigma_{33}=\lambda_c\nabla^2\psi_s+2\mu\left(\frac{\partial^2\psi_s}{\partial x_3^2}+\frac{\partial^2\boldsymbol{H}_s}{\partial x_1\partial x_3}\right)+B_1\nabla^2\psi_l+B_2\nabla^2\psi_g \tag{3.3-8a}$$

$$\sigma_{13}=\mu\left[\nabla^2\boldsymbol{H}_s+2\left(\frac{\partial^2\psi_s}{\partial x_1\partial x_3}-\frac{\partial^2\boldsymbol{H}_s}{\partial x_3^2}\right)\right] \tag{3.3-8b}$$

$$p_l=-a_{11}\nabla^2\psi_s-a_{12}\nabla^2\psi_l-a_{13}\nabla^2\psi_g \tag{3.3-8c}$$

$$p_g=-a_{21}\nabla^2\psi_s-a_{22}\nabla^2\psi_l-a_{23}\nabla^2\psi_g \tag{3.3-8d}$$

将式（3.3-3）代入式（3.3-8）并结合边界条件式（3.3-7），可得如下矩阵形式的应力和孔隙压力之间的关系式：

$$\begin{bmatrix} l_{11} & l_{12} & l_{13} & l_{14}\\ l_{21} & l_{22} & l_{23} & l_{24}\\ l_{31} & l_{32} & l_{33} & l_{34}\\ l_{41} & l_{42} & l_{43} & l_{44}\end{bmatrix}\begin{Bmatrix} A_{sP_1}\\ A_{sP_2}\\ A_{sP_3}\\ B_s\end{Bmatrix}=0 \tag{3.3-9}$$

式中，各元素 l_{ij} 分别为：

$l_{11}=(\lambda_c+B_1\delta_{lP_1}+B_2\delta_{gP_1})k_{1P_1}^2+2\mu(k_{P_1}^2-k_R^2)$，$l_{12}=(\lambda_c+B_1\delta_{lP_2}+B_2\delta_{gP_2})k_{1P_2}^2+2\mu(k_{P_2}^2-k_R^2)$，$l_{13}=(\lambda_c+B_1\delta_{lP_2}+B_2\delta_{gP_2})k_{1P_2}^2+2\mu(k_{P_2}^2-k_R^2)$，$l_{14}=2\mu ik_R\sqrt{k_R^2-k_S^2}$，$l_{21}=2ik_R\sqrt{k_R^2-k_{P_1}^2}$，$l_{22}=2ik_R\sqrt{k_R^2-k_{P_2}^2}$，$l_{23}=2ik_R\sqrt{k_R^2-k_{P_3}^2}$，$l_{24}=2k_R^2-k_S^2$，$l_{31}=(a_{11}+a_{12}\delta_{lP_1}+a_{13}\delta_{gP_1})k_{1P_1}^2$，$l_{32}=(a_{11}+a_{12}\delta_{lP_2}+a_{13}\delta_{gP_2})k_{1P_2}^2$，$l_{33}=(a_{11}+a_{12}\delta_{lP_3}+a_{13}\delta_{gP_3})k_{1P_3}^2$，$l_{34}=0$，$l_{41}=(a_{21}+a_{22}\delta_{lP_1}+a_{23}\delta_{gP_1})k_{1P_1}^2$，$l_{42}=(a_{21}+a_{22}\delta_{lP_2}+a_{23}\delta_{gP_2})k_{1P_2}^2$，$l_{43}=(a_{21}+a_{22}\delta_{lP_3}+a_{23}\delta_{gP_3})k_{1P_3}^2$，$l_{44}=0$

若要求齐次线性方程［式（3.3-9)］具有非零解，则须满足系数矩阵的行列式为零，即：

$$\begin{vmatrix} l_{11} & l_{12} & l_{13} & l_{14} \\ l_{21} & l_{22} & l_{23} & l_{24} \\ l_{31} & l_{32} & l_{33} & l_{34} \\ l_{41} & l_{42} & l_{43} & l_{44} \end{vmatrix}=0 \tag{3.3-10}$$

式（3.3-10）即为非饱和土中 Rayleigh 波的弥散特征方程，由此方程可以解得 Rayleigh 波的复波数 k_R，其波速和衰减系数分别为：

$$\left.\begin{aligned} v_R&=\omega/\mathrm{Re}(k_R) \\ a_R&=\mathrm{Im}(k_R) \end{aligned}\right\} \tag{3.3-11}$$

3.3.2 非饱和土中 Rayleigh 波的传播特性

1. 解的有效性验证

为验证非饱和土中 Rayleigh 波解答的正确性，给出如图 3.3-2 所示 Rayleigh 波的波速随频率的变化曲线与 Min Z 和 Wei S（2017）的结果对比。可以看出，Rayleigh 波的波速随频率 f 的变化趋势二者基本保持一致，且在数值上的差异相对较小，从而说明上述推导得到的非饱和土中 Rayleigh 理论解答的有效性。

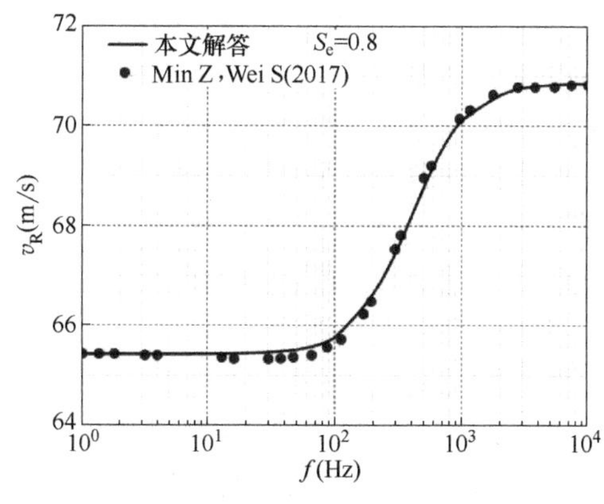

图 3.3-2 Rayleigh 波的波速随频率的变化曲线与 Min Z 和 Wei S 的结果对比

2. 数值分析与讨论

为研究非饱和半空间中 Rayleigh 波的传播特性，通过数值算例分析了饱和度、频率、孔隙率、渗透系数等非参数对 Rayleigh 波的波速以及衰减的影响。数值算例中所选取的非饱和土物性参数如表 3. 2-1 所示。

不同频率下，非饱和土中 Rayleigh 波的波速和衰减随饱和度的变化曲线如图 3. 3-3 所示。从图 3. 3-3 可以看出，Rayleigh 波的波速随着饱和度的增加大线性减小，而当土体接近饱和（S_e>0. 9）时波速急剧增大，当达到饱和时波速达到最大。由于 Rayleigh 波主要由 P 波和 S 波相互作用产生，尽管在非饱和土中存在三种弹性压缩波（P_1 波、P_2 波、P_3 波），但 P_1 波是传播速度最快、衰减最慢的波，因而其对非饱和土中 Rayleigh 波的波动特性的影响最大。在 3. 2. 2 节的分析中已知，P_1 波首先随着饱和度的增大其波速缓慢减小，当土体趋于饱和时则迅速增大，S 波的波速呈现同样的趋势，故而导致了如图 3. 3-3 所示的非饱和土中 Rayleigh 波的波速和衰减随饱和度的变化曲线。同样，可以看出 Rayleigh 波的波速衰减随饱和度的增大而增大，当土体趋于饱和时急剧增大，但衰减系数并不是很大。

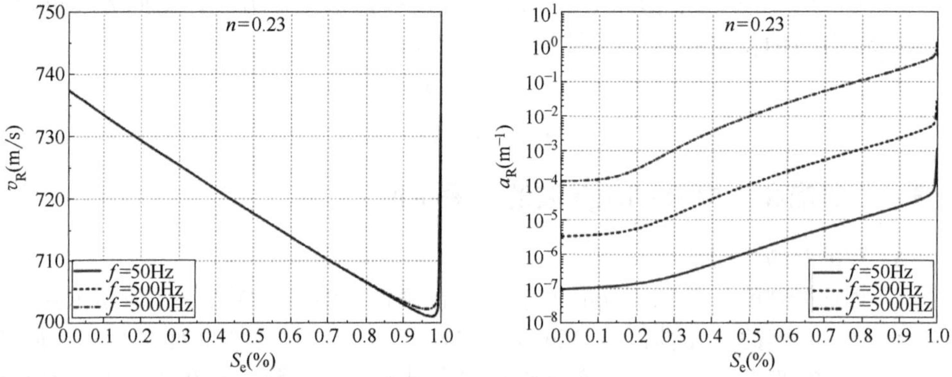

图 3. 3-3　非饱和土中 Rayleigh 波的波速和衰减随饱和度的变化曲线

图 3.3-4 为饱和度分别为 0. 3、0. 6、0. 9，孔隙率为 0. 23 时，Rayleigh 波的波速以及衰减随频率的变化曲线。从图中可以明显看出，与非饱和土中的 P 波和 S 波相似，Rayleigh 波的波速的变化在不同频率段呈现不同的趋势。在低频段和高频段波速保持不变，而在中频段随着频率的增大急速升高，且饱和度对低频段的影响最为显著，而对高频道几乎不产生影响。频率对 Rayleigh 波的波速衰减也相应的存在不同的波段，在低频段衰减系数随着频率的增大而线性增大，在中频段保持不变，而在高频段将随着频率的增大继续增大。

不同饱和度下，土体孔隙率在 0. 1～0. 5 变化时 Rayleigh 波的波速和衰减变化曲线如图 3. 3-5 所示。从图中可以看出，随着土体孔隙率的增大，Rayleigh 波的波速逐渐增大，而衰减系数基本不变，且饱和度有着较显著的影响。这些现象与非饱和土中 P_1 波和 S 波的传播规律相一致。

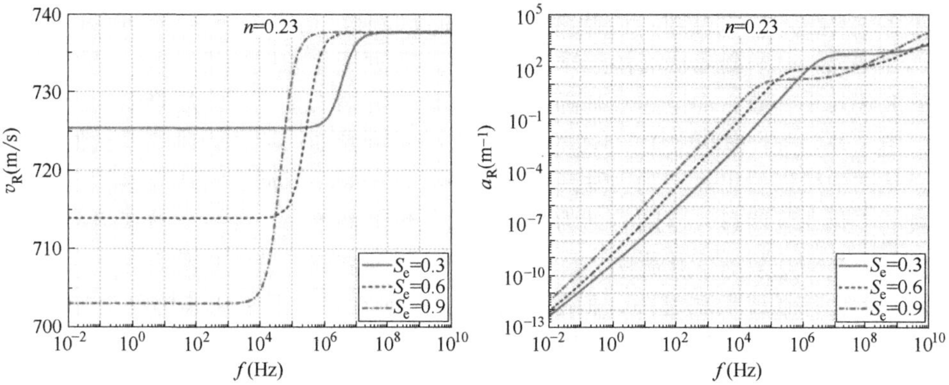

图 3.3-4 饱和度分别为 0.3、0.6、0.9，孔隙率为 0.23 时，Rayleigh 波的波速和衰减随频率的变化曲线

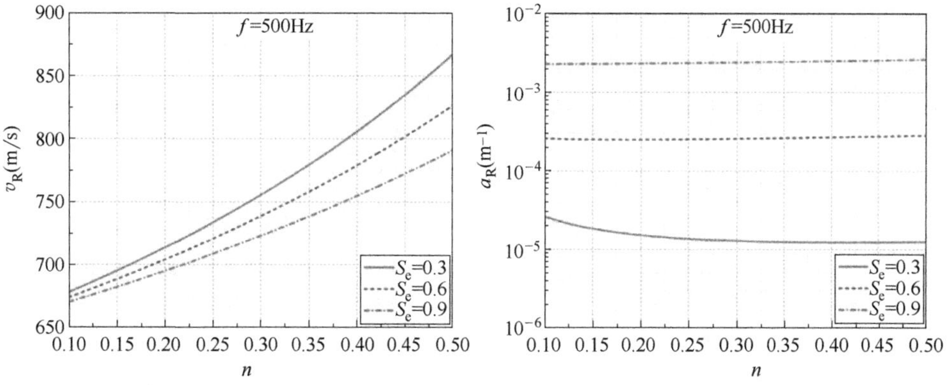

图 3.3-5 不同饱和度下，土体孔隙率在 0.1～0.5 变化时 Rayleigh 波的波速和衰减变化曲线

为研究频率下固有渗透率 k_{int} 对 Rayleigh 波的波速的影响，取土体固有渗透率变化范围为 $1\times10^{-13}\sim1\times10^{-5}m^2$，Rayleigh 波的波速和衰减变化曲线如

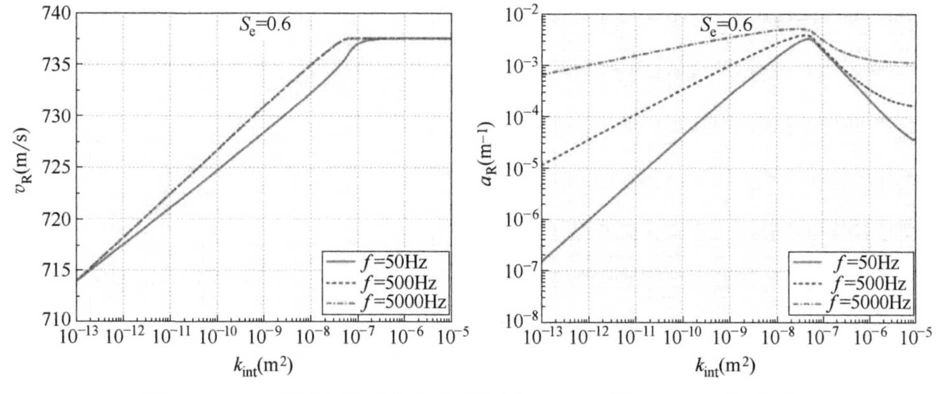

图 3.3-6 土体固有渗透率变化范围为 $1\times10^{-13}\sim1\times10^{-5}m^2$ 时，Rayleigh 波的波速和衰减变化曲线

图 3.3-6 所示。由图可知，在低渗透区，随着固有渗透率的增大 Rayleigh 波的波速迅速增大，之后随着固有渗透率的增大，其波速变化曲线趋于平缓，且不同频率下的波速几乎一致。而波速衰减随着固有渗透率的增大呈先增大后降低的趋势。

图 3.3-7 为非饱和土中 Rayleigh 波的波速和衰减随液相动力黏滞系数的变化曲线。从图中可以看出，在动力黏滞系数很小时，Rayleigh 波的波速受液相动力黏滞系数的变化非常明显，且随着动力黏滞系数的增大而增大，随后，波速将基本不受液相动力黏滞系数的变化影响。Rayleigh 波的波速衰减随着液相动力黏滞系数的增大而降低，并且波频率越小，影响越显著。同前所述，由于在非饱和土中，Rayleigh 波主要是由 P 波（尤其是 P_1 波）和 S 波相互作用产生，故而其波速的变化受两者的综合影响。

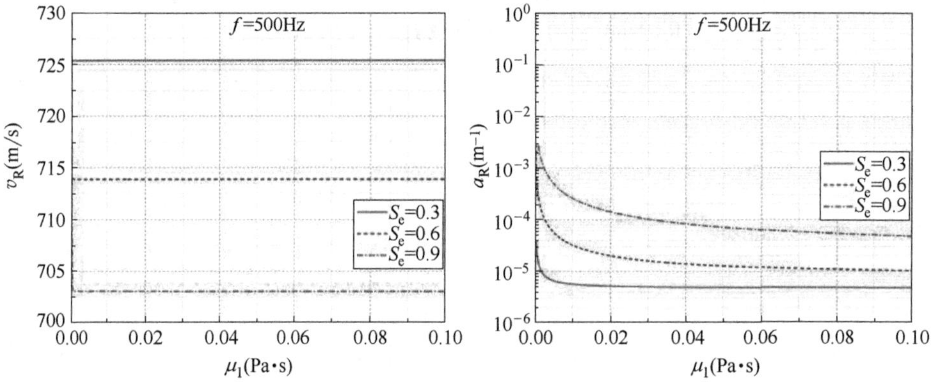

图 3.3-7　非饱和土中 Rayleigh 波的波速和衰减随液相动力黏滞系数的变化曲线

为了分析粒间吸力对非饱和土中 Rayleigh 波的波速和衰减的影响，图 3.3-8 给出了不同频率下 Rayleigh 波的波速和衰减随粒间吸力的变化曲线。从图中可以发现，粒间吸力的变化对 Rayleigh 波的波速有着重要的影响，随着吸力的增大，其波速呈先降低后升高的趋势，这与饱和度对 P 波和 S 波的影响以及对基质吸力的影响密切相关。波速衰减随着粒间吸力的增大而减小，并且频率越高，衰减系数越大。

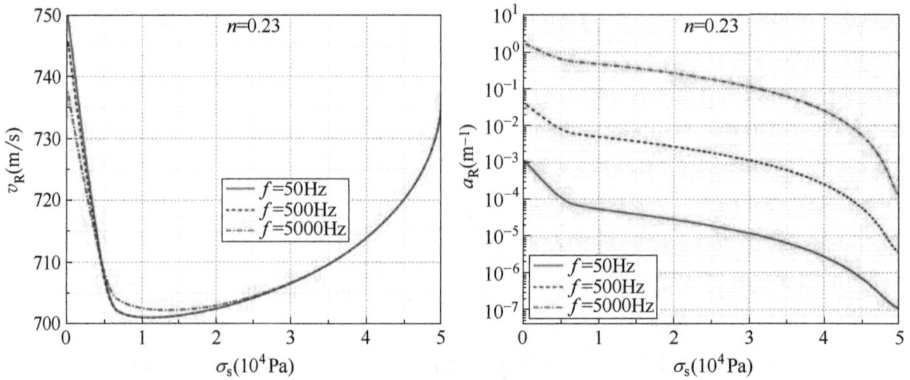

图 3.3-8　不同频率下 Rayleigh 波的波速和衰减随粒间吸力的变化曲线

3.4　非饱和土中弹性波的能量

3.4.1　弹性波的能量密度

下面首先通过一维问题对弹性应变位能的概念做简单介绍。考虑一个横截面面积为 A，长为 l 的弹性圆柱体，表面作用的正应力为 σ_{11} 将其沿 x_1 方向拉伸，产生的正应变为 ε_{11}，则伸长量为 $\Delta l=\varepsilon_{11}l$。变形过程中应力对应变微量 $\mathrm{d}\varepsilon_{11}$ 所做的功为 $\mathrm{d}E$，它等于作用力与位移的乘积，即：

$$\mathrm{d}E=\sigma_{11}A\mathrm{d}\varepsilon_{11}l \tag{3.4-1}$$

根据胡克定律，对式（3.4-1）积分，可得到在全部变形过程中外力所做的功为：

$$E=\frac{1}{2}\sigma_{11}\varepsilon_{11}Al \tag{3.4-2}$$

如前所述，对完全弹性体，外力做功使物体的形状发生改变，而外力撤除后物体恢复原来的形状，在变形前后物体内部没有耗散力做功，即外力对物体做的功完全转化为物体的形变能量。因此有：

$$W=E=\frac{1}{2}\sigma_{11}\varepsilon_{11}Al \tag{3.4-3}$$

式中，W 为弹性连续介质的位能，称为弹性位能。

单位体积所具有的弹性位能称为弹性位能密度，用 w_{u} 表示。对上述一维问题，弹性位能密度为：

$$w_{\mathrm{u}}=\frac{1}{2}\sigma_{11}\varepsilon_{11} \tag{3.4-4}$$

同样，单位体积内的动能称为动能密度，用 w_{k} 表示，则有：

$$w_{\mathrm{k}}=\frac{1}{2}\rho\left(\frac{\partial u_1}{\partial t}\right)^2 \tag{3.4-5}$$

动能和位能之和称为机械能。单位体积的机械能称为机械能密度即能量密度，用 w 表示，则有：

$$w=w_{\mathrm{u}}+w_{\mathrm{k}} \tag{3.4-6}$$

可见，机械能是个标量场，当弹性介质的运动表现为波动时，弹性介质中的机械能也就是弹性波的能量。

一般情况下，非饱和土在外力作用下处于三维应力状态，并且存在孔隙流体压力，则非饱和土的弹性位能密度为：

$$w_{\mathrm{u}}=w_{\mathrm{u}}^{\mathrm{s}}+w_{\mathrm{u}}^{\mathrm{l}}+w_{\mathrm{u}}^{\mathrm{g}}=\sum_{\pi=\mathrm{s},\mathrm{l},\mathrm{g}}w_{\mathrm{u}}^{\pi} \tag{3.4-7}$$

式中：

$$w_{\mathrm{u}}^{\mathrm{s}}=\frac{1}{2}\sigma_{ij}^{\mathrm{s}}\varepsilon_{ij}^{\mathrm{s}},\ (i,\ j=1,\ 2,\ 3),\ w_{\mathrm{u}}^{\mathrm{l}}=\frac{1}{2}p_{\mathrm{l}}\varepsilon_{\mathrm{v}}^{\mathrm{l}},\ w_{\mathrm{u}}^{\mathrm{g}}=\frac{1}{2}p_{\mathrm{g}}\varepsilon_{\mathrm{v}}^{\mathrm{g}}。$$

式中，$\varepsilon_{\mathrm{v}}^{\mathrm{l}}$ 和 $\varepsilon_{\mathrm{v}}^{\mathrm{g}}$ 分别表示液相和气相的体积应变。

在弹性波传播过程中非饱和土处于振动状态，应力应变分量随时间变化，因而弹性位能也是时间的函数。在振动的某一瞬间，土体中的机械能由弹性位能和动能组成。

动能密度为：

$$w_{\mathrm{k}}=w_{\mathrm{k}}^{\mathrm{s}}+w_{\mathrm{k}}^{\mathrm{l}}+w_{\mathrm{k}}^{\mathrm{g}}=\sum_{\pi=\mathrm{s,l,g}}w_{\mathrm{k}}^{\pi}=\sum_{\pi=\mathrm{s,l,g}}\left[\frac{1}{2}\rho^{\pi}\left(\frac{\partial \boldsymbol{u}^{\pi}}{\partial t}\right)\right]^{2} \tag{3.4-8}$$

由式（3.4-5）～式（3.4-8）可得非饱和土中的机械能密度为：

$$w=w_{\mathrm{u}}+w_{\mathrm{k}}=\sum_{\pi=\mathrm{s,l,g}}w_{\mathrm{u}}^{\pi}+\sum_{\pi=\mathrm{s,l,g}}\left[\frac{1}{2}\rho^{\pi}\left(\frac{\partial \boldsymbol{u}^{\pi}}{\partial t}\right)^{2}\right] \tag{3.4-9}$$

将式（2.2-56）代入式（3.4-9），整理后可得：

$$\begin{aligned}w=&\frac{1}{2}\{\lambda\varepsilon_{\mathrm{v}}^{\mathrm{s2}}+2\mu(\varepsilon_{11}^{\mathrm{s2}}+\varepsilon_{22}^{\mathrm{s2}}+\varepsilon_{33}^{\mathrm{s2}})+\mu(\varepsilon_{23}^{\mathrm{s2}}+\varepsilon_{13}^{\mathrm{s2}}+\varepsilon_{12}^{\mathrm{s2}})\\&-[\alpha S_{\mathrm{e}}p^{\mathrm{l}}+\alpha(1-S_{\mathrm{e}})p^{\mathrm{g}}]\varepsilon_{\mathrm{v}}^{\mathrm{s}}+p_{\mathrm{l}}\varepsilon_{\mathrm{v}}^{\mathrm{l}}+p_{\mathrm{g}}\varepsilon_{\mathrm{v}}^{\mathrm{g}}\}+\sum_{\pi=\mathrm{s,l,g}}\left[\frac{1}{2}\rho^{\pi}\left(\frac{\partial \boldsymbol{u}^{\pi}}{\partial t}\right)^{2}\right]\end{aligned} \tag{3.4-10}$$

3.4.2 弹性波的能流密度

用矢量 $\boldsymbol{E}$ 表示单位时间内通过与能量传播方向垂直的单位面积内的机械能，称之为机械能的能流密度。设弹性介质内的任意体积为 Ω，S 为它的表面积。矢量场 $\boldsymbol{E}$ 的通量 $\oint_S \boldsymbol{E}\cdot\mathrm{d}\boldsymbol{S}$ 是单位时间内经表面积 S 散失的能量，此处 $\mathrm{d}\boldsymbol{S}=\boldsymbol{n}\mathrm{d}S$ 为面积元矢量。因此，能流密度的方向便是该点处机械能的传输方向，其量值则表示单位时间内通过单位垂直截面的能量。

另外，若弹性介质机械能密度为 w，则在体积 Ω 中包含的总机械能 W 为：

$$W=\int_{\Omega}w\mathrm{d}\Omega \tag{3.4-11}$$

根据能量守恒原理，在单位时间内总机械能的减少量应等于通过其表面积的机械能的流失量，即矢量 $\boldsymbol{E}$ 的通量：

$$\oint_S\boldsymbol{E}\cdot\mathrm{d}\boldsymbol{S}=-\int_{\Omega}\frac{\partial w}{\partial t}\mathrm{d}\Omega \tag{3.4-12}$$

上式为能量连续性方程的积分形式。

根据 Gauss 公式，可得：

$$\nabla \cdot \boldsymbol{E}+\frac{\partial w}{\partial t}=0 \tag{3.4-13}$$

式（3.4-13）为连续性方程的微分形式。表明任意一点的能量密度随时间的变化率等于该点能流密度的负散度。

将几何方程［式（2.2-55）］代入式（3.4-10），结合式（3.4-13）可得非饱和土体中的机械能密流密度为：

$$E_1=-\left(\sigma_{11}^{\mathrm{s}} \frac{\partial u_1^{\mathrm{s}}}{\partial t}+\sigma_{12}^{\mathrm{s}} \frac{\partial u_2^{\mathrm{s}}}{\partial t}+\sigma_{13}^{\mathrm{s}} \frac{\partial u_3^{\mathrm{s}}}{\partial t}+p_1 \frac{\partial u_1^{1}}{\partial t}+p_{\mathrm{g}} \frac{\partial u_1^{\mathrm{g}}}{\partial t}\right) \tag{3.4-14a}$$

$$E_2=-\left(\sigma_{21}^{\mathrm{s}} \frac{\partial u_1^{\mathrm{s}}}{\partial t}+\sigma_{22}^{\mathrm{s}} \frac{\partial u_2^{\mathrm{s}}}{\partial t}+\sigma_{23}^{\mathrm{s}} \frac{\partial u_3^{\mathrm{s}}}{\partial t}+p_1 \frac{\partial u_2^{1}}{\partial t}+p_{\mathrm{g}} \frac{\partial u_2^{\mathrm{g}}}{\partial t}\right) \tag{3.4-14b}$$

$$E_3=-\left(\sigma_{31}^{\mathrm{s}} \frac{\partial u_1^{\mathrm{s}}}{\partial t}+\sigma_{32}^{\mathrm{s}} \frac{\partial u_2^{\mathrm{s}}}{\partial t}+\sigma_{33}^{\mathrm{s}} \frac{\partial u_3^{\mathrm{s}}}{\partial t}+p_1 \frac{\partial u_3^{1}}{\partial t}+p_{\mathrm{g}} \frac{\partial u_3^{\mathrm{g}}}{\partial t}\right) \tag{3.4-14c}$$

由此可见，能流密度 $\boldsymbol{E}$ 是时间的函数。对于周期波，为了估计在波动过程中能量的传播，经常计算能流密度在一个周期 T 内的平均值，即平均能流密度。它也是矢量，它的数值称为波的强度（即波所传播的能量）。取 $\boldsymbol{E}$ 在一个周期内的平均值，用 $\overline{\boldsymbol{E}}$ 表示：

$$\overline{\boldsymbol{E}}=\frac{1}{T}\int_0^T \boldsymbol{E}\,\mathrm{d}t \tag{3.4-15}$$

机械能密度在周期 T 内的平均值称为平均机械能密度，用 $\overline{W}$ 表示，则：

$$\overline{W}=\frac{1}{T}\int_0^T W\,\mathrm{d}t \tag{3.4-16}$$

将平均能流密度和平均能量密度之比定义为能量传播速度 v_{W}，即：

$$v_{\mathrm{W}}=\frac{\overline{\boldsymbol{E}}}{\overline{W}} \tag{3.4-17}$$

下面来考察非饱和土中平面简谐波在传播过程中的能量传播特性。首先考虑沿 $\boldsymbol{n}(l, m, n)$ 方向传播的平面简谐纵波，设各相的位移势函数满足：

$$\psi_\pi=A_\pi \exp[\mathrm{i}(k_{\mathrm{P}} \boldsymbol{n} \cdot \boldsymbol{x}-\omega t)] \tag{3.4-18}$$

式中，$\boldsymbol{n} \cdot \boldsymbol{x}=l x_1+m x_2+n x_3$，$l^2+m^2+n^2=1$。

各相的位移分量分别为：

$$\begin{cases} u_1^\pi=\dfrac{\partial \psi_\pi}{\partial x_1}=A_\pi \mathrm{i} k_{\mathrm{P}} l \exp[\mathrm{i}(k_{\mathrm{P}} \boldsymbol{n} \cdot \boldsymbol{x}-\omega t)] \\ u_2^\pi=\dfrac{\partial \psi_\pi}{\partial x_2}=A_\pi \mathrm{i} k_{\mathrm{P}} m \exp[\mathrm{i}(k_{\mathrm{P}} \boldsymbol{n} \cdot \boldsymbol{x}-\omega t)] \\ u_3^\pi=\dfrac{\partial \psi_\pi}{\partial x_3}=A_\pi \mathrm{i} k_{\mathrm{P}} n \exp[\mathrm{i}(k_{\mathrm{P}} \boldsymbol{n} \cdot \boldsymbol{x}-\omega t)] \end{cases} \tag{3.4-19}$$

利用几何方程可以得到：

$$\begin{cases}\varepsilon_{11}^{\pi}=\dfrac{\partial u_1^{\pi}}{\partial x_1}=-A_{\pi}k_{\mathrm{P}}^2 l^2\exp[\mathrm{i}(k_{\mathrm{P}}\boldsymbol{n}\cdot\boldsymbol{x}-\omega t)]\\ \varepsilon_{22}^{\pi}=\dfrac{\partial u_2^{\pi}}{\partial x_1}=-A_{\pi}k_{\mathrm{P}}^2 m^2\exp[\mathrm{i}(k_{\mathrm{P}}\boldsymbol{n}\cdot\boldsymbol{x}-\omega t)]\\ \varepsilon_{33}^{\pi}=\dfrac{\partial u_3^{\pi}}{\partial x_1}=-A_{\pi}k_{\mathrm{P}}^2 n^2\exp[\mathrm{i}(k_{\mathrm{P}}\boldsymbol{n}\cdot\boldsymbol{x}-\omega t)]\\ \varepsilon_{12}^{\mathrm{s}}=\dfrac{\partial u_1^{\mathrm{s}}}{\partial x_2}+\dfrac{\partial u_2^{\mathrm{s}}}{\partial x_1}=-2A_{\mathrm{s}}k_{\mathrm{P}}^2 lm\exp[\mathrm{i}(k_{\mathrm{P}}\boldsymbol{n}\cdot\boldsymbol{x}-\omega t)]\\ \varepsilon_{23}^{\mathrm{s}}=\dfrac{\partial u_2^{\mathrm{s}}}{\partial x_3}+\dfrac{\partial u_3^{\mathrm{s}}}{\partial x_2}=-2A_{\mathrm{s}}k_{\mathrm{P}}^2 mn\exp[\mathrm{i}(k_{\mathrm{P}}\boldsymbol{n}\cdot\boldsymbol{x}-\omega t)]\\ \varepsilon_{13}^{\mathrm{s}}=\dfrac{\partial u_1^{\mathrm{s}}}{\partial x_3}+\dfrac{\partial u_3^{\mathrm{s}}}{\partial x_1}=-2A_{\mathrm{s}}k_{\mathrm{P}}^2 ln\exp[\mathrm{i}(k_{\mathrm{P}}\boldsymbol{n}\cdot\boldsymbol{x}-\omega t)]\\ \varepsilon_{\mathrm{v}}^{\pi}=\varepsilon_{11}^{\pi}+\varepsilon_{22}^{\pi}+\varepsilon_{33}^{\pi}=-A_{\pi}k_{\mathrm{P}}^2\exp[\mathrm{i}(k_{\mathrm{P}}\boldsymbol{n}\cdot\boldsymbol{x}-\omega t)]\end{cases} \tag{3.4-20}$$

再通过本构方程可得：

$$\begin{cases}\sigma_{11}=-[(\lambda+2\mu l^2)A_{\mathrm{s}}+M]k_{\mathrm{P}}^2\exp[\mathrm{i}(k_{\mathrm{P}}\boldsymbol{n}\cdot\boldsymbol{x}-\omega t)]\\ \sigma_{22}=-[(\lambda+2\mu m^2)A_{\mathrm{s}}+M]k_{\mathrm{P}}^2\exp[\mathrm{i}(k_{\mathrm{P}}\boldsymbol{n}\cdot\boldsymbol{x}-\omega t)]\\ \sigma_{33}=-[(\lambda+2\mu n^2)A_{\mathrm{s}}+M]k_{\mathrm{P}}^2\exp[\mathrm{i}(k_{\mathrm{P}}\boldsymbol{n}\cdot\boldsymbol{x}-\omega t)]\\ \sigma_{12}=-2\mu A_{\mathrm{s}}lmk_{\mathrm{P}}^2\exp[\mathrm{i}(k_{\mathrm{P}}\boldsymbol{n}\cdot\boldsymbol{x}-\omega t)]\\ \sigma_{23}=-2\mu A_{\mathrm{s}}mnk_{\mathrm{P}}^2\exp[\mathrm{i}(k_{\mathrm{P}}\boldsymbol{n}\cdot\boldsymbol{x}-\omega t)]\\ \sigma_{31}=-2\mu A_{\mathrm{s}}lnk_{\mathrm{P}}^2\exp[\mathrm{i}(k_{\mathrm{P}}\boldsymbol{n}\cdot\boldsymbol{x}-\omega t)]\\ p_{\mathrm{l}}=(a_{11}A_{\mathrm{s}}+a_{12}A_{\mathrm{l}}+a_{13}A_{\mathrm{g}})k_{\mathrm{P}}^2\exp[\mathrm{i}(k_{\mathrm{P}}\boldsymbol{n}\cdot\boldsymbol{x}-\omega t)]\\ p_{\mathrm{g}}=(a_{21}A_{\mathrm{s}}+a_{22}A_{\mathrm{l}}+a_{23}A_{\mathrm{g}})k_{\mathrm{P}}^2\exp[\mathrm{i}(k_{\mathrm{P}}\boldsymbol{n}\cdot\boldsymbol{x}-\omega t)]\end{cases} \tag{3.4-21}$$

式中，$M=\alpha S_{\mathrm{e}}(a_{11}A_{\mathrm{s}}+a_{12}A_{\mathrm{l}}+a_{13}A_{\mathrm{g}})+\alpha(1-S_{\mathrm{e}})(a_{21}A_{\mathrm{s}}+a_{22}A_{\mathrm{l}}+a_{23}A_{\mathrm{g}})$。

将式（3.4-20）和式（3.4-21）代入式（3.4-7）和式（3.4-8），可得：

弹性位能密度：

$$w_{\mathrm{u}}=\frac{1}{2}\{(\lambda+2\mu)A_{\mathrm{s}}^2+(a_{11}A_{\mathrm{s}}+a_{12}A_{\mathrm{l}}+a_{13}A_{\mathrm{g}})(\alpha S_{\mathrm{e}}A_{\mathrm{s}}-A_{\mathrm{l}})$$
$$+(a_{21}A_{\mathrm{s}}+a_{22}A_{\mathrm{l}}+a_{23}A_{\mathrm{g}})[\alpha(1-S_{\mathrm{e}})A_{\mathrm{s}}-A_{\mathrm{g}}]\}k_{\mathrm{P}}^4\exp[2\mathrm{i}(k_{\mathrm{P}}\boldsymbol{n}\cdot\boldsymbol{x}-\omega t)] \tag{3.4-22}$$

动能密度：

$$w_{\mathrm{k}}=\frac{1}{2}\omega^2(\rho^{\mathrm{s}}A_{\mathrm{s}}^2+\rho^{\mathrm{l}}A_{\mathrm{l}}^2+\rho^{\mathrm{g}}A_{\mathrm{g}}^2)k_{\mathrm{P}}^2\exp[2\mathrm{i}(k_{\mathrm{P}}\boldsymbol{n}\cdot\boldsymbol{x}-\omega t)] \tag{3.4-23}$$

将式（3.4-19）和式（3.4-21）代入式（3.4-14），整理后可得能流密度矢量为：

$$\boldsymbol{E}=\{(\lambda+2\mu)A_{\mathrm{s}}^2+(a_{11}A_{\mathrm{s}}+a_{12}A_{\mathrm{l}}+a_{13}A_{\mathrm{g}})(\alpha S_{\mathrm{e}}A_{\mathrm{s}}-A_{\mathrm{l}})$$
$$+(a_{21}A_{\mathrm{s}}+a_{22}A_{\mathrm{l}}+a_{23}A_{\mathrm{g}})[\alpha(1-S_{\mathrm{e}})A_{\mathrm{s}}-A_{\mathrm{g}}]\}\omega k_{\mathrm{P}}^3\exp[2\mathrm{i}(k_{\mathrm{P}}\boldsymbol{n}\cdot\boldsymbol{x}-\omega t)]\boldsymbol{n} \tag{3.4-24}$$

综上，对于一个沿着 $\boldsymbol{n}$ 方向以频率 ω 传播的平面简谐纵波而言，其位移、速度、应力、应变也都是沿着 $\boldsymbol{n}$ 方向以 ω 传播的平面简谐纵波，其能量密度和能流密度虽然仍是以 ω 沿 $\boldsymbol{n}$ 方向传播的波，但不再是简谐波。

3.4.3 Rayleigh 波中各种组成弹性体波的能量比

由于 Rayleigh 波由压缩波和剪切波干涉而成，因此确定压缩波和剪切波在 Rayleigh 波中所占比例对于分析非饱和土中 Rayleigh 波的传播特性是非常重要的。这里将计算 Rayleigh 波中各组成波的能量，确定各组成波所占比例。考虑 E_i（$i=1,2,3,4$）分别代表 P_1 波、P_2 波、P_3 波和 S 波的能流密度，则非饱和土 Rayleigh 波中四种组成弹性体波的能量比为：

$$e_i = E_i \Big/ \sum_{j=1}^{4} E_j \ (i=1,2,3,4) \tag{3.4-25}$$

图 3.4-1 为透水、透气边界条件下非饱和土中组成 Rayleigh 波的三种压缩波和剪切波所占能量比随频率比的分布曲线，同时考虑了四种饱和度条件下的结果。

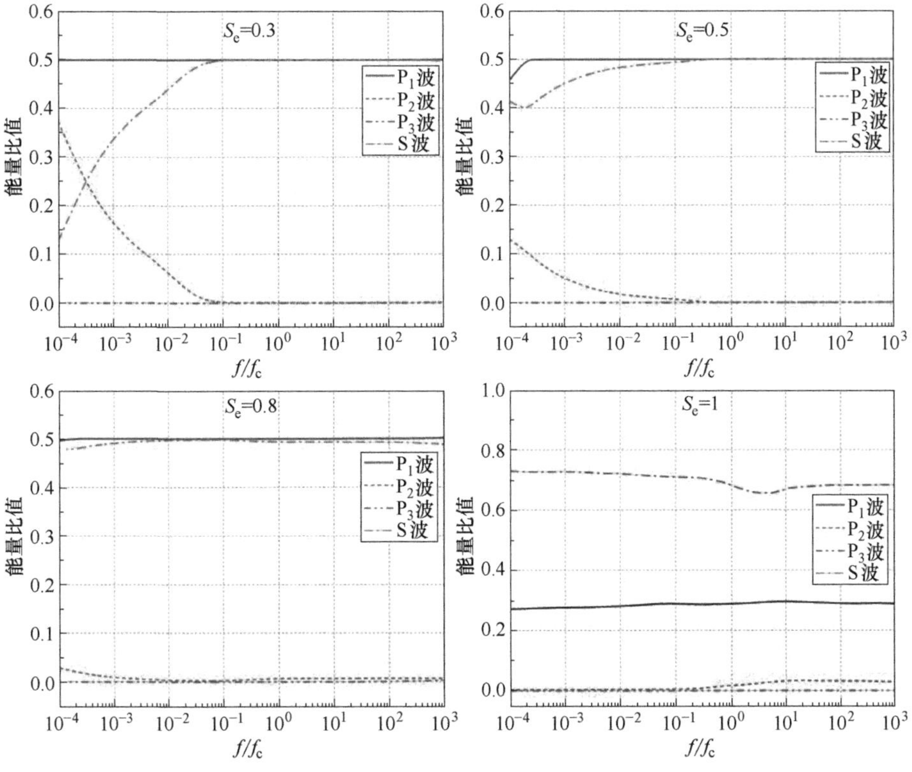

图 3.4-1 透水、透气边界条件下非饱和土中组成 Rayleigh 波的三种压缩波和剪切波所占能量比随频率比的分布曲线

由图 3.4-1 可知，P_1 波所携能量占 Rayleigh 波总能量的一半以上，证实了 Rayleigh 波主要反映压缩波特性。饱和度为 30%时，当频率比小于 0.1 时，Rayleigh 波主要由 P_1 波、P_2 波和 S 波组成，这一频率比范围内 Rayleigh 波由三种弹性体波干涉而成，基本不存在 P_3 波，并且 P_2 波所携能量减少而 S 波能量增大，P_1 波能量保持不变。当频率比大于 0.1 时，四种弹性体波能量比均趋于恒值，不再随频率比变化。随着饱和度的增大，瑞利波中 P_2 波分量明显减小，而 S 波分量先有微量减小后持续增大，至频率比大于 1 之后，四种弹性体波能量比继续趋于恒值。当饱和度为 80%时，瑞利波中 P_2 波成分更小，主要由 P_1 波和 S 波干涉而成，同样基本不存在 P_3 波，且四种弹性体波能量比基本不随频率比变化。

图 3.4-2 描述了三种不同频率条件下，Rayleigh 波的各组成波的能量分布随饱和度变化曲线。可以看出，饱和度和频率的变化对 Rayleigh 波的四种组成波的能量有着明显的影响。随着饱和度的增大，P_1 波和 P_2 波能量减小，S 波的能量增大，P_3 波能量占比很小；随着频率的增大，S 波能量有所减小，P_1 波和 P_2 波能量有所增大。

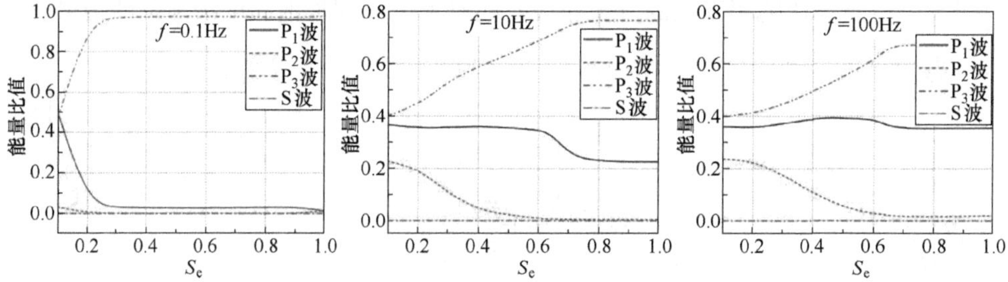

图 3.4-2　三种不同频率条件下，Rayleigh 波的各组成波的能量分布随饱和度变化曲线

第 4 章

平面谐波在半空间表面处的传播特性

4.1 平面 P 波在自由边界上的反射

均匀无限大的介质只是一种理想化的模型，弹性波在分层均匀的介质内传播时，必然会遇到分界面。弹性波在交界面处的反射和透射问题是关于波动问题的边值问题，它决定解的具体形式。对于实际问题，在忽略大气对弹性波的微小影响时，地球表面可以看作为自由表面，地壳土层可视为弹性半空间。考虑具有自由表面的非饱和半空间中传播的平面简谐波，由于界面作用会形成反射波。在第 3 章基础上，对不同类型弹性体波在非饱和半空间自由边界处反射及其能量分配等方面进行分析和讨论。

4.1.1 位移势振幅反射系数

平面谐波是最简单、最基本也是最重要的一种波。在 P 波中由于 P_1 波的传播速度最快且衰减最小，不失一般性，这里考虑非饱和土中有一频率为 ω 的平面 P_1 波以任意角度 $\alpha_{P_1}^{in}$ 入射至半空间自由表面处，在边界处将产生反射 P_1 波、反射 P_2 波、反射 P_3 波和反射 SV 波，共四种反射波，非饱和土中四种反射波的反射示意图，如图 4.1-1 所示。

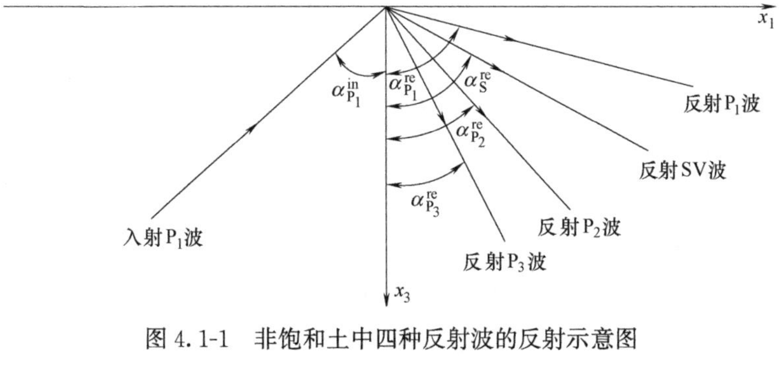

图 4.1-1 非饱和土中四种反射波的反射示意图

在 $x_3 \geqslant 0$ 的非饱和土半空间中，各种弹性波的势函数可分别表示为：

入射 P_1 波的势函数：

$$\psi_{\pi P_1}^{in} = A_{\pi P_1}^{in} \exp[ik_{P_1}(l_{P_1}^{in} x_1 - n_{P_1}^{in} x_3 - v_{P_1} t)] \tag{4.1-1}$$

式中，$\psi_{\pi P_1}^{in}$（π=s，l，g）表示入射 P_1 波引起的 π 相位移的标量势函数；k_{P_1} 和 v_{P_1} 分别表示 P_1 波的复波数和波速；$l_{P_1}^{in} = \sin\alpha_{P_1}^{in}$，$n_{P_1}^{in} = \cos\alpha_{P_1}^{in}$。

反射 SV 波的势函数：

$$\boldsymbol{H}_{\pi}^{re} = B_{\pi}^{re} \exp[ik_S(l_S^{re} x_1 + n_S^{re} x_3 - v_S t)] \tag{4.1-2}$$

式中，$\boldsymbol{H}_{\pi}^{re}$（$\pi$=s，l，g）表示反射 S 波的位移的矢量势函数；k_S 和 v_S 分别表示 SV 波的复波数和波速；$l_S^{re} = \sin\alpha_S^{re}$，$n_S^{re} = \cos\alpha_S^{re}$。

反射 P 波（包括反射 P_1 波、P_2 波、P_3 波）的势函数：

$$\psi_{\pi}^{re} = A_{\pi P_1}^{re} \exp[ik_{P_1}(l_{P_1}^{re} x_1 + n_{P_1}^{re} x_3 - v_{P_1} t)] + A_{\pi P_2}^{re} \exp[ik_{P_2}(l_{P_2}^{re} x_1 + n_{P_2}^{re} x_3 - v_{P_2} t)] + A_{\pi P_3}^{re} \exp[ik_{P_3}(l_{P_3}^{re} x_1 + n_{P_3}^{re} x_3 - v_{P_3} t)] \tag{4.1-3}$$

式中，$A_{\pi P_1}^{in}$ 和 B_{π}^{re} 表示相应的势函数幅值；k_{P_1}、k_{P_2} 和 k_{P_3} 分别表示反射 P_1 波、反射 P_2 波和反射 P_3 波的复波数；v_{P_1}、v_{P_2} 和 v_{P_3} 分别表示反射 P_1 波、反射 P_2 波和反射 P_3 波的波速；$l_{P_1}^{re} = \sin\alpha_{P_1}^{re}$，$n_{P_1}^{re} = \cos\alpha_{P_1}^{re}$，$l_{P_2}^{re} = \sin\alpha_{P_2}^{re}$，$n_{P_2}^{re} = \cos\alpha_{P_2}^{re}$，$l_{P_3}^{re} = \sin\alpha_{P_3}^{re}$，$n_{P_3}^{re} = \cos\alpha_{P_3}^{re}$。

则 P 波（包括入射 P_1 波，反射 P_1 波，P_2 波，P_3 波）总的势函数为：

$$\begin{aligned}\psi_s &= \psi_{sP_1}^{in} + \psi_{sP_1}^{re} + \psi_{sP_2}^{re} + \psi_{sP_3}^{re} \\ &= A_{sP_1}^{in} \exp[ik_{P_1}(l_{P_1}^{in} x_1 - n_{P_1}^{in} x_3 - v_{P_1} t)] + A_{sP_1}^{re} \exp[ik_{P_1}(l_{P_1}^{re} x_1 + n_{P_1}^{re} x_3 - v_{P_1} t)] \\ &\quad + A_{sP_2}^{re} \exp[ik_{P_2}(l_{P_2}^{re} x_1 + n_{P_2}^{re} x_3 - v_{P_2} t)] + A_{sP_3}^{re} \exp[ik_{P_3}(l_{P_3}^{re} x_1 + n_{P_3}^{re} x_3 - v_{P_3} t)]\end{aligned} \tag{4.1-4a}$$

$$\begin{aligned}\psi_l &= \psi_{lP_1}^{in} + \psi_{lP_1}^{re} + \psi_{lP_2}^{re} + \psi_{lP_3}^{re} \\ &= A_{lP_1}^{in} \exp[ik_{P_1}(l_{P_1}^{in} x_1 - n_{P_1}^{in} x_3 - v_{P_1} t)] + A_{lP_1}^{re} \exp[ik_{P_1}(l_{P_1}^{re} x_1 + n_{P_1}^{re} x_3 - v_{P_1} t)] \\ &\quad + A_{lP_2}^{re} \exp[ik_{P_2}(l_{P_2}^{re} x_1 + n_{P_2}^{re} x_3 - v_{P_2} t)] + A_{lP_3}^{re} \exp[ik_{P_3}(l_{P_3}^{re} x_1 + n_{P_3}^{re} x_3 - v_{P_3} t)]\end{aligned} \tag{4.1-4b}$$

$$\begin{aligned}\psi_g &= \psi_{gP_1}^{in} + \psi_{gP_1}^{re} + \psi_{gP_2}^{re} + \psi_{gP_3}^{re} \\ &= A_{gP_1}^{in} \exp[ik_{P_1}(l_{P_1}^{in} x_1 - n_{P_1}^{in} x_3 - v_{P_1} t)] + A_{gP_1}^{re} \exp[ik_{P_1}(l_{P_1}^{re} x_1 + n_{P_1}^{re} x_3 - v_{P_1} t)] \\ &\quad + A_{gP_2}^{re} \exp[ik_{P_2}(l_{P_2}^{re} x_1 + n_{P_2}^{re} x_3 - v_{P_2} t)] + A_{gP_3}^{re} \exp[ik_{P_3}(l_{P_3}^{re} x_1 + n_{P_3}^{re} x_3 - v_{P_3} t)]\end{aligned} \tag{4.1-4c}$$

相应的反射 S 波的势函数为：

$$\boldsymbol{H}_s^{re} = B_s^{re} \exp[ik_S(l_S^{re} x_1 + n_S^{re} x_3 - v_S t)] \tag{4.1-5a}$$

$$\boldsymbol{H}_l^{re} = B_l^{re} \exp[ik_S(l_S^{re} x_1 + n_S^{re} x_3 - v_S t)] \tag{4.1-5b}$$

$$\boldsymbol{H}_{g}^{re}=B_{g}^{re}\exp[ik_{S}(l_{S}^{re}x_{1}+n_{S}^{re}x_{3}-v_{S}t)] \tag{4.1-5c}$$

从式（3.2-3a）可以得到以下幅值关系式：

$$\left.\begin{aligned}\delta_{lP_i}^{re}=\frac{A_{lP_i}^{in}}{A_{sP_i}^{in}}=\frac{A_{lP_i}^{re}}{A_{sP_i}^{re}}=\frac{b_{11}b_{23}-b_{13}b_{21}}{b_{13}b_{22}-b_{12}b_{23}}\\ \delta_{gP_i}^{re}=\frac{A_{gP_i}^{in}}{A_{sP_i}^{in}}=\frac{A_{gP_i}^{re}}{A_{sP_i}^{re}}=\frac{b_{12}b_{21}-b_{11}b_{22}}{b_{13}b_{22}-b_{12}b_{23}}\end{aligned}\right\}\quad (i=1,2,3) \tag{4.1-6}$$

同样，从式（3.2-3b）可以得到以下幅值关系式：

$$\left.\begin{aligned}\delta_{ls}^{re}=\frac{B_{l}^{re}}{B_{s}^{re}}=\frac{c_{11}c_{23}-c_{13}c_{21}}{c_{13}c_{22}-c_{12}c_{23}}\\ \delta_{gs}^{re}=\frac{B_{g}^{re}}{B_{s}^{re}}=\frac{c_{12}c_{21}-c_{11}c_{22}}{c_{13}c_{22}-c_{12}c_{23}}\end{aligned}\right\} \tag{4.1-7}$$

考虑在非饱和土自由表面处有以下边界条件：

$$\sigma_{33}|_{x_3=0}=0,\ \sigma_{13}|_{x_3=0}=0,\ p_{l}|_{x_3=0}=0,\ p_{g}|_{x_3=0}=0 \tag{4.1-8}$$

结合式（2.2-56）、式（3.1-2）和式（3.1-6），可以得到应力分量和孔隙流体压力用势函数分别表示为：

$$\sigma_{33}=\lambda_{c}\nabla^{2}\psi_{s}+2\mu\left(\frac{\partial^{2}\psi_{s}}{\partial x_{3}^{2}}+\frac{\partial^{2}\boldsymbol{H}_{s}}{\partial x_{1}\partial x_{3}}\right)+B_{1}\nabla^{2}\psi_{l}+B_{2}\nabla^{2}\psi_{g} \tag{4.1-9a}$$

$$\sigma_{13}=\mu\left[\nabla^{2}\boldsymbol{H}_{s}+2\left(\frac{\partial^{2}\psi_{s}}{\partial x_{1}\partial x_{3}}-\frac{\partial^{2}\boldsymbol{H}_{s}}{\partial x_{3}^{2}}\right)\right] \tag{4.1-9b}$$

$$p_{l}=-a_{11}\nabla^{2}\psi_{s}-a_{12}\nabla^{2}\psi_{l}-a_{13}\nabla^{2}\psi_{g} \tag{4.1-9c}$$

$$p_{g}=-a_{21}\nabla^{2}\psi_{s}-a_{22}\nabla^{2}\psi_{l}-a_{23}\nabla^{2}\psi_{g} \tag{4.1-9d}$$

将式（4.1-4）和式（4.1-5）代入式（4.1-9）并结合边界条件［式（4.1-8）］，并考虑对于任意的 x 和 t 都成立，则要求指数函数中 x 和 t 前面的系数恒相等。与 t 前面的系数相等，可以得到：

$$k_{P_1}v_{P_1}=k_{P_2}v_{P_2}=k_{P_3}v_{P_3}=k_{S}v_{S}=\omega \tag{4.1-10}$$

考虑 x_1 前面的系数相等，有：

$$\left.\begin{aligned}&\alpha_{P_1}^{in}=\alpha_{P_1}^{re}\\ &k_{P_1}l_{P_1}^{in}=k_{P_1}l_{P_1}^{re}=k_{P_2}l_{P_2}^{re}=k_{P_3}l_{P_3}^{re}=k_{S}l_{S}^{re}=k\end{aligned}\right\} \tag{4.1-11}$$

通过式（4.1-10）和式（4.1-11）可以得到著名的弹性波传播 Snell 定理：

$$\frac{k_{P_1}}{k_{P_2}}=\frac{v_{P_2}}{v_{P_1}}=\frac{\sin\alpha_{P_2}^{re}}{\sin\alpha_{P_1}^{in}},\ \frac{k_{P_1}}{k_{P_3}}=\frac{v_{P_3}}{v_{P_1}}=\frac{\sin\alpha_{P_3}^{re}}{\sin\alpha_{P_1}^{in}},\ \frac{k_{P_1}}{k_{S}}=\frac{v_{S}}{v_{P_1}}=\frac{\sin\alpha_{S}^{re}}{\sin\alpha_{P_1}^{in}} \tag{4.1-12}$$

将式（4.1-4）和式（4.1-5）代入式（4.1-9）并结合边界条件［式（4.1-8）］，可得位移势振幅反射系数之间的关系式，即 Knott 方程：

$$[F]\{A_{sP_1}^{re}, A_{sP_2}^{re}, A_{sP_3}^{re}, B_s^{re}\}^{T} = A_{sP_1}^{in}[G] \tag{4.1-13}$$

式中，矩阵 $[F]$ 和 $[G]$ 中的各元素为：

$f_{11}=(\lambda_c+2\mu n_{P_1}^{re2}+B_1\delta_{lP_1}^{re}+B_2\delta_{gP_1}^{re})k_{P_1}^2$，$f_{12}=(\lambda_c+2\mu n_{P_2}^{re2}+B_1\delta_{lP_2}^{re}+B_2\delta_{gP_2}^{re})k_{P_2}^2$，$f_{13}=(\lambda_c+2\mu n_{P_3}^{re2}+B_1\delta_{lP_3}^{re}+B_2\delta_{gP_3}^{re})k_{P_3}^2$，$f_{14}=2\mu l_S^{re}n_S^{re}k_S^2$，$f_{21}=2l_{P_1}^{re}n_{P_1}^{re}k_{P_1}^2$，$f_{22}=2l_{P_2}^{re}n_{P_2}^{re}k_{P_2}^2$，$f_{23}=2l_{P_3}^{re}n_{P_3}^{re}k_{P_3}^2$，$f_{24}=(1-2n_S^{re2})k_S^2$，$f_{31}=(a_{11}+a_{12}\delta_{lP_1}^{re}+a_{13}\delta_{gP_1}^{re})k_{P_1}^2$，$f_{32}=(a_{11}+a_{12}\delta_{lP_2}^{re}+a_{13}\delta_{gP_2}^{re})k_{P_2}^2$，$f_{33}=(a_{11}+a_{12}\delta_{lP_3}^{re}+a_{13}\delta_{gP_3}^{re})k_{P_3}^2$，$f_{34}=0$，$f_{41}=(a_{21}+a_{22}\delta_{lP_1}^{re}+a_{23}\delta_{gP_1}^{re})k_{P_1}^2$，$f_{42}=(a_{21}+a_{22}\delta_{lP_2}^{re}+a_{23}\delta_{gP_2}^{re})k_{P_2}^2$，$f_{43}=(a_{21}+a_{22}\delta_{lP_3}^{re}+a_{23}\delta_{gP_3}^{re})k_{P_3}^2$，$f_{44}=0$，$g_1=-(\lambda_c+2\mu n_{P_1}^{in2}+B_1\delta_{lP_1}^{re}+B_2\delta_{gP_1}^{re})k_{P_1}^2$，$g_2=2l_{P_1}^{in}n_{P_1}^{in}k_{P_1}^2$，$g_3=-(a_{11}+a_{12}\delta_{lP_1}^{re}+a_{13}\delta_{gP_1}^{re})k_{P_1}^2$，$g_4=-(a_{21}+a_{22}\delta_{lP_1}^{re}+a_{23}\delta_{gP_1}^{re})k_{P_1}^2$

假设入射波的固相位移幅值 $A_{sP_1}^{in}=1$，则 $\{A_{sP_1}^{re}, A_{sP_2}^{re}, A_{sP_3}^{re}, B_s^{re}\}$ 中的系数分别表示自由界面上四种反射波的振幅反射系数：

$$n_{P_1}^{re}=\frac{A_{sP_1}^{re}}{A_{sP_1}^{in}},\ n_{P_2}^{re}=\frac{A_{sP_2}^{re}}{A_{sP_1}^{in}},\ n_{P_3}^{re}=\frac{A_{sP_3}^{re}}{A_{sP_1}^{in}},\ n_{SV}^{re}=\frac{B_s^{re}}{A_{sP_1}^{in}} \tag{4.1-14}$$

式中，$n_{P_1}^{re}$，$n_{P_2}^{re}$，$n_{P_3}^{re}$ 和 n_{SV}^{re} 分别表示反射 P_1 波，反射 P_2 波，反射 P_3 波和反射 SV 波的振幅反射系数。

半空间表面的位移分量可表示为：

$$\begin{cases} u_1^s=\dfrac{\partial\psi_s}{\partial x_1}-\dfrac{\partial \boldsymbol{H}_s}{\partial x_3}=\mathrm{i}[k(A_{sP_1}^{in}+A_{sP_1}^{re}+A_{sP_2}^{re}+A_{sP_3}^{re}) \\ \quad -k_S n_s^{re}B_s^{re}]\exp[\mathrm{i}k_{P_1}(l_{P_1}^{in}x_1-v_{P_1}t)] \\ u_3^s=\dfrac{\partial\psi_s}{\partial x_3}-\dfrac{\partial \boldsymbol{H}_s}{\partial x_1}=\mathrm{i}(-k_{P_1}n_{P_1}^{in}A_{sP_1}^{in}+k_{P_1}n_{P_1}^{re}A_{sP_1}^{re}+k_{P_2}n_{P_2}^{re}A_{sP_2}^{re} \\ \quad +k_{P_3}n_{P_3}^{re}A_{sP_3}^{re}-kB_s^{re})\exp[\mathrm{i}k_{P_1}(l_{P_1}^{in}x-v_{P_1}t)] \end{cases} \tag{4.1-15}$$

式（4.1-13）给出了 P_1 波入射情况下，在自由表面处反射时位移势函数的反射系数，表明 P_1 波单独入射经自由表面反射后将生成反射 P_1 波、P_2 波、P_3 波和反射 SV 波。注意到入射角和各波反射角之间的关系式由式（4.1-12）给出，从而发现反射系数是入射角、饱和度和材料物性参数等相关的函数，而位移、应力和孔隙流体压力的反射系数，即 Zeopritiz 方程，可以从已经得到的位移势函数的反射系数进一步得到。

以上讨论了入射 P_1 波在自由排水、排气边界条件下的反射问题，用类似的方法可以求得其他纵波在不同边界条件下的反射波。

4.1.2 能量反射系数

经过非饱和土表面的能量通量，可以通过表面牵引力和单位面积的粒子速度的标量积来表示。因此，在与 x_3 方向垂直的表面上入射波和反射波的平均能量强度可以表示为：

$$\overline{E}=\frac{1}{2}\mathrm{Re}(\sigma_{33}\dot{u}_3^{\mathrm{s}}+\sigma_{13}\dot{u}_1^{\mathrm{s}}-p_1\dot{u}_3^{\mathrm{l}}-p_{\mathrm{g}}\dot{u}_3^{\mathrm{g}}) \tag{4.1-16}$$

通过进一步扩展式（4.1-16），入射波和各反射波的能量通量可以表示为：

$$E_{\mathrm{P}_1}^{\mathrm{in}}=\frac{1}{2}\mathrm{Re}(\sigma_{33}^{\mathrm{iP}_1}\dot{u}_{3\mathrm{s}}^{\mathrm{iP}_1}+\sigma_{13}^{\mathrm{iP}_1}\dot{u}_{1\mathrm{s}}^{\mathrm{iP}_1}-p_1^{\mathrm{iP}_1}\dot{u}_{3\mathrm{l}}^{\mathrm{iP}_1}-p_{\mathrm{g}}^{\mathrm{iP}_1}\dot{u}_{3\mathrm{g}}^{\mathrm{iP}_1}) \tag{4.1-17a}$$

$$E_{\mathrm{P}_1}^{\mathrm{re}}=\frac{1}{2}\mathrm{Re}(\sigma_{33}^{\mathrm{rP}_1}\dot{u}_{3\mathrm{s}}^{\mathrm{rP}_1}+\sigma_{13}^{\mathrm{rP}_1}\dot{u}_{1\mathrm{s}}^{\mathrm{rP}_1}-p_1^{\mathrm{rP}_1}\dot{u}_{3\mathrm{l}}^{\mathrm{rP}_1}-p_{\mathrm{g}}^{\mathrm{rP}_1}\dot{u}_{3\mathrm{g}}^{\mathrm{rP}_1}) \tag{4.1-17b}$$

$$E_{\mathrm{P}_2}^{\mathrm{re}}=\frac{1}{2}\mathrm{Re}(\sigma_{33}^{\mathrm{rP}_2}\dot{u}_{3\mathrm{s}}^{\mathrm{rP}_2}+\sigma_{13}^{\mathrm{rP}_2}\dot{u}_{1\mathrm{s}}^{\mathrm{rP}_2}-p_1^{\mathrm{rP}_2}\dot{u}_{3\mathrm{l}}^{\mathrm{rP}_2}-p_{\mathrm{g}}^{\mathrm{rP}_2}\dot{u}_{3\mathrm{g}}^{\mathrm{rP}_2}) \tag{4.1-17c}$$

$$E_{\mathrm{P}_3}^{\mathrm{re}}=\frac{1}{2}\mathrm{Re}(\sigma_{33}^{\mathrm{rP}_3}\dot{u}_{3\mathrm{s}}^{\mathrm{rP}_3}+\sigma_{13}^{\mathrm{rP}_3}\dot{u}_{1\mathrm{s}}^{\mathrm{rP}_3}-p_1^{\mathrm{rP}_3}\dot{u}_{3\mathrm{l}}^{\mathrm{rP}_3}-p_{\mathrm{g}}^{\mathrm{rP}_3}\dot{u}_{3\mathrm{g}}^{\mathrm{rP}_3}) \tag{4.1-17d}$$

$$E_{\mathrm{S}}^{\mathrm{re}}=\frac{1}{2}\mathrm{Re}(\sigma_{33}^{\mathrm{rS}}\dot{u}_{3\mathrm{s}}^{\mathrm{rS}}+\sigma_{13}^{\mathrm{rS}_1}\dot{u}_{1\mathrm{s}}^{\mathrm{rS}}-p_1^{\mathrm{rS}}\dot{u}_{3\mathrm{l}}^{\mathrm{rS}}-p_{\mathrm{g}}^{\mathrm{rS}}\dot{u}_{3\mathrm{g}}^{\mathrm{rS}}) \tag{4.1-17e}$$

以上方程中各符号的表达式如下：

$\sigma_{33}^{\mathrm{iP}_1}=-(\lambda_{\mathrm{c}}+2\mu n_{\mathrm{P}_1}^{\mathrm{in2}}+B_1\delta_{\mathrm{lP}_1}^{\mathrm{re}}+B_2\delta_{\mathrm{gP}_1}^{\mathrm{re}})k_{\mathrm{P}_1}^2A_{\mathrm{sP}_1}^{\mathrm{in}}$，$\sigma_{33}^{\mathrm{rP}_1}=-(\lambda_{\mathrm{c}}+2\mu n_{\mathrm{P}_1}^{\mathrm{re2}}+B_1\delta_{\mathrm{lP}_1}^{\mathrm{re}}+B_2\delta_{\mathrm{gP}_1}^{\mathrm{re}})k_{\mathrm{P}_1}^2A_{\mathrm{sP}_1}^{\mathrm{re}}$，$\sigma_{33}^{\mathrm{rP}_2}=-(\lambda_{\mathrm{c}}+2\mu n_{\mathrm{P}_2}^{\mathrm{re2}}+B_1\delta_{\mathrm{lP}_2}^{\mathrm{re}}+B_2\delta_{\mathrm{gP}_2}^{\mathrm{re}})k_{\mathrm{P}_2}^2A_{\mathrm{sP}_2}^{\mathrm{re}}$，$\sigma_{33}^{\mathrm{rP}_3}=-(\lambda_{\mathrm{c}}+2\mu n_{\mathrm{P}_3}^{\mathrm{re2}}+B_1\delta_{\mathrm{lP}_3}^{\mathrm{re}}+B_2\delta_{\mathrm{gP}_3}^{\mathrm{re}})k_{\mathrm{P}_3}^2A_{\mathrm{sP}_3}^{\mathrm{re}}$，$\sigma_{33}^{\mathrm{rS}}=-2\mu l_{\mathrm{S}}^{\mathrm{re}}n_{\mathrm{S}}^{\mathrm{re}}k_{\mathrm{S}}^2B_{\mathrm{s}}^{\mathrm{re}}$，$\sigma_{13}^{\mathrm{iP}_1}=2\mu l_{\mathrm{P}_1}^{\mathrm{in}}n_{\mathrm{P}_1}^{\mathrm{in}}k_{\mathrm{P}_1}^2A_{\mathrm{sP}_1}^{\mathrm{in}}$，$\sigma_{13}^{\mathrm{rP}_1}=-2\mu l_{\mathrm{P}_1}^{\mathrm{re}}n_{\mathrm{P}_1}^{\mathrm{re}}k_{\mathrm{P}_1}^2A_{\mathrm{sP}_1}^{\mathrm{re}}$，$\sigma_{13}^{\mathrm{rP}_2}=-2\mu l_{\mathrm{P}_2}^{\mathrm{re}}n_{\mathrm{P}_2}^{\mathrm{re}}k_{\mathrm{P}_2}^2A_{\mathrm{sP}_2}^{\mathrm{re}}$，$\sigma_{13}^{\mathrm{rP}_3}=-2\mu l_{\mathrm{P}_3}^{\mathrm{re}}n_{\mathrm{P}_3}^{\mathrm{re}}k_{\mathrm{P}_3}^2A_{\mathrm{sP}_3}^{\mathrm{re}}$，$\sigma_{13}^{\mathrm{rS}}=\mu(n_{\mathrm{S}}^{\mathrm{re2}}-l_{\mathrm{S}}^{\mathrm{re2}})k_{\mathrm{S}}^2B_{\mathrm{s}}^{\mathrm{re}}$，$p_1^{\mathrm{rS}}=0$，$p_{\mathrm{g}}^{\mathrm{rS}}=0$，$p_1^{\mathrm{iP}_1}=(a_{11}+a_{12}\delta_{\mathrm{lP}_1}^{\mathrm{re}}+a_{13}\delta_{\mathrm{gP}_1}^{\mathrm{re}})k_{\mathrm{P}_1}^2A_{\mathrm{sP}_1}^{\mathrm{in}}$，$p_1^{\mathrm{rP}_1}=(a_{11}+a_{12}\delta_{\mathrm{lP}_1}^{\mathrm{re}}+a_{13}\delta_{\mathrm{gP}_1}^{\mathrm{re}})k_{\mathrm{P}_1}^2A_{\mathrm{sP}_1}^{\mathrm{re}}$，$p_1^{\mathrm{rP}_2}=(a_{11}+a_{12}\delta_{\mathrm{lP}_2}^{\mathrm{re}}+a_{13}\delta_{\mathrm{gP}_2}^{\mathrm{re}})k_{\mathrm{P}_2}^2A_{\mathrm{sP}_2}^{\mathrm{re}}$，$p_1^{\mathrm{rP}_3}=(a_{11}+a_{12}\delta_{\mathrm{lP}_3}^{\mathrm{re}}+a_{13}\delta_{\mathrm{gP}_3}^{\mathrm{re}})k_{\mathrm{P}_3}^2A_{\mathrm{sP}_3}^{\mathrm{re}}$，$p_{\mathrm{g}}^{\mathrm{iP}_1}=(a_{21}+a_{22}\delta_{\mathrm{lP}_1}^{\mathrm{re}}+a_{23}\delta_{\mathrm{gP}_1}^{\mathrm{re}})k_{\mathrm{P}_1}^2A_{\mathrm{sP}_1}^{\mathrm{in}}$，$p_{\mathrm{g}}^{\mathrm{rP}_1}=(a_{21}+a_{22}\delta_{\mathrm{lP}_1}^{\mathrm{re}}+a_{23}\delta_{\mathrm{gP}_1}^{\mathrm{re}})k_{\mathrm{P}_1}^2A_{\mathrm{sP}_1}^{\mathrm{re}}$，$p_{\mathrm{g}}^{\mathrm{rP}_2}=(a_{21}+a_{22}\delta_{\mathrm{lP}_2}^{\mathrm{re}}+a_{23}\delta_{\mathrm{gP}_2}^{\mathrm{re}})k_{\mathrm{P}_2}^2A_{\mathrm{sP}_2}^{\mathrm{re}}$，$p_{\mathrm{g}}^{\mathrm{rP}_3}=(a_{21}+a_{22}\delta_{\mathrm{lP}_3}^{\mathrm{re}}+a_{23}\delta_{\mathrm{gP}_3}^{\mathrm{re}})k_{\mathrm{P}_3}^2A_{\mathrm{sP}_3}^{\mathrm{re}}$，$\dot{u}_{3\mathrm{s}}^{\mathrm{iP}_1}=-n_{\mathrm{P}_1}^{\mathrm{in}}v_{\mathrm{P}_1}k_{\mathrm{P}_1}^2A_{\mathrm{sP}_1}^{\mathrm{in}}$，$\dot{u}_{3\mathrm{s}}^{\mathrm{rP}_1}=n_{\mathrm{P}_1}^{\mathrm{re}}v_{\mathrm{P}_1}k_{\mathrm{P}_1}^2A_{\mathrm{sP}_1}^{\mathrm{re}}$，$\dot{u}_{3\mathrm{s}}^{\mathrm{rP}_2}=n_{\mathrm{P}_2}^{\mathrm{re}}v_{\mathrm{P}_2}k_{\mathrm{P}_2}^2A_{\mathrm{sP}_2}^{\mathrm{re}}$，$\dot{u}_{3\mathrm{s}}^{\mathrm{rP}_3}=n_{\mathrm{P}_3}^{\mathrm{re}}v_{\mathrm{P}_3}k_{\mathrm{P}_3}^2A_{\mathrm{sP}_3}^{\mathrm{re}}$，$\dot{u}_{3\mathrm{s}}^{\mathrm{rS}}=-l_{\mathrm{S}}^{\mathrm{re}}v_{\mathrm{S}}k_{\mathrm{S}}^2B_{\mathrm{s}}^{\mathrm{re}}$，$\dot{u}_{1\mathrm{s}}^{\mathrm{iP}_1}=l_{\mathrm{P}_1}^{\mathrm{in}}v_{\mathrm{P}_1}k_{\mathrm{P}_1}^2A_{\mathrm{sP}_1}^{\mathrm{in}}$，$\dot{u}_{1\mathrm{s}}^{\mathrm{rP}_1}=l_{\mathrm{P}_1}^{\mathrm{re}}v_{\mathrm{P}_1}k_{\mathrm{P}_1}^2A_{\mathrm{sP}_1}^{\mathrm{re}}$，$\dot{u}_{1\mathrm{s}}^{\mathrm{rP}_2}=l_{\mathrm{P}_2}^{\mathrm{re}}v_{\mathrm{P}_2}k_{\mathrm{P}_2}^2A_{\mathrm{sP}_2}^{\mathrm{re}}$，$\dot{u}_{1\mathrm{s}}^{\mathrm{rP}_3}=l_{\mathrm{P}_3}^{\mathrm{re}}v_{\mathrm{P}_3}k_{\mathrm{P}_3}^2A_{\mathrm{sP}_3}^{\mathrm{re}}$，$\dot{u}_{1\mathrm{s}}^{\mathrm{rS}}=-n_{\mathrm{S}}^{\mathrm{re}}v_{\mathrm{S}}k_{\mathrm{S}}^2B_{\mathrm{s}}^{\mathrm{re}}$，$\dot{u}_{3\mathrm{l}}^{\mathrm{iP}_1}=-n_{\mathrm{P}_1}^{\mathrm{in}}v_{\mathrm{P}_1}k_{\mathrm{P}_1}^2\delta_{\mathrm{lP}_1}^{\mathrm{re}}A_{\mathrm{sP}_1}^{\mathrm{in}}$，$\dot{u}_{3\mathrm{l}}^{\mathrm{rP}_1}=n_{\mathrm{P}_1}^{\mathrm{re}}v_{\mathrm{P}_1}k_{\mathrm{P}_1}^2\delta_{\mathrm{lP}_1}^{\mathrm{re}}A_{\mathrm{sP}_1}^{\mathrm{re}}$，$\dot{u}_{3\mathrm{l}}^{\mathrm{rP}_2}=n_{\mathrm{P}_2}^{\mathrm{re}}v_{\mathrm{P}_2}k_{\mathrm{P}_2}^2\delta_{\mathrm{lP}_2}^{\mathrm{re}}A_{\mathrm{sP}_2}^{\mathrm{re}}$，$\dot{u}_{3\mathrm{l}}^{\mathrm{rP}_3}=n_{\mathrm{P}_3}^{\mathrm{re}}v_{\mathrm{P}_3}k_{\mathrm{P}_3}^2\delta_{\mathrm{lP}_3}^{\mathrm{re}}A_{\mathrm{sP}_3}^{\mathrm{re}}$，$\dot{u}_{3\mathrm{l}}^{\mathrm{rS}}=-l_{\mathrm{S}}^{\mathrm{re}}v_{\mathrm{S}}k_{\mathrm{S}}^2\delta_{\mathrm{lS}}^{\mathrm{re}}B_{\mathrm{s}}^{\mathrm{re}}$，$\dot{u}_{3\mathrm{g}}^{\mathrm{iP}_1}=-n_{\mathrm{P}_1}^{\mathrm{in}}v_{\mathrm{P}_1}k_{\mathrm{P}_1}^2\delta_{\mathrm{gP}_1}^{\mathrm{re}}A_{\mathrm{sP}_1}^{\mathrm{in}}$，$\dot{u}_{3\mathrm{g}}^{\mathrm{rP}_1}=n_{\mathrm{P}_1}^{\mathrm{re}}v_{\mathrm{P}_1}k_{\mathrm{P}_1}^2\delta_{\mathrm{gP}_1}^{\mathrm{re}}A_{\mathrm{sP}_1}^{\mathrm{re}}$，$\dot{u}_{3\mathrm{g}}^{\mathrm{rP}_2}=n_{\mathrm{P}_2}^{\mathrm{re}}v_{\mathrm{P}_2}k_{\mathrm{P}_2}^2\delta_{\mathrm{gP}_2}^{\mathrm{re}}A_{\mathrm{sP}_2}^{\mathrm{re}}$，$\dot{u}_{3\mathrm{g}}^{\mathrm{rP}_3}=n_{\mathrm{P}_3}^{\mathrm{re}}v_{\mathrm{P}_3}k_{\mathrm{P}_3}^2\delta_{\mathrm{lP}_3}^{\mathrm{re}}A_{\mathrm{gP}_3}^{\mathrm{re}}$，$\dot{u}_{3\mathrm{g}}^{\mathrm{rS}}=-l_{\mathrm{S}}^{\mathrm{re}}v_{\mathrm{S}}k_{\mathrm{S}}^2\delta_{\mathrm{gS}}^{\mathrm{re}}B_{\mathrm{s}}^{\mathrm{re}}$。

用入射 P_1 波的能量通量衡量各反射波的能量通量，从而得出入射波所携能量在界面处的分配情况。各反射波的能量反射系数的表达式如下：

$$e_{P_1}^{re}=\frac{|E_{P_1}^{re}|}{|E_{P_1}^{in}|}=n_{P_1}^{re2},\ e_{P_2}^{re}=\frac{|E_{P_2}^{re}|}{|E_{P_1}^{in}|}=\frac{k_{P_2}^3 n_{P_2}^{re}}{k_{P_1}^3 n_{P_1}^{in}}n_{P_2}^{re2},\ e_{P_3}^{re}=\frac{|E_{P_3}^{re}|}{|E_{P_1}^{in}|}=\frac{k_{P_3}^3 n_{P_3}^{re}}{k_{P_1}^3 n_{P_1}^{in}}n_{P_3}^{re2},$$

$$e_{S}^{re}=\frac{|E_{S}^{re}|}{|E_{P_1}^{in}|}=\frac{k_{S}^3 n_{S}^{re}\mu(3l_S^{re2}-n_S^{re2})}{k_{P_1}^3 n_{P_1}^{in}\xi_{iP_1}}n_{SV}^{re2} \tag{4.1-18}$$

式中：$e_{P_1}^{re}$、$e_{P_2}^{re}$、$e_{P_3}^{re}$、e_{S}^{re} 分别为反射 P_1 波、反射 P_2 波、反射 P_3 波和反射 SV 波的能量反射系数。系数 ξ_{iP_1} 可表示为：

$$\xi_{iP_1}=\lambda_c+2\mu+(B_1+a_{11}+a_{12}\delta_{lP_1}^{re}+a_{13}\delta_{gP_1}^{re})\delta_{lP_1}^{re}+(B_2+a_{21}+a_{22}\delta_{lP_1}^{re}+a_{23}\delta_{gP_1}^{re})\delta_{gP_1}^{re}$$

由于入射波所携带的能量在反射过程中不消散。因此根据能量守恒，在界面处的每个反射波的能量比满足式（4.1-19）：

$$e_{sum}=e_{P_1}^{re}+e_{P_2}^{re}+e_{P_3}^{re}+e_{S}^{re}=1 \tag{4.1-19}$$

式中，e_{sum} 表示所有反射波的能量反射系数之和。

4.1.3 数值分析与讨论

利用数值算例分析并讨论了非饱和土体饱和度、孔隙率和平面 P_1 波入射角度等因素对波反射率的影响。算例中采用的非饱和土的物理力学参数见表 4.1-1。

非饱和土的物理力学参数　　表 4.1-1

参数名称	参数符号	数值
孔隙率	n	0.23
土颗粒密度	ρ^s	3060kg/m^3
液体密度	ρ_w^l	1000kg/m^3
气体密度	ρ^g	1.3kg/m^3
液体体积模量	K^w	2.25GPa
气体体积模量	K^g	0.11MPa
骨架体积模量	K^b	1.02GPa
Lame 系数	λ	4.4GPa
剪切模量	μ	2.8GPa
固有渗透率	k_{int}	1×10^{-10}m^2
液体动力黏滞系数	μ_l	1×10^{-3}kg/(m·s)
气体动力黏滞系数	μ_g	1.8×10^{-5}kg/(m·s)
van Genuchten 模型参数	α_{vg}	1×10^{-4}Pa^{-1}
	m_{vg}	0.5

(1) 振幅反射系数

通过数值算例分析平面 P_1 波在非饱和多半空间自由边界上的振幅反射系数受入射角度、饱和度及入射波频率变化的影响规律。

图 4.1-2 分别给出了在孔隙率为 0.23，频率为 500Hz 时，在非饱和土半空间自由表面产生的四种反射波位移势函数振幅反射系数与入射角度和饱和度之间的关系。从图中可以看出，入射角度对反射系数的影响很大。当 P_1 波垂直入射时（$\alpha_{P_1}^{in}=0$），没有波形转换，只存在反射 P_1 波，没有反射 P_2 波、P_3 波和反射 SV 波。同样，当 P_1 波掠入射，即波前进的方向平行于边界时（$\alpha_{P_1}^{in}=90°$），也只存在反射 P_1 波。

对于反射 P_1 波，其反射系数随着入射角度的增大先减小，当入射角度在 65°附近时达到最小值，随后随着入射角的增大而增大。与此相反，反射 SV 波的反射系数随着入射角的增大先增大后减小，并且饱和度对反射 P_1 波和反射 SV 波的振幅反射系数没有影响。对于反射 P_2 波和反射 P_3 波，其振幅反射系数随着入射角的增大呈先增大后减小的趋势，当土体达到饱和时，反射系数急剧增大，但量级较 P_1 波要小很多。当土体接近饱和时反射系数很快降低为 0，P_3 波消失。这是因为

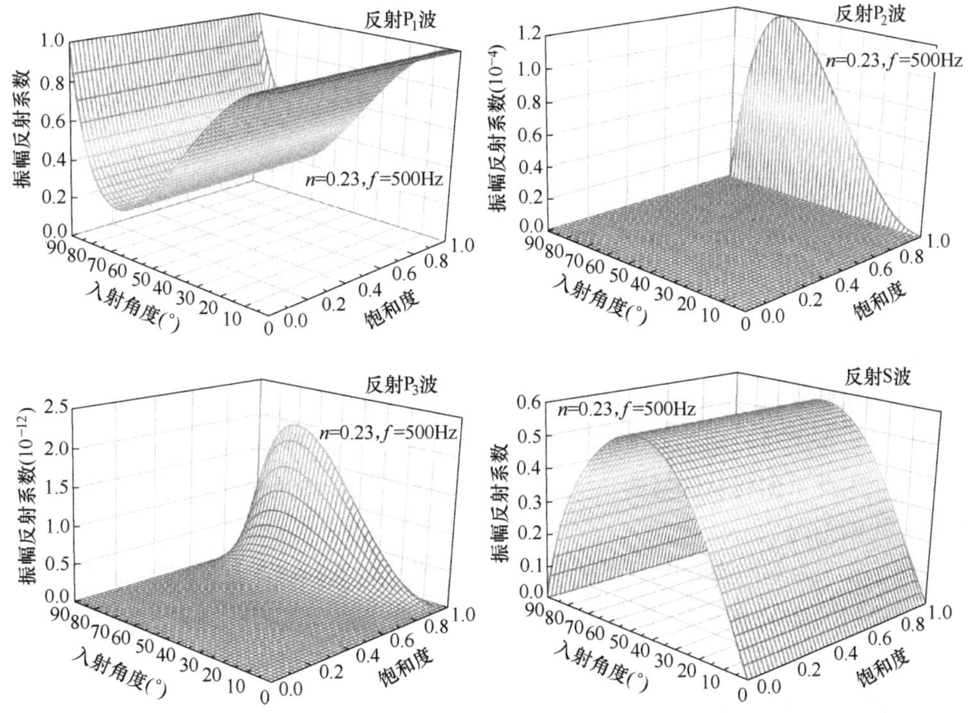

图 4.1-2　孔隙率为 0.23，频率为 500Hz 时，在非饱和土半空间自由表面产生的四种反射波位移势函数振幅反射系数与入射角和饱和度的关系

P_3 波的出现是由于孔隙中液相与气相间压力差的存在，当土体饱和度为 1 或 0 时，压力差消失。

考虑土体孔隙率为 0.23，饱和度 0.6 的情形下，图 4.1-3 分别给出了频率在 $10^{-2}\sim10^4$ Hz 范围变化时各反射波振幅反射系数随入射角的变化曲线。从图中可以看出，频率变化不会引起反射 P_1 和反射 SV 波位移势振幅反射系数的变化。而对于反射 P_2 波和反射 P_3 波，振幅反射系数将随着频率的增大而增大。

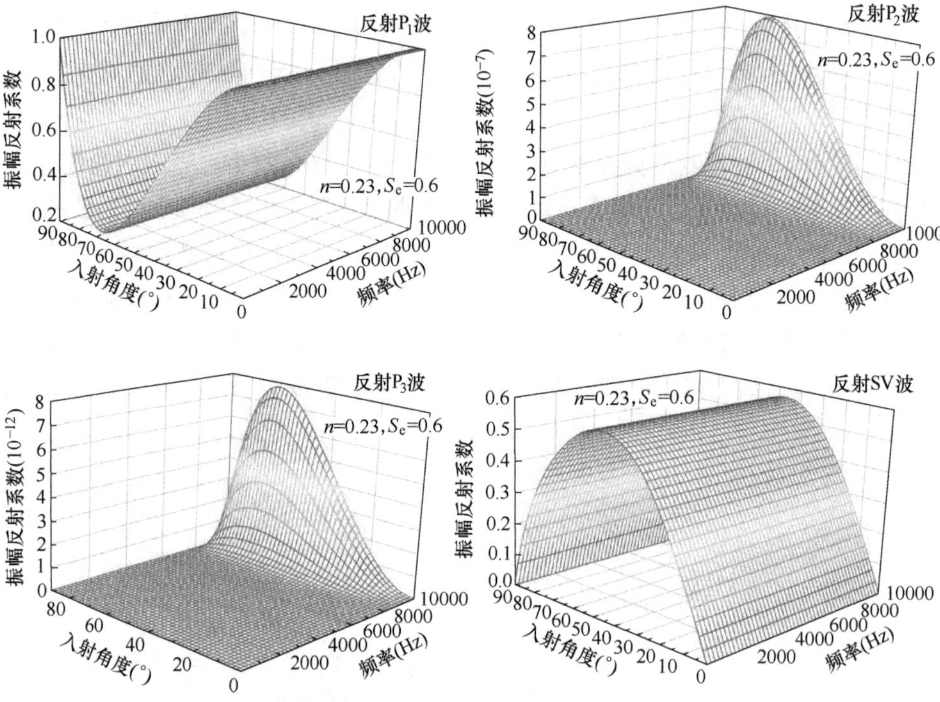

图 4.1-3 各反射波的振幅反射系数随入射角和频率的变化曲线

(2) 能量反射系数

由式（4.1-18）可以看出，各反射波的能量反射系数与其振幅反射系数之间存在一定的比例关系，则能量反射系数的变化一定程度上可以反映振幅反射系数的变化情况，因此下面将从能量的角度出发，讨论各波的能量反射系数随着各物理力学参数变化的情况。

图 4.1-4 为不同饱和度下四种反射波的能量反射系数随入射角的变化曲线。考虑孔隙率为 0.23，频率 $f=500$Hz 的情况，该频率处于工程地震勘探的常用范围内。由图 4.1-4 可以看出，入射角与饱和度对四种反射波的能量反射系数影响均较明显，当 P_1 波垂直入射或掠入射在分界面时（即入射角度为 0°或 90°），均只存在反射 P_1 波。反射 P_1 波的能量反射系数随着入射角度的增大先减小，当入射角为 65°左右时，其能量反射系数达到最小值，之后呈继续增大的趋势。还可以看出，

当土体饱和度接近 1 时，反射 P_1 波的能量反射系数有所增大。反射 P_2 波随入射角的增大呈先增大再减小的变化趋势。与反射 P_1 波相似，当土体饱和度接近 1 时，反射 P_2 波的能量反射系数急剧增大，但其数量级较反射 P_1 波要小很多。以上分析表明，当土体接近饱和时，饱和度变化对反射 P_2 波的影响较大。对于反射 P_3 波来说，当土体为完全水饱和或完全气饱和（即饱和度为 1 或 0）时，反射 P_3 波将消失。另外，在土体近于完全饱和的情况下，反射 SV 波的能量幅值急剧减小，当入射角近 90°时，其能量反射系数接近零。从数值计算结果得出，四种反射波的能量反射系数之和恒为 1，这表明在整个反射过程中，没有出现能量耗散现象。

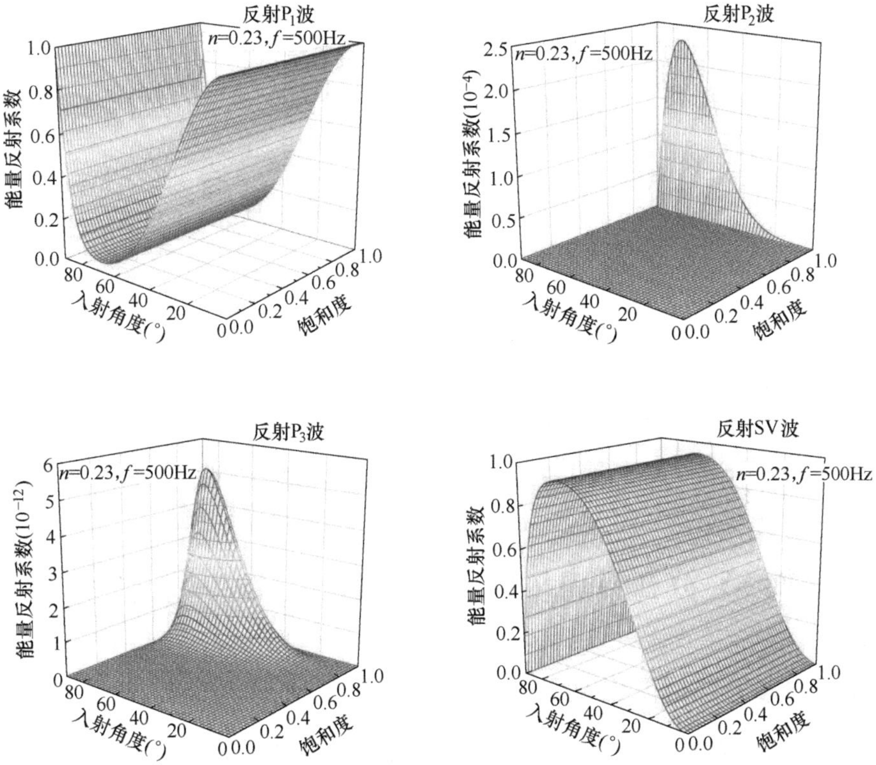

图 4.1-4　不同饱和度下四种反射波的能量反射系数随入射角的变化曲线

为了研究入射 P_1 波的频率对各反射波的能量比的影响，考虑土体孔隙率为 0.23，饱和度为 0.6 且其他的物理参数保持不变。图 4.1-5 为频率在 $10^{-1}\sim10^{3}$ Hz 范围变化时，四种反射波的能量反射系数随入射角的变化曲线。从图中可以看出，频率变化不会引起反射 P_1 和反射 SV 波能量反射系数的变化。而对于反射 P_2 波和反射 P_3 波，当频率较小时频率变化不会引起其能量反射系数的变化，当频率接近 10^{3} Hz 时能量反射系数将随着频率的增大而增大。

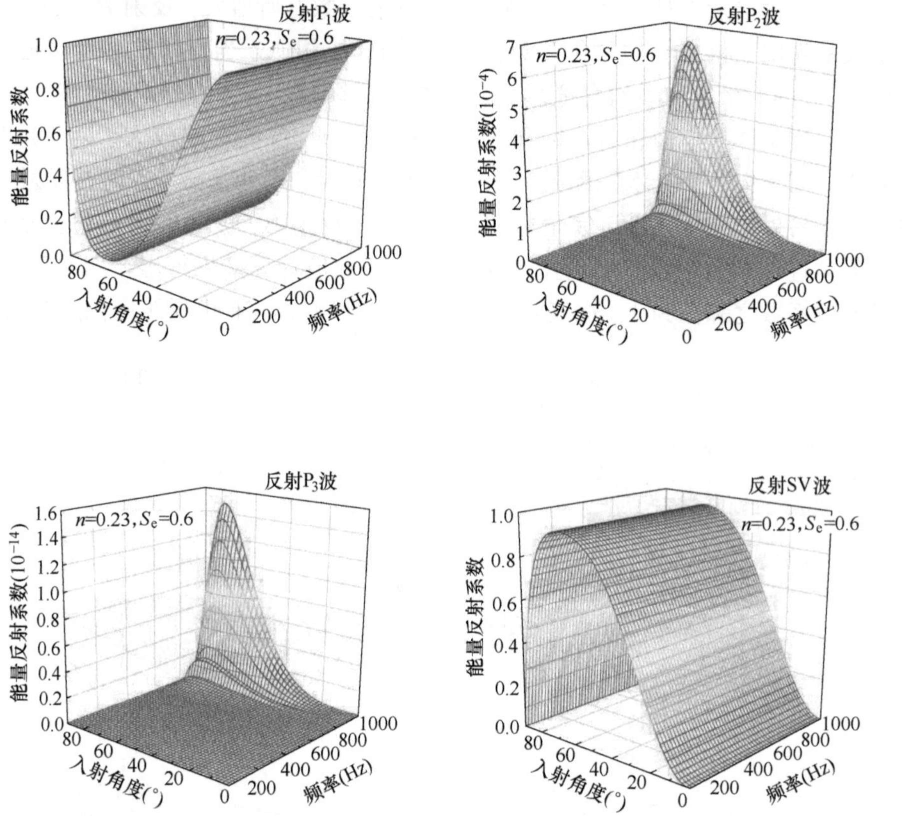

图 4.1-5　频率在 $10^{-1}\sim10^{3}$ Hz 范围变化时，四种反射波的能量反射系数随入射角变化曲线

4.2　平面 SV 波在自由边界上的反射

4.2.1　位移势振幅反射系数

考虑只有频率为 ω 的 SV 波入射到非饱和半无限空间表面，非饱和半空间自由边界平面 SV 波的反射示意图如图 4.2-1 所示，入射角度为 $\alpha_{\mathrm{S}}^{\mathrm{in}}$，在边界处将产生四种反射波（反射 P_1 波、反射 P_2 波、反射 P_3 波和反射 SV 波）。

非饱和半空间中，当 $x_3\geqslant0$ 时，各种波的势函数可表示为：

入射 SV 波的势函数：

$$\boldsymbol{H}_{\pi}^{\mathrm{in}}=B_{\pi}^{\mathrm{in}}\exp[\mathrm{i}k_{\mathrm{S}}(l_{\mathrm{S}}^{\mathrm{in}}x_1-n_{\mathrm{S}}^{\mathrm{in}}x_3-v_{\mathrm{S}}t)] \tag{4.2-1}$$

式中：$l_{\mathrm{S}}^{\mathrm{in}}=\sin\alpha_{\mathrm{S}}^{\mathrm{in}}$，$n_{\mathrm{S}}^{\mathrm{in}}=\cos\alpha_{\mathrm{S}}^{\mathrm{in}}$。

反射 SV 波的势函数：

$$\boldsymbol{H}_{\pi}^{\mathrm{re}}=B_{\pi}^{\mathrm{re}}\exp[\mathrm{i}k_{\mathrm{S}}(l_{\mathrm{S}}^{\mathrm{re}}x_1+n_{\mathrm{S}}^{\mathrm{re}}x_3-v_{\mathrm{S}}t)] \tag{4.2-2}$$

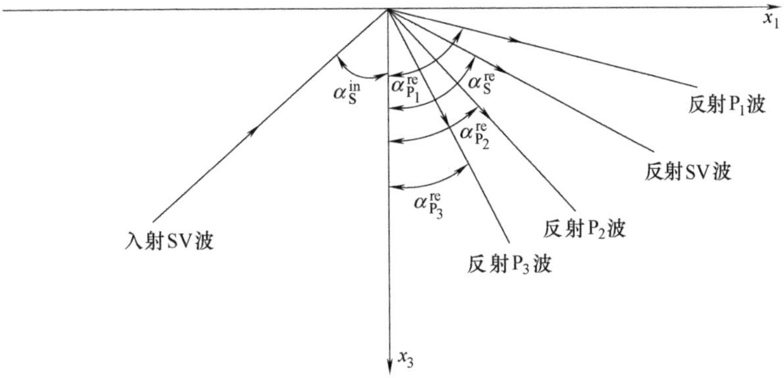

图 4.2-1　非饱和半空间自由边界平面 SV 波的反射示意图

反射 P 波（包括反射 P_1 波、P_2 波、P_3 波）的势函数：

$$\psi_\pi^{re}=A_{\pi P_1}^{re}\exp[ik_{P_1}(l_{P_1}^{re}x_1+n_{P_1}^{re}x_3-v_{P_1}t)]+A_{\pi P_2}^{re}\exp[ik_{P_2}(l_{P_2}^{re}x_1+n_{P_2}^{re}x_3-v_{P_2}t)]+A_{\pi P_3}^{re}\exp[ik_{P_3}(l_{P_3}^{e}x_1+n_{P_3}^{re}x_3-v_{P_3}t)] \tag{4.2-3}$$

则 P 波（包括反射 P_1 波，P_2 波，P_3 波）总的势函数为：

$$\psi_s=\psi_{sP_1}^{re}+\psi_{sP_2}^{re}+\psi_{sP_3}^{re}=A_{sP_1}^{re}\exp[ik_{P_1}(l_{P_1}^{re}x_1+n_{P_1}^{re}x_3-v_{P_1}t)]+A_{sP_2}^{re}\exp[ik_{P_2}(l_{P_2}^{re}x_1+n_{P_2}^{re}x_3-v_{P_2}t)]+A_{sP_3}^{re}\exp[ik_{P_3}(l_{P_3}^{re}x_1+n_{P_3}^{re}x_3-v_{P_3}t)] \tag{4.2-4a}$$

$$\psi_l=\psi_{lP_1}^{re}+\psi_{lP_2}^{re}+\psi_{lP_3}^{re}=A_{lP_1}^{re}\exp[ik_{P_1}(l_{P_1}^{re}x_1+n_{P_1}^{re}x_3-v_{P_1}t)]+A_{lp_2}^{re}\exp[ik_{P_2}(l_{P_2}^{re}x_1+n_{P_2}^{re}x_3-v_{P_2}t)]+A_{lP_3}^{re}\exp[ik_{P_3}(l_{P_3}^{re}x_1+n_{P_3}^{re}x_3-v_{P_3}t)] \tag{4.2-4b}$$

$$\psi_g=\psi_{gP_1}^{re}+\psi_{gP_2}^{re}+\psi_{gP_3}^{re}=A_{gP_1}^{re}\exp[ik_{P_1}(l_{P_1}^{re}x_1+n_{P_1}^{re}x_3-v_{P_1}t)]+A_{gP_2}^{re}\exp[ik_{P_2}(l_{P_2}^{re}x_1+n_{P_2}^{re}x_3-v_{P_2}t)]+A_{gP_3}^{re}\exp[ik_{P_3}(l_{P_3}^{re}x_1+n_{P_3}^{re}x_3-v_{P_3}t)] \tag{4.2-4c}$$

SV 波（包括入射 SV 波、反射 SV 波）总的势函数为：

$$\boldsymbol{H}_s^{re}=B_s^{in}\exp[ik_S(l_S^{in}x_1-n_S^{in}x_3-v_St)]+B_s^{re}\exp[ik_S(l_S^{re}x_1+n_S^{re}x_3-v_St)] \tag{4.2-5a}$$

$$\boldsymbol{H}_l^{re}=B_l^{in}\exp[ik_S(l_S^{in}x_1-n_S^{in}x_3-v_St)]+B_l^{re}\exp[ik_S(l_S^{re}x_1+n_S^{re}x_3-v_St)] \tag{4.2-5b}$$

$$\boldsymbol{H}_g^{re}=B_g^{re}\exp[ik_S(l_S^{in}x_1-n_S^{in}x_3-v_St)]+B_g^{re}\exp[ik_S(l_S^{re}x_1+n_S^{re}x_3-v_St)] \tag{4.2-5c}$$

同样，考虑表面为自由透水和透气的边界，与仅有 P_1 波入射时的过程相同，结合 Snell 定律可得如下各位移势振幅反射系数之间的关系式：

$$[F]\{A_{sP_1}^{re},A_{sP_2}^{re},A_{sP_3}^{re},B_s^{re}\}^T=B_s^{in}[G] \tag{4.2-6}$$

式中，矩阵 $[F]$ 和 $[G]$ 中的各元素如下所示：

$f_{11}=(\lambda_c+2\mu n_{P_1}^{re2}+B_1\delta_{lP_1}^{re}+B_2\delta_{gP_1}^{re})k_{P_1}^2$，$f_{12}=(\lambda_c+2\mu n_{P_2}^{re2}+B_1\delta_{lP_2}^{re}+B_2\delta_{gP_2}^{re})k_{P_2}^2$，$f_{13}=(\lambda_c+2\mu n_{P_3}^{re2}+B_1\delta_{lP_3}^{re}+B_2\delta_{gP_3}^{re})k_{P_3}^2$，$f_{14}=2\mu l_S^{re}n_S^{re}k_S^2$，$f_{21}=2l_{P_1}^{re}n_{P_1}^{re}k_{P_1}^2$，$f_{22}=2l_{P_2}^{re}n_{P_2}^{re}k_{P_2}^2$，$f_{23}=2l_{P_3}^{re}n_{P_3}^{re}k_{P_3}^2$，$f_{24}=(1-2n_S^{re2})k_S^2$，$f_{31}=(a_{11}+a_{12}\delta_{lP_1}^{re}+a_{13}\delta_{gP_1}^{re})k_{P_1}^2$，$f_{32}=(a_{11}+a_{12}\delta_{lP_2}^{re}+a_{13}\delta_{gP_2}^{re})k_{P_2}^2$，$f_{33}=(a_{11}+a_{12}\delta_{lP_3}^{re}+a_{13}\delta_{gP_3}^{re})k_{P_3}^2$，$f_{34}=0$，$f_{41}=(a_{21}+a_{22}\delta_{lP_1}^{re}+a_{23}\delta_{gP_1}^{re})k_{P_1}^2$，$f_{42}=(a_{21}+a_{22}\delta_{lP_2}^{re}+a_{23}\delta_{gP_2}^{re})k_{P_2}^2$，$f_{43}=(a_{21}+a_{22}\delta_{lP_3}^{re}+a_{23}\delta_{gP_3}^{re})k_{P_3}^2$，$f_{44}=0$，$g_1=2\mu l_S^{in}n_S^{in}k_S^2$，$g_2=(1-2l_S^{in2})k_S^2$，$g_3=0$，$g_4=0$

假定入射波的固相位移幅值为 1，即 $B_s^{in}=1$，则非饱和半空间表面自由边界处四种反射波的振幅反射系数可分别表示为：

$$n_{P_1}^{re}=\frac{A_{sP_1}^{re}}{B_s^{in}},\ n_{P_2}^{re}=\frac{A_{sP_2}^{re}}{B_s^{in}},\ n_{P_3}^{re}=\frac{A_{sP_3}^{re}}{B_s^{in}},\ n_{SV}^{re}=\frac{B_s^{re}}{B_s^{in}} \tag{4.2-7}$$

式中，$n_{P_1}^{re}$，$n_{P_2}^{re}$，$n_{P_3}^{re}$ 和 n_{SV}^{re} 分别表示反射 P_1 波，反射 P_2 波，反射 P_3 波和反射 SV 波的振幅反射系数。

半空间表面的位移分量可表示为：

$$\begin{cases} u_1^s=\dfrac{\partial\psi_s}{\partial x_1}-\dfrac{\partial \boldsymbol{H}_s}{\partial x_3}=\mathrm{i}[(k_{P_1}A_{sP_1}^{re}+k_{P_2}A_{sP_2}^{re}+k_{P_3}A_{sP_3}^{re}+k_SB_s^{in}) \\ \qquad -k_Sn_S^{re}B_S^{re}]\exp[\mathrm{i}k_{P_1}(l_{P_1}^{in}x_1-v_{P_1}t)] \\ u_3^s=\dfrac{\partial\psi_s}{\partial x_3}-\dfrac{\partial \boldsymbol{H}_s}{\partial x_1}=\mathrm{i}(k_{P_1}n_{P_1}^{re}A_{sP_1}^{re}+k_{P_2}n_{P_2}^{re}A_{sP_2}^{re}+k_{P_3}n_{P_3}^{re}A_{sP_3}^{re}+ \\ \qquad -k_SB_s^{in}-k_SB_s^{re})\exp[\mathrm{i}k_{P_1}(l_{P_1}^{in}x_1-v_{P_1}t)] \end{cases} \tag{4.2-8}$$

式 (4.2-7) 给出了 SV 波入射情况下，在自由表面处反射时各反射波位移势函数的反射系数，表明 SV 波单独入射经自由表面反射后将生成反射 P_1 波、P_2 波、P_3 波和反射 SV 波。位移、应力和孔隙流体压力的反射系数可以通过位移势函数的反射系数确定。

下面我们讨论 SV 波发生全反射的情况。

根据 Snell 定理 [式 (4.1-12)] 可知：

$$\frac{\sin\alpha_S^{in}}{v_S}=\frac{\sin\alpha_{P_1}^{re}}{v_{P_1}}=\frac{\sin\alpha_{P_2}^{re}}{v_{P_2}}=\frac{\sin\alpha_{P_3}^{re}}{v_{P_3}} \tag{4.2-9}$$

通常，非饱和土中的S波的波速要小于P_1波的波速，即$v_S/v_{P_1}<1$，故$\sin\alpha_s^{in}=(v_S/v_{P_1})\sin\alpha_{P_1}^{re}<1$。SV波入射时，由于$v_{P_1}>v_S$，则$\sin\alpha_{P_1}^{re}>\alpha_S^{in}$，当$\alpha_S^{in}=\sin^{-1}(v_S/v_{P_1})$时，出射角$\alpha_{P_1}^{re}=\pi/2$，反射$P_1$波沿$x_1$轴方向传播。此时所确定的入射角$\alpha_S^{in}$称为SV波入射的临界角，记为$\alpha_{cr}^{in}$，称这一反射为临界反射现象。当SV波以$\alpha_{cr}^{in}<\alpha_{P_1}^{re}<\pi/2$入射时的反射情况称为全反射，此时不再有普通的反射$P_1$波存在，反射波将转化为表面波类型在自由表面传播。

4.2.2 能量反射系数

各入射波和反射波的平均能量强度为：

$$E=\frac{1}{2}\mathrm{Re}(\sigma_{33}\dot{u}_3^s+\sigma_{13}\dot{u}_1^s-p_1\dot{u}_3^1-p_g\dot{u}_3^g) \tag{4.2-10}$$

通过进一步展开式（4.2-10），入射波和各反射波的能量通量可以表示为：

$$E_{SV}^{in}=\frac{1}{2}\mathrm{Re}(\sigma_{33}^{iS}\dot{u}_{3s}^{iS}+\sigma_{13}^{iS}\dot{u}_{1s}^{iS}-p_1^{iS}\dot{u}_{31}^{iS}-p_g^{iS}\dot{u}_{3g}^{iS}) \tag{4.2-11a}$$

$$E_{P_1}^{re}=\frac{1}{2}\mathrm{Re}(\sigma_{33}^{rP_1}\dot{u}_{3s}^{rP_1}+\sigma_{13}^{rP_1}\dot{u}_{1s}^{rP_1}-p_1^{rP_1}\dot{u}_{31}^{rP_1}-p_g^{rP_1}\dot{u}_{3g}^{rP_1}) \tag{4.2-11b}$$

$$E_{P_2}^{re}=\frac{1}{2}\mathrm{Re}(\sigma_{33}^{rP_2}\dot{u}_{3s}^{rP_2}+\sigma_{13}^{rP_2}\dot{u}_{1s}^{rP_2}-p_1^{rP_2}\dot{u}_{31}^{rP_2}-p_g^{rP_2}\dot{u}_{3g}^{rP_2}) \tag{4.2-11c}$$

$$E_{P_3}^{re}=\frac{1}{2}\mathrm{Re}(\sigma_{33}^{rP_3}\dot{u}_{3s}^{rP_3}+\sigma_{13}^{rP_3}\dot{u}_{1s}^{rP_3}-p_1^{rP_3}\dot{u}_{31}^{rP_3}-p_g^{rP_3}\dot{u}_{3g}^{rP_3}) \tag{4.2-11d}$$

$$E_S^{re}=\frac{1}{2}\mathrm{Re}(\sigma_{33}^{rS}\dot{u}_{3s}^{rS}+\sigma_{13}^{rS}\dot{u}_{1s}^{rS}-p_1^{rS}\dot{u}_{31}^{rS}-p_g^{rS}\dot{u}_{3g}^{rS}) \tag{4.2-11e}$$

以上方程中各符号的表达式分别为：

$\sigma_{33}^{iS}=2\mu l_S^{in}n_S^{in}k_S^2B_s^{in}$，$\sigma_{33}^{rP_1}=-(\lambda_c+2\mu n_{P_1}^{re2}+B_1\delta_{lP_1}^{re}+B_2\delta_{gP_1}^{re})k_{P_1}^2A_{sP_1}^{re}$，$\sigma_{33}^{rP_2}=-(\lambda_c+2\mu n_{P_2}^{re2}+B_1\delta_{lP_2}^{re}+B_2\delta_{gP_2}^{re})k_{P_2}^2A_{sP_2}^{re}$，$\sigma_{33}^{rP_3}=-(\lambda_c+2\mu n_{P_3}^{re2}+B_1\delta_{lP_3}^{re}+B_2\delta_{gP_3}^{re})k_{P_3}^2A_{sP_3}^{re}$，$\sigma_{33}^{rS}=-2\mu l_S^{re}n_S^{re}k_S^2B_s^{re}$，$\sigma_{13}^{iS}=\mu(n_S^{in2}-l_S^{in2})k_S^2B_s^{in}$，$\sigma_{13}^{rP_1}=-2\mu l_{P_1}^{re}n_{P_1}^{re}k_{P_1}^2A_{sP_1}^{re}$，$\sigma_{13}^{rP_2}=-2\mu l_{P_2}^{re}n_{P_2}^{re}k_{P_2}^2A_{sP_2}^{re}$，$\sigma_{13}^{rP_3}=-2\mu l_{P_3}^{re}n_{P_3}^{re}k_{P_3}^2A_{sP_3}^{re}$，$\sigma_{13}^{rS}=\mu(n_S^{re2}-l_S^{re2})k_S^2B_s^{re}$，$p_1^{iS}=0$，$p_1^{rS}=0$，$p_g^{iS}=0$，$p_g^{rS}=0$，$p_1^{rP_1}=(a_{11}+a_{12}\delta_{lP_1}^{re}+a_{13}\delta_{gP_1}^{re})k_{P_1}^2A_{sP_1}^{re}$，$p_1^{rP_2}=(a_{11}+a_{12}\delta_{lP_2}^{re}+a_{13}\delta_{gP_2}^{re})k_{P_2}^2A_{sP_2}^{re}$，$p_1^{rP_3}=(a_{11}+a_{12}\delta_{lP_3}^{re}+a_{13}\delta_{gP_3}^{re})k_{P_3}^2A_{sP_3}^{re}$，$p_g^{rP_1}=(a_{21}+a_{22}\delta_{lP_1}^{re}+a_{23}\delta_{gP_1}^{re})k_{P_1}^2A_{sP_1}^{re}$，$p_g^{rP_2}=(a_{21}+a_{22}\delta_{lP_2}^{re}+a_{23}\delta_{gP_2}^{re})k_{P_2}^2A_{sP_2}^{re}$，$p_g^{rP_3}=(a_{21}+a_{22}\delta_{lP_3}^{re}+a_{23}\delta_{gP_3}^{re})k_{P_3}^2A_{sP_3}^{re}$，$\dot{u}_{3s}^{iS}=-l_S^{in}v_Sk_S^2B_s^{in}$，$\dot{u}_{3s}^{rP_1}=n_{P_1}^{re}v_{P_1}k_{P_1}^2A_{sP_1}^{re}$，$\dot{u}_{3s}^{rP_2}=n_{P_2}^{re}v_{P_2}k_{P_2}^2A_{sP_2}^{re}$，$\dot{u}_{3s}^{rP_3}=n_{P_3}^{re}v_{P_3}k_{P_3}^2A_{sP_3}^{re}$，$\dot{u}_{3s}^{rS}=-l_S^{re}v_Sk_S^2B_s^{re}$，$\dot{u}_{1s}^{iS}=n_S^{in}v_Sk_S^2B_s^{in}$，

$\dot{u}_{1s}^{rP_1}=l_{P_1}^{re}v_{P_1}k_{P_1}^2A_{sP_1}^{re}$，$\dot{u}_{1s}^{rP_2}=l_{P_2}^{re}v_{P_2}k_{P_2}^2A_{sP_2}^{re}$，$\dot{u}_{1s}^{rP_3}=l_{P_3}^{re}v_{P_3}k_{P_3}^2A_{sP_3}^{re}$，$\dot{u}_{1s}^{rS}=-n_S^{re}v_Sk_S^2B_s^{re}$，$\dot{u}_{3l}^{iS}=-l_S^{in}v_Sk_S^2\delta_{ls}^{re}B_s^{in}$，$\dot{u}_{3l}^{rP_1}=n_{P_1}^{re}v_{P_1}k_{P_1}^2\delta_{lP_1}^{re}A_{sP_1}^{re}$，$\dot{u}_{3l}^{rP_2}=n_{P_2}^{re}v_{P_2}k_{P_2}^2\delta_{lP_2}^{re}A_{sP_2}^{re}$，$\dot{u}_{3l}^{rP_3}=n_{P_3}^{re}v_{P_3}k_{P_3}^2\delta_{lP_3}^{re}A_{sP_3}^{re}$，$\dot{u}_{3l}^{rS}=-l_S^{re}v_Sk_S^2\delta_{lS}^{re}B_s^{re}$，$\dot{u}_{3g}^{iS}=-l_S^{in}v_Sk_S^2\delta_{gs}^{re}B_s^{in}$，$\dot{u}_{3g}^{rP_1}=n_{P_1}^{re}v_{P_1}k_{P_1}^2\delta_{gP_1}^{re}A_{sP_1}^{re}$，$\dot{u}_{3g}^{rP_2}=n_{P_2}^{re}v_{P_2}k_{P_2}^2\delta_{gP_2}^{re}A_{sP_2}^{re}$，$\dot{u}_{3g}^{rP_3}=n_{P_3}^{re}v_{P_3}k_{P_3}^2\delta_{lP_3}^{re}A_{gP_3}^{re}$，$\dot{u}_{3g}^{rS}=-l_S^{re}v_Sk_S^2\delta_{gS}^{re}B_s^{re}$。

以入射 SV 波来衡量各反射波的能量通量，可得到入射波所携能量在分界面处的分配情况。则反射 P_1 波、反射 P_2 波、反射 P_3 波和反射 SV 波的能量反射系数分别为：

$$e_{P_1}^{re}=\frac{|E_{P_1}^{re}|}{|E_S^{in}|}=\frac{k_{P_1}^3n_{P_1}^{re}\xi_{rP_1}}{k_S^3n_S^{in}\mu(n_S^{in2}-3l_S^{in2})}n_{P_1}^{re2},\ e_{P_2}^{re}=\frac{|E_{P_2}^{re}|}{|E_S^{in}|}=\frac{k_{P_2}^3n_{P_2}^{re}\xi_{rP_2}}{k_S^3n_S^{in}\mu(n_S^{in2}-3l_S^{in2})}n_{P_2}^{re2}$$

$$e_{P_3}^{re}=\frac{|E_{P_3}^{re}|}{|E_S^{in}|}=\frac{k_{P_3}^3n_{P_3}^{re}\xi_{rP_3}}{k_S^3n_S^{in}\mu(n_S^{in2}-3l_S^{in2})}n_{P_3}^{re2},e_{P_3}^{re}=\frac{|E_{P_3}^{re}|}{|E_S^{in}|}=\frac{k_{P_3}^3n_{P_3}^{re}\xi_{rP_3}}{k_S^3n_S^{in}\mu(n_S^{in2}-3l_S^{in2})}n_{P_3}^{re2}$$

(4.2-12)

式中，各符号的表达式如下：

$\xi_{rP_1}=\lambda_c+2\mu+(B_1+a_{11}+a_{12}\delta_{lP_1}^{re}+a_{13}\delta_{gP_1}^{re})\delta_{lP_1}^{re}+(B_2+a_{21}+a_{22}\delta_{lP_1}^{re}+a_{23}\delta_{gP_1}^{re})\delta_{gP_1}^{re}$，

$\xi_{rP_2}=\lambda_c+2\mu+(B_1+a_{11}+a_{12}\delta_{lP_2}^{re}+a_{13}\delta_{gP_2}^{re})\delta_{lP_2}^{re}+(B_2+a_{21}+a_{22}\delta_{lP_2}^{re}+a_{23}\delta_{gP_2}^{re})\delta_{gP_2}^{re}$，

$\xi_{rP_3}=\lambda_c+2\mu+(B_1+a_{11}+a_{12}\delta_{lP_3}^{re}+a_{13}\delta_{gP_3}^{re})\delta_{lP_3}^{re}+(B_2+a_{21}+a_{22}\delta_{lP_3}^{re}+a_{23}\delta_{gP_3}^{re})\delta_{gP_3}^{re}$

由于入射波所携能量在整个反射过程中不消散。因此根据能量守恒，在非饱和多孔介质表面上各反射波的能量比值的和必须等于入射波的能量，即 $x_3=0$ 处的能量比满足以下公式：

$$e_{sum}=e_{P_1}^{re}+e_{P_2}^{re}+e_{P_3}^{re}+e_S^{re}=1 \tag{4.2-13}$$

式中，e_{sum} 表示所有反射波的能量反射系数之和。

4.2.3 数值分析与讨论

同样选取表 4.1-1 所示的非饱和土的物理力学参数，通过数值算例分别对 SV 波入射的临界、位移势振幅反射系数和能量反射系数进行分析讨论。

(1) 临界入射角

图 4.2-2 给出了土体饱和度、孔隙率和入射频率对 SV 波入射的临界角 α_{cr}^{in} 的影响曲线。从图中可以看出，由于上述参数对非饱和土中弹性波波速的影响使得临界角并非为一个常数，其在饱和度超过越 0.95 时将有所减小，随着孔隙率的增大而增大，且在高频的时候将有所增大。但变化量并不是很大。总的来看，SV 波入射的临界角 $\alpha_{cr}^{in}\approx31°$。

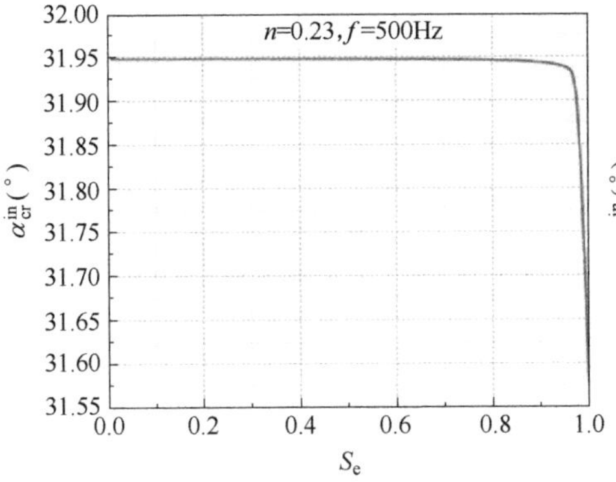

(a) 饱和度变化

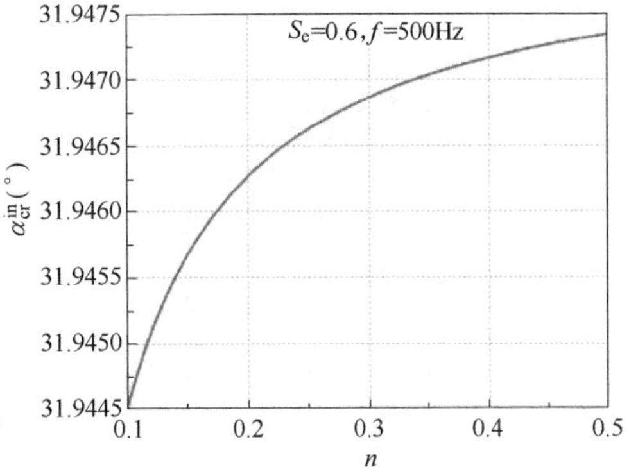

(b) 孔隙率变化

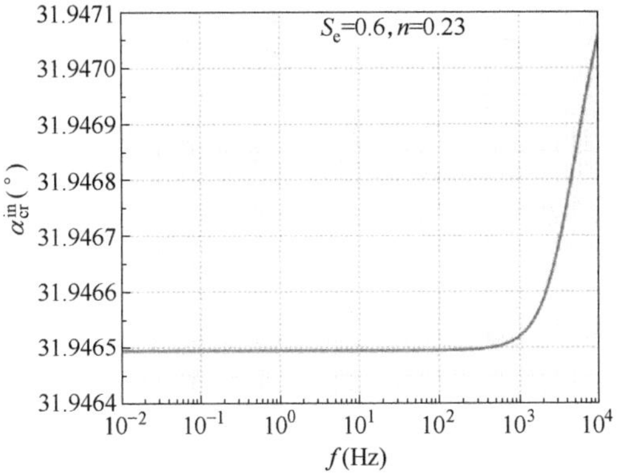

(c) 频率变化

图 4.2-2　土体饱和度、孔隙率和入射频率对 SV 波入射的临界角 α_{cr}^{in} 的影响曲线

(2) 振幅反射系数

图 4.2-3 分别给出了土体孔隙率为 0.23，频率为 500Hz，SV 波在临界角范围内入射到半空间自由表面时，各种反射波的振幅反射系数与入射角以及饱和度的关系曲线。从图中可以看出，SV 波垂直入射到自由表面时（$\alpha_S^{in}=0$ 时），仅有反射 SV 波，而无反射 P 波，波形没有改变。反射 P_1 波、反射 P_2 波、反射 P_3 波的振幅反射系数均随着入射角的增大呈增大趋势。而反射 SV 波幅值则随着入射角的增大先逐渐减小，而当土体接近饱和时反射系数将会增大。饱和度的变化对反射 P_1 波和反射 SV 波的振幅反射系数没有影响，而反射 P_2 波和反射 P_3 波的振幅反射系数随着饱和度的增大而增大，并且在土体接近饱和时急剧增大。

考虑土体孔隙率为 0.23，饱和度为 0.6 时，各反射波的振幅反射系数随入射角度和入射频频率的变化曲线如图 4.2-4 所示。从图中同样可以发现，入射频率对反射 P_1 波和反射 SV 波的振幅反射系数影响很小，而反射 P_2 波和反射 P_3 波的振幅反射系数随着频率的增大而增大，其增大幅值还与入射角度有关。

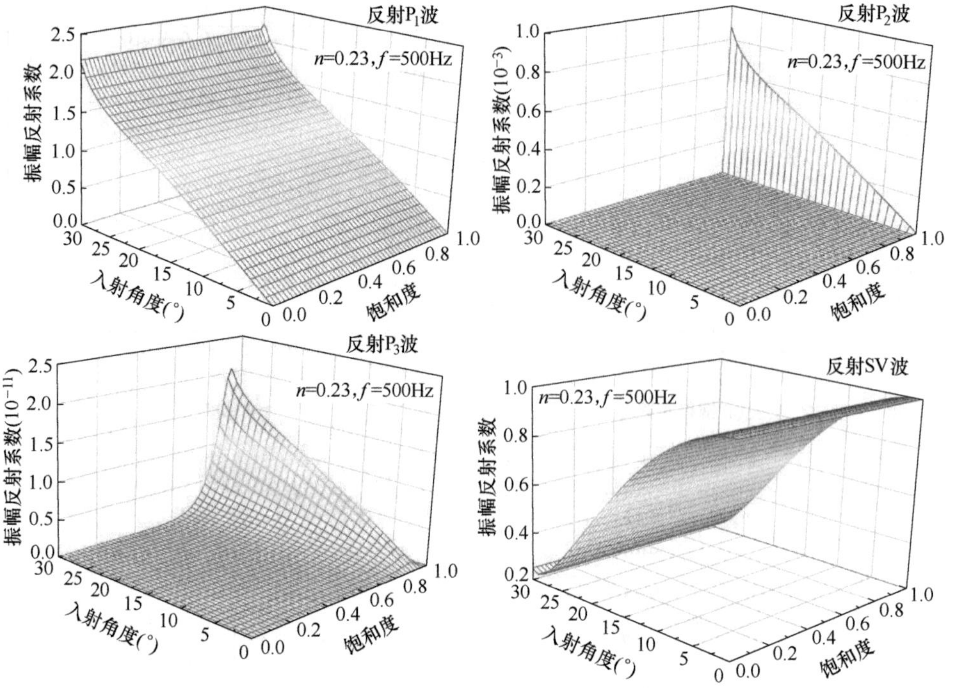

图 4.2-3　土体孔隙率为 0.23，频率为 500Hz，SV 波在临界角范围内入射到半空间自由表面时，各种反射波的振幅反射系数与入射角以及饱和度的关系曲线

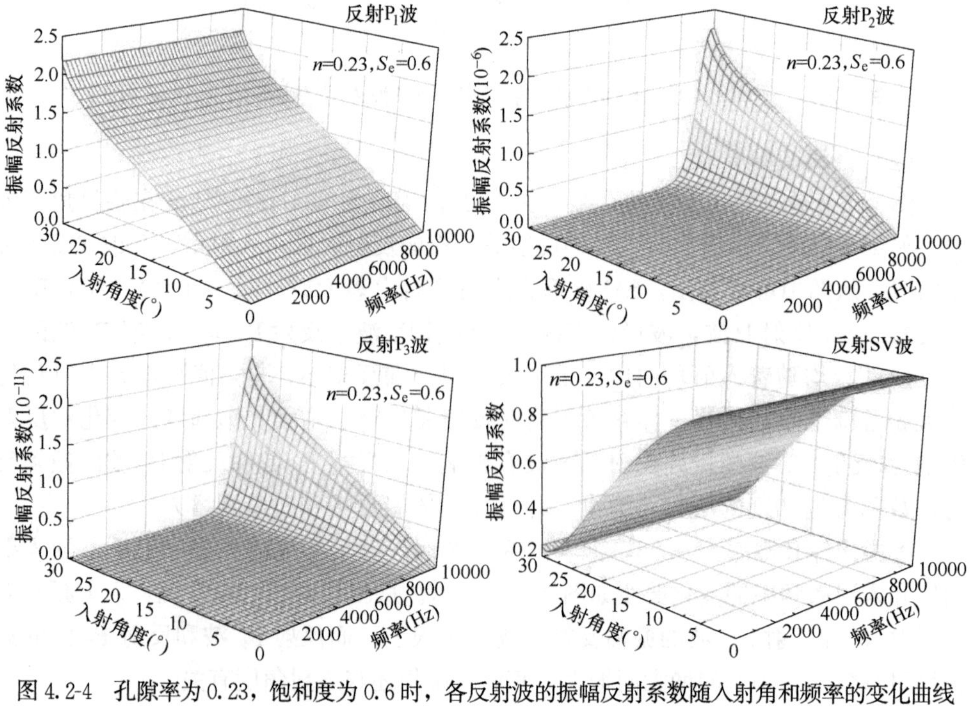

图 4.2-4　孔隙率为 0.23，饱和度为 0.6 时，各反射波的振幅反射系数随入射角和频率的变化曲线

（3）能量反射系数

图 4.2-5 给出了各反射波的能量反射系数随着入射角和饱和度的变化曲线。这里入射频率取 $f=500\text{Hz}$。从图中可以看出，各反射波的能量反射系数随入射角变化较明显：反射 P_1 波与反射 SV 波的能量反射系数随入射角呈相反的变化趋势，反射 P_1 波在入射角 0°～30°的范围内增大，而反射 SV 波的能量反射系数则是随着入射角的增大而减小；反射 P_2 波和反射 P_3 波随入射角的变化趋势基本相同，当入射角较小时其能量反射系数变化均很小，入射角增大到接近临界角时，二者的能量反射系数突然增大。

同时，从图 4.2-5 可以看出，随着饱和度从 0～1 变化时，反射 P_1 波和反射 SV 波的能量反射系数几乎不随饱和度增大而变化。反射 P_2 波和反射 P_3 波的能量反射系数随饱和度的变化趋势与上述随入射角的变化趋势相同，在饱和度较小时，二者的能量反射系数基本不变化，当土体接近饱和时突然增大。原因在于 P_3 波产生是由于土介质中气液之间的压力差，当饱和度为 1 或 0 时压力差消失，这时反射 P_3 波随之消失。

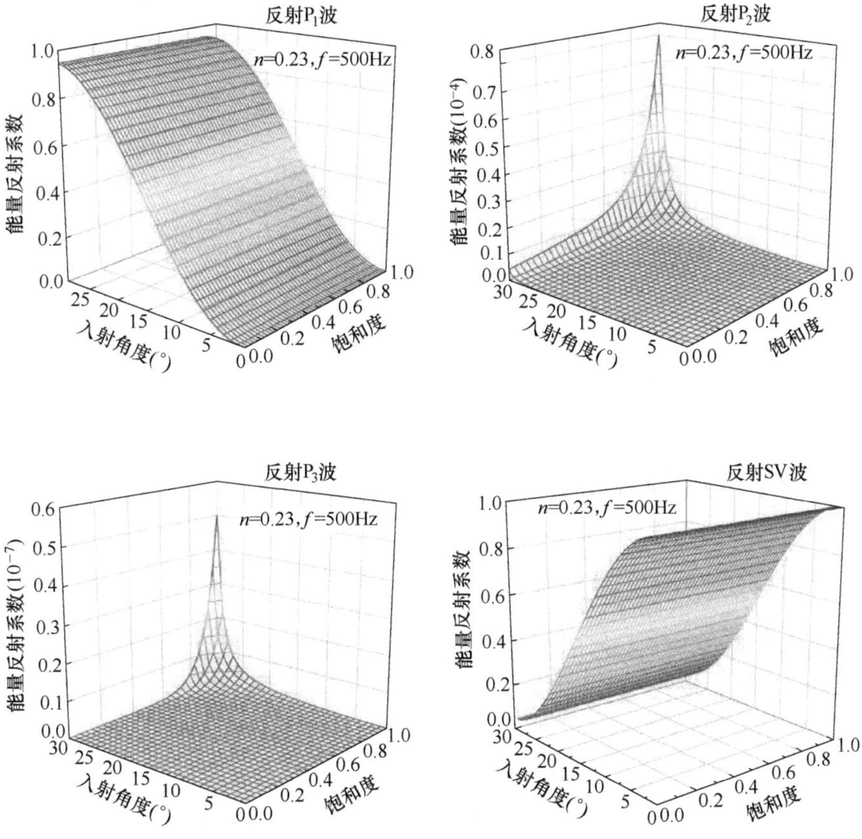

图 4.2-5　各反射波的能量反射系数随入射角和饱和度的变化曲线

为了研究平面 SV 波的入射频率对各反射波的能量反射系数的影响，取频率在 $10^{-1}\sim10^{4}$ Hz 范围内变化，各反射波的能量反射系数随入射角和频率的变化如图 4.2-6 所示。从图可以看出，反射 P_1 波和反射 SV 波的能量反射系数基本不受频率变化的影响，反射 P_2 波和反射 P_3 波随频率的增大而增大，且增大的幅度与入射角有关，达到临界入射角时，二者的能量反射系数均有很大幅度的增大。

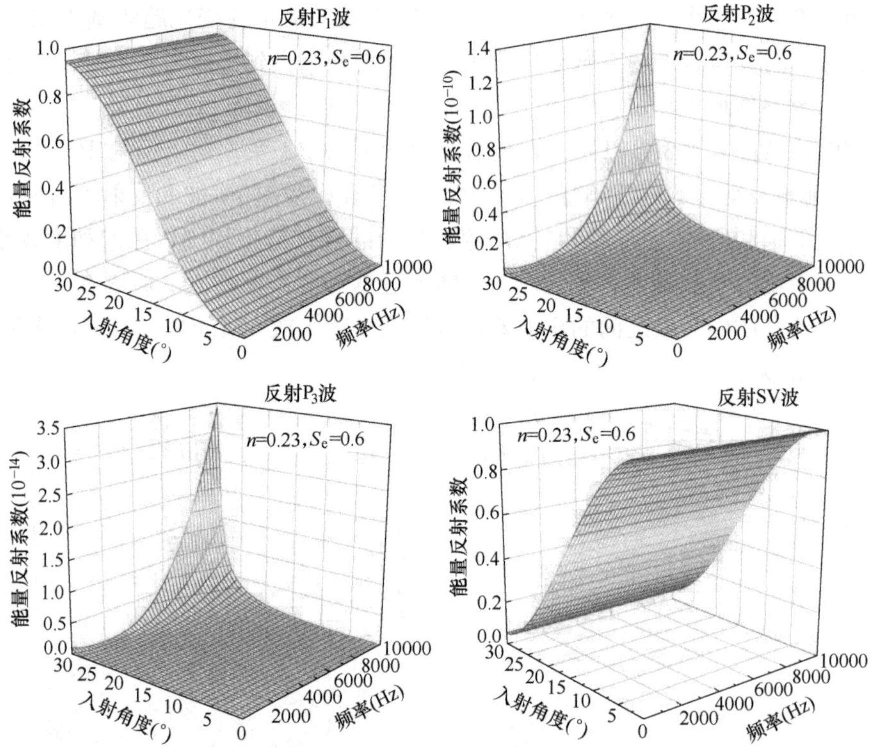

图 4.2-6 各反射波的能量反射系数随入射角和频率的变化

4.3 平面 SH 波在自由边界上的反射

4.3.1 位移势振幅反射系数

考虑非饱和半空间表面 SH 波的反射问题。如图 4.3-1 为非饱和土中平面 SH 波的反射示意图，即仅与 u_2^{s} 相关。根据式（3.1-6a）有：

$$\left.\begin{aligned}&u_1^{\mathrm{s}}=u_3^{\mathrm{s}}=0,\frac{\partial}{\partial x_2}=0,\ \psi_{\mathrm{s}}=\boldsymbol{H}_{\mathrm{s}2}=0\\&u_2^{\mathrm{s}}=\frac{\partial \boldsymbol{H}_{\mathrm{s}1}}{\partial x_3}-\frac{\partial \boldsymbol{H}_{\mathrm{s}3}}{\partial x_1}\end{aligned}\right\}\tag{4.3-1}$$

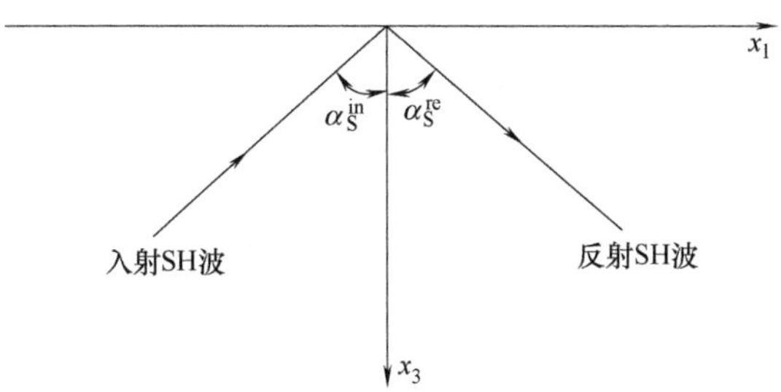

图 4.3-1　非饱和土中平面 SH 波的反射示意图

考虑约束条件$\nabla\cdot\boldsymbol{H}_s=0$，则有：

$$\frac{\partial \boldsymbol{H}_{s1}}{\partial x_1}+\frac{\partial \boldsymbol{H}_{s3}}{\partial x_3}=0 \tag{4.3-2}$$

上式表明非零的位移势函数分量 $\boldsymbol{H}_{s1}$ 和 $\boldsymbol{H}_{s3}$ 并非独立。为了进一步简化，引入新的势函数 φ_s，使得：

$$\boldsymbol{H}_{s1}=\frac{\partial \varphi_s}{\partial x_3},\ \boldsymbol{H}_{s3}=-\frac{\partial \varphi_s}{\partial x_1} \tag{4.3-3}$$

在 $x_3\geqslant 0$ 的非饱和土半空间中，SH 波的势函数可分别表示为：

入射 SH 波的势函数：

$$\varphi_\pi^{in}=B_\pi^{in}\exp[ik_S(l_S^{in}x_1-n_S^{in}x_3-v_St)] \tag{4.3-4}$$

式中，B_π^{in}(π=s，l，g）表示入射 SH 波引起的 π 相位移的势函数幅值；$l_S^{in}=\sin\alpha_S^{in}$，$n_S^{in}=\cos\alpha_S^{in}$。

反射 SH 波的势函数：

$$\varphi_\pi^{re}=B_\pi^{re}\exp[ik_S(l_S^{re}x_1+n_S^{re}x_3-v_St)] \tag{4.3-5}$$

式中，B_π^{re}(π=s，l，g）表示反射 SH 波的位移矢量势函数幅值；$l_S^{re}=\sin\alpha_S^{re}$，$n_S^{re}=\cos\alpha_S^{re}$。

则 SH 波（包括入射 SH 波和反射 SH 波）总的势函数为：

$$\begin{aligned}\varphi_s&=\varphi_s^{in}+\varphi_s^{re}\\&=B_s^{in}\exp[ik_S(l_S^{in}x_1-n_S^{in}x_3-v_St)]+B_s^{re}\exp[ik_S(l_S^{re}x_1+n_S^{re}x_3-v_St)]\end{aligned} \tag{4.3-6a}$$

$$\begin{aligned}\varphi_l&=\varphi_l^{in}+\varphi_l^{re}\\&=B_l^{in}\exp[ik_S(l_S^{in}x_1-n_S^{in}x_3-v_St)]+B_l^{re}\exp[ik_S(l_S^{re}x_1+n_S^{re}x_3-v_St)]\end{aligned} \tag{4.3-6b}$$

$$\begin{aligned}\varphi_g&=\varphi_g^{in}+\varphi_g^{re}\\&=B_g^{in}\exp[ik_S(l_S^{in}x_1-n_S^{in}x_3-v_St)]+B_g^{re}\exp[ik_S(l_S^{re}x_1+n_S^{re}x_3-v_St)]\end{aligned} \tag{4.3-6c}$$

考虑在非饱和土自由表面（$x_3=0$）处有以下边界条件：

$$\sigma_{23}\mid_{x_3=0}=0 \tag{4.3-7}$$

结合式（2.2-56）和式（4.2-9），可以得到应力分量和孔隙流体压力表示为：

$$\sigma_{23}=\mu\frac{\partial(\nabla^2\varphi_{\mathrm{s}})}{\partial x_3} \tag{4.3-8}$$

将式（4.3-6a）代入式（4.3-8），并结合边界条件（4.3-7），得：

$$n_{\mathrm{S}}^{\mathrm{in}}B_{\mathrm{s}}^{\mathrm{in}}\exp[ik_{\mathrm{S}}(l_{\mathrm{S}}^{\mathrm{in}}x_1-v_{\mathrm{S}}t)]=n_{\mathrm{S}}^{\mathrm{re}}B_{\mathrm{s}}^{\mathrm{re}}\exp[ik_{\mathrm{S}}(l_{\mathrm{S}}^{\mathrm{re}}x_1-v_{\mathrm{S}}t)] \tag{4.3-9}$$

要使任意的 x 和 t 都成立，则必须有：

$$\left.\begin{array}{l}\alpha_{\mathrm{S}}^{\mathrm{in}}=\alpha_{\mathrm{S}}^{\mathrm{re}}\\[2mm]k_{\mathrm{S}}l_{\mathrm{S}}^{\mathrm{in}}=k_{\mathrm{S}}l_{\mathrm{S}}^{\mathrm{re}}\end{array}\right\} \tag{4.3-10}$$

可见，入射 SH 波在自由边界处被反射且不生成任何耦联的波形。由式（3.4-20）和式（4.3-10）可以得到振幅反射系数为：

$$n_{\mathrm{SH}}^{\mathrm{re}}=\frac{B_{\mathrm{s}}^{\mathrm{re}}}{B_{\mathrm{s}}^{\mathrm{in}}}=1 \tag{4.3-11}$$

可见，SH 波的振幅和相位都不因反射而改变。

自由表面处的位移为：

$$u_2^{\mathrm{s}}=\nabla^2\varphi_{\mathrm{s}}=-k_{\mathrm{S}}^2(B_{\mathrm{s}}^{\mathrm{in}}+B_{\mathrm{s}}^{\mathrm{re}})\exp[ik_{\mathrm{S}}(l_{\mathrm{S}}^{\mathrm{re}}x-v_{\mathrm{S}}t)] \tag{4.3-12}$$

4.3.2　能量反射系数

入射 SH 波和反射 SH 波的能量通量可以表示为如下方程：

$$E_{\mathrm{SH}}^{\mathrm{in}}=\frac{1}{2}\mathrm{Re}(\sigma_{23}^{i\mathrm{S}}\dot{u}_{2\mathrm{s}}^{i\mathrm{S}}-p_1^{i\mathrm{S}}\dot{u}_{2\mathrm{l}}^{i\mathrm{S}}-p_{\mathrm{g}}^{i\mathrm{S}}\dot{u}_{2\mathrm{g}}^{i\mathrm{S}}) \tag{4.3-13a}$$

$$E_{\mathrm{SH}}^{\mathrm{re}}=\frac{1}{2}\mathrm{Re}(\sigma_{23}^{r\mathrm{S}}\dot{u}_{2\mathrm{s}}^{r\mathrm{S}}-p_1^{r\mathrm{S}}\dot{u}_{2\mathrm{l}}^{r\mathrm{S}}-p_{\mathrm{g}}^{r\mathrm{S}}\dot{u}_{2\mathrm{g}}^{r\mathrm{S}}) \tag{4.3-13b}$$

以上方程式中的符号表达式如下：

$\sigma_{23}^{i\mathrm{S}}=i\mu n_{\mathrm{S}}^{\mathrm{in}}k_{\mathrm{S}}^3B_{\mathrm{s}}^{\mathrm{in}}$，$\sigma_{23}^{r\mathrm{S}}=-i\mu n_{\mathrm{S}}^{\mathrm{re}}k_{\mathrm{S}}^3B_{\mathrm{s}}^{\mathrm{re}}$，$\dot{u}_{2\mathrm{s}}^{\mathrm{in}}=iv_{\mathrm{S}}k_{\mathrm{S}}^3B_{\mathrm{s}}^{\mathrm{in}}$，$\dot{u}_{2\mathrm{s}}^{\mathrm{re}}=iv_{\mathrm{S}}k_{\mathrm{S}}^3B_{\mathrm{s}}^{\mathrm{re}}$，$p_1^{r\mathrm{S}}=$ $(a_{11}+a_{12}\delta_{l\mathrm{S}}^{\mathrm{re}}+a_{13}\delta_{g\mathrm{S}}^{\mathrm{re}})k_{\mathrm{S}}^2B_{\mathrm{s}}^{\mathrm{re}}$，$p_1^{i\mathrm{S}}=(a_{11}+a_{12}\delta_{l\mathrm{S}}^{\mathrm{re}}+a_{13}\delta_{g\mathrm{S}}^{\mathrm{re}})k_{\mathrm{S}}^29B_{\mathrm{s}}^{\mathrm{in}}$，$p_{\mathrm{g}}^{i\mathrm{S}}=$ $(a_{21}+a_{22}\delta_{l\mathrm{S}}^{\mathrm{re}}+a_{23}\delta_{g\mathrm{S}}^{\mathrm{re}})k_{\mathrm{S}}^2B_{\mathrm{s}}^{\mathrm{in}}$，$p_{\mathrm{g}}^{r\mathrm{S}}=(a_{21}+a_{22}\delta_{l\mathrm{S}}^{\mathrm{re}}+a_{23}\delta_{g\mathrm{S}}^{\mathrm{re}})k_{\mathrm{S}}^2B_{\mathrm{s}}^{\mathrm{re}}$，$\dot{u}_{2\mathrm{l}}^{\mathrm{in}}=iv_{\mathrm{S}}k_{\mathrm{S}}^3\delta_{l\mathrm{S}}^{\mathrm{re}}B_{\mathrm{s}}^{\mathrm{in}}$，$\dot{u}_{2\mathrm{l}}^{\mathrm{re}}=iv_{\mathrm{S}}k_{\mathrm{S}}^3\delta_{l\mathrm{S}}^{\mathrm{re}}B_{\mathrm{s}}^{\mathrm{re}}$，$\dot{u}_{2\mathrm{g}}^{\mathrm{in}}=iv_{\mathrm{S}}k_{\mathrm{S}}^3\delta_{g\mathrm{S}}^{\mathrm{re}}B_{\mathrm{s}}^{\mathrm{in}}$，$\dot{u}_{2\mathrm{g}}^{\mathrm{re}}=iv_{\mathrm{S}}k_{\mathrm{S}}^3\delta_{g\mathrm{S}}^{\mathrm{re}}B_{\mathrm{s}}^{\mathrm{re}}$。

通过利用入射波的能量通量来衡量反射波的能量通量，得到反射波的能量比为：

$$e_{\mathrm{rs}}=\frac{\mid E_{\mathrm{SH}}^{\mathrm{re}}\mid}{\mid E_{\mathrm{SH}}^{\mathrm{in}}\mid}=1 \tag{4.3-14}$$

由于入射 SH 波在自由边界处被反射且不生成任何耦联的波形，则总的反射波的能量比即为反射 SH 波的能量比为 1。

第 5 章

平面谐波在土层分界面处的传播特性

5.1 弹性体波在非饱和与弹性介质分界面处的反射与透射

5.1.1 弹性连续介质波动理论

考虑均匀各向同性的连续弹性固体介质，其动力学控制方程为：

$$\mu^{e}\nabla^{2}\boldsymbol{u}^{e}+(\lambda^{e}+\mu^{e})\nabla(\nabla\cdot\boldsymbol{u}^{e})=\rho^{e}\ddot{\boldsymbol{u}}^{e} \tag{5.1-1}$$

引入位移矢量的 Helmholtz 势函数分解形式，即：

$$\boldsymbol{u}^{e}=\nabla\psi^{e}-\nabla\times\boldsymbol{H}^{e} \tag{5.1-2}$$

式中，上标 e 表示与弹性连续介质相关的量。由式（5.1-1）和式（5.1-2）可得：

$$(\lambda^{e}+2\mu^{e})\nabla^{2}\psi^{e}=\rho^{e}\ddot{\psi}^{e} \tag{5.1-3a}$$

$$\mu^{e}\nabla^{2}\boldsymbol{H}^{e}=\rho^{e}\ddot{\boldsymbol{H}}^{e} \tag{5.1-3b}$$

弹性体的标量势函数和矢量势函数可分别假设为：

$$\psi^{e}=A^{e}\exp[\mathrm{i}(k_{\mathrm{P}}^{e}\boldsymbol{n}\cdot\boldsymbol{x}-\omega t)] \tag{5.1-4a}$$

$$\boldsymbol{H}^{e}=B^{e}\exp[\mathrm{i}(k_{\mathrm{S}}^{e}\boldsymbol{n}\cdot\boldsymbol{x}-\omega t)] \tag{5.1-4b}$$

将式（5.1-4a）和式（5.1-4b）分别代入式（5.1-3a）和式（5.1-3b），经过整理后可得：

$$(\lambda^{e}+2\mu^{e})k_{\mathrm{P}}^{e2}-\rho^{e}\omega^{2}=0 \tag{5.1-5a}$$

$$\mu^{e}k_{\mathrm{S}}^{e2}-\rho^{e}\omega^{2}=0 \tag{5.1-5b}$$

由式（5.1-5a）、式（5.1-5b）可分别得到弹性体中压缩波和剪切波的波速为：

$$v_{\mathrm{P}}^{e}=\sqrt{\frac{\lambda^{e}+2\mu^{e}}{\rho^{e}}}，v_{\mathrm{S}}^{e}=\sqrt{\frac{\mu^{e}}{\rho^{e}}} \tag{5.1-6}$$

可见，弹性单相固体介质中只存在一种压缩波和一种剪切波，且无频散现象。

5.1.2 平面 P 波入射时的反射与透射

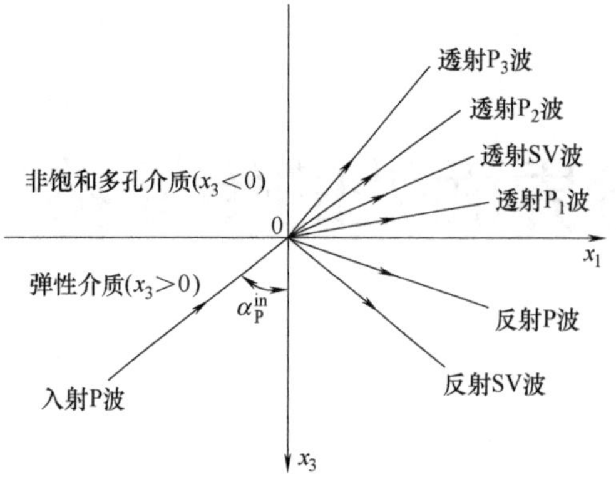

图 5.1-1 两种不同介质分界面处平面 P 波入射时的反射与透射示意图

1. 位移势振幅反射与透射系数

图 5.1-1 为两种不同介质分界面处平面 P 波入射时的反射与透射示意图，由图可以看出，频率为 ω 的平面 P 波以任意角度 α_P^{in} 从弹性介质半空间入射至非饱和弹性介质半空间的分界面处时，在两种不同介质的分界面处均将产生六种反射/透射波，其中在非饱和多孔半空间将产生四种透射波：透射 P_1 波、透射 P_2 波、透射 P_3 波和透射 SV 波，而在弹性介质半空间将产生两种反射波：反射 P 波和反射 SV 波。以上入射波、透射波和反射波的势函数方程可分别表示为以下形式：

在弹性半空间中：

入射 P 波和反射 P 波的势函数为：

$$\begin{aligned}\psi^e=\psi_P^{in}+\psi_P^{re}=&A^{in}\exp[ik_P^e(l_P^{in}x_1-n_P^{in}x_3-v_P^e t)]\\&+A^{re}\exp[ik_P^e(l_P^{re}x_1+n_P^{re}x_3-v_P^e t)]\end{aligned}\tag{5.1-7}$$

反射 SV 波的势函数分别为：

$$\boldsymbol{H}^e=B^{re}\exp[ik_S^e(l_S^{re}x_1+n_S^{re}x_3-v_S^e t)]\tag{5.1-8}$$

式中，ψ^e 和 $\boldsymbol{H}^e$ 分别表示弹性半空间标量势函数和矢量势函数。

在非饱和半空间内：

透射 P 波（包括透射 P_1 波、透射 P_2 波、透射 P_3 波）的势函数：

$$\begin{aligned}\psi_\pi^{tr}=&A_{\pi P_1}^{tr}\exp[ik_{P_1}(l_{P_1}^{tr}x_1-n_{P_1}^{tr}x_3-v_{P_1}t)]+A_{\pi P_2}^{tr}\exp[ik_{P_2}(l_{P_2}^{tr}x_1-n_{P_2}^{tr}x_3-v_{P_2}t)]\\&+A_{\pi P_3}^{tr}\exp[ik_{P_3}(l_{P_3}^{tr}x_1-n_{P_3}^{tr}x_3-v_{P_3}t)]\end{aligned}\tag{5.1-9}$$

透射 SV 波的势函数：

$$\boldsymbol{H}_\pi^{tr}=B_\pi^{tr}\exp[ik_S(l_S^{tr}x_1-n_S^{tr}x_3-v_S t)]\tag{5.1-10}$$

式中，ψ_π^{tr}（π=s，l，g）和 $\boldsymbol{H}_\pi^{tr}$ 表示 π 相透射波的标量势函数和矢量势函数。

从式（3.2-3a）可以得到以下幅值关系式：

$$\left.\begin{aligned}\delta_{lP_i}^{tr}&=\frac{A_{lP_i}^{tr}}{A_{sP_i}^{tr}}=\frac{b_{11}b_{23}-b_{13}b_{21}}{b_{13}b_{22}-b_{12}b_{23}}\\\delta_{gP_i}^{tr}&=\frac{A_{gP_i}^{tr}}{A_{sP_i}^{tr}}=\frac{b_{12}b_{21}-b_{11}b_{22}}{b_{13}b_{22}-b_{12}b_{23}}\end{aligned}\right\}\quad(i=1,2,3)\tag{5.1-11}$$

同样，从式（3.2-3b）可以得到以下幅值关系式：

$$\left.\begin{aligned}\delta_{\mathrm{ls}}^{\mathrm{tr}}=\frac{B_{\mathrm{l}}^{\mathrm{tr}}}{B_{\mathrm{s}}^{\mathrm{tr}}}=\frac{c_{11}c_{23}-c_{13}c_{21}}{c_{13}c_{22}-c_{12}c_{23}}\\ \delta_{\mathrm{gs}}^{\mathrm{tr}}=\frac{B_{\mathrm{g}}^{\mathrm{tr}}}{B_{\mathrm{s}}^{\mathrm{tr}}}=\frac{c_{12}c_{21}-c_{11}c_{22}}{c_{13}c_{22}-c_{12}c_{23}}\end{aligned}\right\}\tag{5.1-12}$$

考虑非饱和半空间与均质热弹性介质半空间在分界面（$x_3=0$）处的应力和位移连续，则边界条件可以表示为：

$$\left.\begin{aligned}\sigma_{33}|_{x_3=0}=\sigma_{33}^{\mathrm{e}}|_{x_3=0}\\ \sigma_{13}|_{x_3=0}=\sigma_{13}^{\mathrm{e}}|_{x_3=0}\end{aligned}\right\}\tag{5.1-13a}$$

$$\left.\begin{aligned}&u_1^{\mathrm{s}}|_{x_3=0}=u_1^{\mathrm{e}}|_{x_3=0}\\ &u_3^{\mathrm{s}}|_{x_3=0}=u_3^{\mathrm{e}}|_{x_3=0}\\ &\overline{u}_3^{\mathrm{l}}|_{x_3=0}=\overline{u}_3^{g}|_{x_3=0}=0\end{aligned}\right\}\tag{5.1-13b}$$

根据位移矢量的 Helmholtz 分解，可以得到应力-位移势之间的关系：

弹性半空间：

$$\sigma_{33}^{\mathrm{e}}=\lambda^{\mathrm{e}}\nabla^2\psi^{\mathrm{e}}+2\mu^{\mathrm{e}}\left(\frac{\partial^2\psi^{\mathrm{e}}}{\partial x_3^2}+\frac{\partial^2\boldsymbol{H}^{\mathrm{e}}}{\partial x_1\partial x_3}\right)\tag{5.1-14a}$$

$$\sigma_{13}^{\mathrm{e}}=\mu^{\mathrm{e}}\left[\nabla^2\boldsymbol{H}^{\mathrm{e}}+2\left(\frac{\partial^2\psi^{\mathrm{e}}}{\partial x_1\partial x_3}-\frac{\partial^2\boldsymbol{H}^{\mathrm{e}}}{\partial x_3^2}\right)\right]\tag{5.1-14b}$$

$$u_1^{\mathrm{e}}=\frac{\partial\psi^{\mathrm{e}}}{\partial x_1}-\frac{\partial\boldsymbol{H}^{\mathrm{e}}}{\partial x_3}\tag{5.1-14c}$$

$$u_3^{\mathrm{e}}=\frac{\partial\psi^{\mathrm{e}}}{\partial x_3}+\frac{\partial\boldsymbol{H}^{\mathrm{e}}}{\partial x_1}\tag{5.1-14d}$$

非饱和半空间：

$$\sigma_{33}=\lambda_{\mathrm{c}}\nabla^2\psi_{\mathrm{s}}+2\mu\left(\frac{\partial^2\psi_{\mathrm{s}}}{\partial x_3^2}+\frac{\partial^2\boldsymbol{H}_{\mathrm{s}}}{\partial x_1\partial x_3}\right)+B_1\nabla^2\psi_{\mathrm{l}}+B_2\nabla^2\psi_{\mathrm{g}}\tag{5.1-15a}$$

$$\sigma_{13}=\mu\left[\nabla^2\boldsymbol{H}_{\mathrm{s}}+2\left(\frac{\partial^2\psi_{\mathrm{s}}}{\partial x_1\partial x_3}-\frac{\partial^2\boldsymbol{H}_{\mathrm{s}}}{\partial x_3^2}\right)\right]\tag{5.1-15b}$$

$$u_1^s=\frac{\partial\psi_{\mathrm{s}}}{\partial x_1}-\frac{\partial\boldsymbol{H}_{\mathrm{s}}}{\partial x_3},\ u_3^s=\frac{\partial\psi_{\mathrm{s}}}{\partial x_3}+\frac{\partial\boldsymbol{H}_{\mathrm{s}}}{\partial x_1}\tag{5.1-15c}$$

$$\overline{u}_1^{\pi}=\frac{\partial\psi_{\pi}}{\partial x_1}-\frac{\partial\boldsymbol{H}_{\pi}}{\partial x_3},\overline{u}_3^{\pi}=\frac{\partial\psi_{\pi}}{\partial x_3}+\frac{\partial\boldsymbol{H}_{\pi}}{\partial x_1}(\pi=\mathrm{l},\mathrm{g})\tag{5.1-15d}$$

再考虑分界面上的 Snell 定律，可得：

$$\left.\begin{aligned}k_{\mathrm{P}}^{\mathrm{e}}l_{\mathrm{P}}^{\mathrm{in}}=k_{\mathrm{S}}^{\mathrm{e}}l_{\mathrm{S}}^{\mathrm{re}}=k_{\mathrm{P}_1}l_{\mathrm{P}_1}^{\mathrm{tr}}=k_{\mathrm{P}_2}l_{\mathrm{P}_2}^{\mathrm{tr}}=k_{\mathrm{P}_3}l_{\mathrm{P}_3}^{\mathrm{tr}}\\k_{\mathrm{P}}^{\mathrm{e}}v_{\mathrm{P}}^{\mathrm{e}}=k_{\mathrm{S}}^{\mathrm{e}}v_{\mathrm{S}}^{\mathrm{e}}=k_{\mathrm{P}_1}v_{\mathrm{P}_1}=k_{\mathrm{P}_2}v_{\mathrm{P}_2}=k_{\mathrm{P}_3}v_{\mathrm{P}_3}\end{aligned}\right\}\tag{5.1-16}$$

将入射波、透射波和反射波的势函数表达式代入式（5.1-14）和式（5.1-15），结合边界条件［式（5.1-13）］以及Snell定律［式（5.1-16）］，可得各位移势函数振幅的关系：

$$[F]\{A_{\mathrm{sP}_1}^{\mathrm{tr}},A_{\mathrm{sP}_2}^{\mathrm{tr}},A_{\mathrm{sP}_3}^{\mathrm{tr}},B_{\mathrm{s}}^{\mathrm{tr}},A^{\mathrm{re}},B^{\mathrm{re}}\}^{\mathrm{T}}=A^{\mathrm{in}}[G]\tag{5.1-17}$$

式中，矩阵中的各元素为：

$f_{11}=(\lambda_{\mathrm{c}}+2\mu n_{\mathrm{P}_1}^{\mathrm{tr}^2}+B_1\delta_{\mathrm{lP}_1}^{\mathrm{tr}}+B_2\delta_{\mathrm{gP}_1}^{\mathrm{tr}})k_{\mathrm{P}_1}^2$，$f_{12}=(\lambda_{\mathrm{c}}+2\mu n_{\mathrm{P}_2}^{\mathrm{tr2}}+B_1\delta_{\mathrm{lP}_2}^{\mathrm{tr}}+B_2\delta_{\mathrm{gP}_2}^{\mathrm{tr}})k_{\mathrm{P}_2}^2$，$f_{13}=(\lambda_{\mathrm{c}}+2\mu n_{\mathrm{P}_3}^{\mathrm{tr2}}+B_1\delta_{\mathrm{lP}_3}^{\mathrm{tr}}+B_2\delta_{\mathrm{gP}_3}^{\mathrm{tr}})k_{\mathrm{P}_3}^2,f_{14}=-2\mu l_{\mathrm{S}}^{\mathrm{tr}}n_{\mathrm{S}}^{\mathrm{tr}}k_{\mathrm{S}}^2,f_{15}=-(\lambda^{\mathrm{e}}+2\mu^{\mathrm{e}}n_{\mathrm{P}}^{\mathrm{re2}})k_{\mathrm{P}}^{\mathrm{e2}}$，$f_{16}=-2\mu^{\mathrm{e}}l_{\mathrm{S}}^{\mathrm{re}}n_{\mathrm{S}}^{\mathrm{re}}k_{\mathrm{S}}^{\mathrm{e2}}$，$f_{21}=2\mu l_{\mathrm{P}_1}^{\mathrm{tr}}n_{\mathrm{P}_1}^{\mathrm{tr}}k_{\mathrm{P}_1}^2$，$f_{22}=2\mu l_{\mathrm{P}_2}^{\mathrm{tr}}n_{\mathrm{P}_2}^{\mathrm{tr}}k_{\mathrm{P}_2}^2$，$f_{23}=2\mu l_{\mathrm{P}_3}^{\mathrm{tr}}n_{\mathrm{P}_3}^{\mathrm{tr}}k_{\mathrm{P}_3}^2,f_{24}=\mu(n_{\mathrm{S}}^{\mathrm{tr2}}-l_{\mathrm{S}}^{\mathrm{tr2}})k_{\mathrm{S}}^2,f_{25}=2\mu^{\mathrm{e}}l_{\mathrm{P}}^{\mathrm{re}}n_{\mathrm{P}}^{\mathrm{re}}k_{\mathrm{P}}^{\mathrm{e}},f_{26}=\mu^{\mathrm{e}}(l_{\mathrm{S}}^{\mathrm{re2}}-n_{\mathrm{S}}^{\mathrm{re2}})k_{\mathrm{S}}^{\mathrm{e2}}$，$f_{31}=l_{\mathrm{P}_1}^{\mathrm{tr}}k_{\mathrm{P}_1},f_{32}=l_{\mathrm{P}_2}^{\mathrm{tr}}k_{\mathrm{P}_2},f_{33}=l_{\mathrm{P}_3}^{\mathrm{tr}}k_{\mathrm{P}_3},f_{34}=n_{\mathrm{S}}^{\mathrm{tr}}k_{\mathrm{S}},f_{35}=-l_{\mathrm{P}}^{\mathrm{re}}k_{\mathrm{P}}^{\mathrm{e}},f_{36}=n_{\mathrm{S}}^{\mathrm{re}}k_{\mathrm{S}}^{\mathrm{e}}$，$f_{41}=n_{\mathrm{P}_1}^{\mathrm{tr}}k_{\mathrm{P}_1},f_{42}=n_{\mathrm{P}_2}^{\mathrm{tr}}k_{\mathrm{P}_2},f_{43}=n_{\mathrm{P}_3}^{\mathrm{tr}}k_{\mathrm{P}_3},f_{44}=-l_{\mathrm{S}}^{\mathrm{tr}}k_{\mathrm{S}},f_{45}=n_{\mathrm{P}}^{\mathrm{re}}k_{\mathrm{P}}^{\mathrm{e}},f_{46}=l_{\mathrm{S}}^{\mathrm{re}}k_{\mathrm{S}}^{\mathrm{e}}$，$f_{51}=n_{\mathrm{P}_1}^{\mathrm{tr}}\delta_{\mathrm{lP}_1}^{\mathrm{tr}}k_{\mathrm{P}_1}$，$f_{52}=n_{\mathrm{P}_2}^{\mathrm{tr}}\delta_{\mathrm{lP}_2}^{\mathrm{tr}}k_{\mathrm{P}_2}$，$f_{53}=n_{\mathrm{P}_3}^{\mathrm{tr}}\delta_{\mathrm{lP}_3}^{\mathrm{tr}}k_{\mathrm{P}_3}f_{53}=n_{\mathrm{P}_3}^{\mathrm{tr}}\delta_{\mathrm{lP}_3}^{\mathrm{tr}}k_{\mathrm{P}_3}$，$f_{54}=-l_{\mathrm{S}}^{\mathrm{tr}}\delta_{\mathrm{S}}^{\mathrm{tr}}k_{\mathrm{S}},f_{55}=f_{56}=0,f_{61}=n_{\mathrm{P}_1}^{\mathrm{tr}}\delta_{\mathrm{gP}_1}^{\mathrm{tr}}k_{\mathrm{P}_1},f_{62}=n_{\mathrm{P}_2}^{\mathrm{tr}}\delta_{\mathrm{gP}_2}^{\mathrm{tr}}k_{\mathrm{P}_2},f_{63}=n_{\mathrm{P}_3}^{\mathrm{tr}}\delta_{\mathrm{lP}_3}^{\mathrm{tr}}k_{\mathrm{P}_3}$，$f_{64}=-l_{\mathrm{S}}^{\mathrm{tr}}\delta_{\mathrm{S}}^{\mathrm{tr}}k_{\mathrm{S}},f_{65}=f_{66}=0,g_1=(\lambda^{\mathrm{e}}+2\mu^{\mathrm{e}}n_{\mathrm{P}}^{\mathrm{in2}})k_{\mathrm{P}}^{\mathrm{e2}},g_2=2\mu^{\mathrm{e}}l_{\mathrm{P}}^{\mathrm{in}}n_{\mathrm{P}}^{\mathrm{in}}k_{\mathrm{P}}^{\mathrm{e2}},g_3=l_{\mathrm{P}}^{\mathrm{in}}k_{\mathrm{P}}^{\mathrm{e}}$，$g_4=n_{\mathrm{P}}^{\mathrm{in}}k_{\mathrm{P}}^{\mathrm{e}},g_5=0,g_6=0$

假设入射波的固相位移幅值为1，即$A^{\mathrm{in}}=1$，则平面P波由均质弹性半空间入射至非饱和半空间时，在两种不同介质的共同边界处产生的六种反射波/透射波的振幅反射率/透射率可分别表示为：

$$n_{\mathrm{P}_1}^{\mathrm{tr}}=\frac{A_{\mathrm{sP}_1}^{\mathrm{tr}}}{A^{\mathrm{in}}},\ n_{\mathrm{P}_2}^{\mathrm{tr}}=\frac{A_{\mathrm{sP}_2}^{\mathrm{tr}}}{A^{\mathrm{in}}},\ n_{\mathrm{P}_3}^{\mathrm{tr}}=\frac{A_{\mathrm{sP}_3}^{\mathrm{tr}}}{A^{\mathrm{in}}},\ n_{\mathrm{SV}}^{\mathrm{tr}}=\frac{B_{\mathrm{s}}^{\mathrm{tr}}}{A^{\mathrm{in}}},\ n_{\mathrm{P}}^{\mathrm{re}}=\frac{A^{\mathrm{re}}}{A^{\mathrm{in}}},\ n_{\mathrm{SV}}^{\mathrm{re}}=\frac{B^{\mathrm{re}}}{A^{\mathrm{in}}}\tag{5.1-18}$$

式中，$n_{\mathrm{P}_1}^{\mathrm{tr}}$，$n_{\mathrm{P}_2}^{\mathrm{tr}}$，$n_{\mathrm{P}_3}^{\mathrm{tr}}$ 和 $n_{\mathrm{SV}}^{\mathrm{tr}}$ 分别表示透射 P_1 波，透射 P_2 波，透射 P_3 波和透射SV波的振幅透射率；$n_{\mathrm{P}}^{\mathrm{re}}$ 和 $n_{\mathrm{SV}}^{\mathrm{re}}$ 分别表示反射P波和反射SV波的振幅反射率。

2. 能量反射系数与透射系数

为了描述入射平面P波在非饱和多孔介质与弹性介质分界面上反射与透射过程中的能量分配情况，弹性波的平均能量强度可定义为：

下部均质弹性介质半空间：

$$E^{\mathrm{e}}=\frac{1}{2}\mathrm{Re}(\sigma_{33}^{\mathrm{e}}\dot{u}_3^{\mathrm{e}}+\sigma_{13}^{\mathrm{e}}\dot{u}_1^{\mathrm{e}})\tag{5.1-19}$$

通过进一步扩展，入射波和各反射波的能量通量可以表示为：

$$E_{\mathrm{P}}^{\mathrm{in}}=\frac{1}{2}\mathrm{Re}(\sigma_{33}^{\mathrm{e(iP)}}\dot{u}_3^{\mathrm{e(iP)}}+\sigma_{13}^{\mathrm{e(iP)}}\dot{u}_1^{\mathrm{e(iP)}})\tag{5.1-20a}$$

$$E_{\mathrm{P}}^{\mathrm{re}}=\frac{1}{2}\mathrm{Re}(\sigma_{33}^{\mathrm{e(rP)}}\dot{u}_3^{\mathrm{e(rP)}}+\sigma_{13}^{\mathrm{e(rP)}}\dot{u}_1^{\mathrm{e(rP)}}) \tag{5.1-20b}$$

$$E_{\mathrm{SV}}^{\mathrm{re}}=\frac{1}{2}\mathrm{Re}(\sigma_{33}^{\mathrm{e(rS)}}\dot{u}_3^{\mathrm{e(rS)}}+\sigma_{13}^{\mathrm{e(rS)}}\dot{u}_1^{\mathrm{e(rS)}}) \tag{5.1-20c}$$

式中，各符号表达式如下：
$\sigma_{33}^{\mathrm{e(iP)}}=-(\lambda^{\mathrm{e}}+2\mu^{\mathrm{e}}n_{\mathrm{P}}^{\mathrm{in2}})k_{\mathrm{P}}^{\mathrm{e2}}A^{\mathrm{in}}$，$\sigma_{33}^{\mathrm{e(rP)}}=-(\lambda^{\mathrm{e}}+2\mu^{\mathrm{e}}n_{\mathrm{P}}^{\mathrm{re2}})k_{\mathrm{P}}^{\mathrm{e2}}A^{\mathrm{re}}$，$\sigma_{33}^{\mathrm{e(rS)}}=-2\mu^{\mathrm{e}}l_{\mathrm{P}}^{\mathrm{re}}n_{\mathrm{P}}^{\mathrm{re}}k_{\mathrm{S}}^{\mathrm{e2}}B^{\mathrm{re}}$，$\sigma_{13}^{\mathrm{e(iP)}}=2\mu^{\mathrm{e}}l_{\mathrm{P}}^{\mathrm{in}}n_{\mathrm{P}}^{\mathrm{in}}k_{\mathrm{P}}^{\mathrm{e2}}A^{\mathrm{in}}$，$\sigma_{13}^{\mathrm{e(rP)}}=-2\mu^{\mathrm{e}}l_{\mathrm{P}}^{\mathrm{re}}n_{\mathrm{P}}^{\mathrm{re}}k_{\mathrm{P}}^{\mathrm{e2}}A^{\mathrm{re}}$，$\sigma_{13}^{\mathrm{e(rS)}}=\mu^{\mathrm{e}}(n_{\mathrm{S}}^{\mathrm{re2}}-l_{\mathrm{S}}^{\mathrm{re2}})k_{\mathrm{S}}^{\mathrm{e2}}B^{\mathrm{re}}$，$\dot{u}_3^{\mathrm{e(iP)}}=-n_{\mathrm{P}}^{\mathrm{in}}v_{\mathrm{P}}^{\mathrm{e}}k_{\mathrm{P}}^{\mathrm{e2}}A^{\mathrm{in}}$，$\dot{u}_3^{\mathrm{e(rP)}}=n_{\mathrm{P}}^{\mathrm{re}}v_{\mathrm{P}}^{\mathrm{e}}k_{\mathrm{P}}^{\mathrm{e2}}A^{\mathrm{re}}$，$\dot{u}_3^{\mathrm{e(rS)}}=l_{\mathrm{S}}^{\mathrm{re}}v_{\mathrm{S}}^{\mathrm{e}}k_{\mathrm{S}}^{\mathrm{e2}}B^{\mathrm{re}}$，$\dot{u}_1^{\mathrm{e(iP)}}=l_{\mathrm{P}}^{\mathrm{in}}v_{\mathrm{P}}^{\mathrm{e}}k_{\mathrm{P}}^{\mathrm{e2}}A^{\mathrm{in}}$，$\dot{u}_1^{\mathrm{e(rP)}}=l_{\mathrm{P}}^{\mathrm{re}}v_{\mathrm{P}}^{\mathrm{e}}k_{\mathrm{P}}^{\mathrm{e2}}A^{\mathrm{re}}$，$\dot{u}_1^{\mathrm{e(rS)}}=-n_{\mathrm{S}}^{\mathrm{re}}v_{\mathrm{S}}^{\mathrm{e}}k_{\mathrm{S}}^{\mathrm{e2}}B^{\mathrm{re}}$。

将各反射波的能量通量分别除以入射P波的能量通量，可得各反射波的能量反射系数分别为：

$$e_{\mathrm{P}}^{\mathrm{re}}=\frac{|E_P^{\mathrm{re}}|}{|E_{\mathrm{P}}^{\mathrm{in}}|}=\frac{n_{\mathrm{P}}^{\mathrm{re}}}{n_{\mathrm{P}}^{\mathrm{in}}}n_{\mathrm{P}}^{\mathrm{re2}},\ e_{\mathrm{S}}^{\mathrm{re}}=\frac{|E_{\mathrm{SV}}^{\mathrm{re}}|}{|E_P^{\mathrm{in}}|}=\frac{\mu^{\mathrm{e}}n_{\mathrm{S}}^{\mathrm{re}}k_{\mathrm{S}}^{\mathrm{e3}}}{(\lambda^{e}+2\mu^{\mathrm{e}})n_{\mathrm{P}}^{\mathrm{in}}k_{\mathrm{P}}^{\mathrm{e3}}}n_{\mathrm{SV}}^{\mathrm{re2}} \tag{5.1-21}$$

式中，$e_{\mathrm{P}}^{\mathrm{re}}$ 和 $e_{\mathrm{S}}^{\mathrm{re}}$ 分别为反射P波和反射SV波的能量反射系数。

上部非饱和多孔介质半空间：

$$E=\frac{1}{2}\mathrm{Re}(\sigma_{33}\dot{u}_3^{\mathrm{s}}+\sigma_{13}\dot{u}_1^{\mathrm{s}}-p_1\dot{u}_3^{\mathrm{l}}-p_{\mathrm{g}}\dot{u}_3^{\mathrm{g}}) \tag{5.1-22}$$

通过进一步扩展，各透射波的能量通量可以表示为：

$$E_{\mathrm{P}_1}^{\mathrm{tr}}=\frac{1}{2}\mathrm{Re}(\sigma_{33}^{\mathrm{tP}_1}\dot{u}_{3\mathrm{s}}^{\mathrm{tP}_1}+\sigma_{13}^{\mathrm{tP}_1}\dot{u}_{1\mathrm{s}}^{\mathrm{tP}_1}-p_1^{\mathrm{tP}_1}\dot{u}_{3\mathrm{l}}^{\mathrm{tP}_1}-p_{\mathrm{g}}^{\mathrm{tP}_1}\dot{u}_{3\mathrm{g}}^{\mathrm{tP}_1}) \tag{5.1-23a}$$

$$E_{\mathrm{P}_3}^{\mathrm{tr}}=\frac{1}{2}\mathrm{Re}(\sigma_{33}^{\mathrm{tP}_3}\dot{u}_{3\mathrm{s}}^{\mathrm{tP}_3}+\sigma_{13}^{\mathrm{tP}_3}\dot{u}_{1\mathrm{s}}^{\mathrm{tP}_3}-p_1^{\mathrm{tP}_3}\dot{u}_{3\mathrm{l}}^{\mathrm{tP}_3}-p_{\mathrm{g}}^{\mathrm{tP}_3}\dot{u}_{3\mathrm{g}}^{\mathrm{tP}_3}) \tag{5.1-23b}$$

$$E_{\mathrm{S}}^{\mathrm{tr}}=\frac{1}{2}\mathrm{Re}(\sigma_{33}^{\mathrm{tS}}\dot{u}_{3\mathrm{s}}^{\mathrm{tS}}+\sigma_{13}^{\mathrm{tS}}\dot{u}_{1\mathrm{s}}^{\mathrm{tS}}-p_1^{\mathrm{tS}}\dot{u}_{3\mathrm{l}}^{\mathrm{tS}}-p_{\mathrm{g}}^{\mathrm{tS}}\dot{u}_{3\mathrm{g}}^{\mathrm{tS}}) \tag{5.1-23c}$$

式中，各符号表达式如下：

$\sigma_{33}^{\mathrm{tP}_1}=-(\lambda_{\mathrm{c}}+2\mu n_{\mathrm{P}_1}^{\mathrm{tr2}}+B_1\delta_{\mathrm{lP}_1}^{\mathrm{tr}}+B_2\delta_{\mathrm{gP}_1}^{\mathrm{tr}})k_{\mathrm{P}_1}^2A_{\mathrm{sP}_1}^{\mathrm{tr}}$，$\sigma_{33}^{\mathrm{tP}_2}=-(\lambda_{\mathrm{c}}+2\mu n_{\mathrm{P}_2}^{\mathrm{tr2}}+B_1\delta_{\mathrm{lP}_2}^{\mathrm{tr}}+B_2\delta_{\mathrm{gP}_2}^{\mathrm{tr}})k_{\mathrm{P}_2}^2A_{\mathrm{sP}_2}^{\mathrm{tr}}$，$\sigma_{33}^{\mathrm{tP}_3}=-(\lambda_{\mathrm{c}}+2\mu n_{\mathrm{P}_3}^{\mathrm{tr2}}+B_1\delta_{\mathrm{lP}_3}^{\mathrm{tr}}+B_2\delta_{\mathrm{gP}_3}^{\mathrm{tr}})k_{\mathrm{P}_3}^2A_{\mathrm{sP}_3}^{\mathrm{tr}}$，$\sigma_{33}^{\mathrm{tS}}=2\mu l_{\mathrm{S}}^{\mathrm{tr}}n_{\mathrm{S}}^{\mathrm{tr}}k_{\mathrm{S}}^2B_{\mathrm{s}}^{\mathrm{tr}}$，$\sigma_{13}^{\mathrm{tP}_1}=2\mu l_{\mathrm{P}_1}^{\mathrm{tr}}n_{\mathrm{P}_1}^{\mathrm{tr}}k_{\mathrm{P}_1}^2A_{\mathrm{sP}_1}^{\mathrm{tr}}$，$\sigma_{13}^{\mathrm{tP}_2}=2\mu l_{\mathrm{P}_2}^{\mathrm{tr}}n_{\mathrm{P}_2}^{\mathrm{tr}}k_{\mathrm{P}_2}^2A_{\mathrm{sP}_2}^{\mathrm{tr}}$，$\sigma_{13}^{\mathrm{tP}_3}=2\mu l_{\mathrm{P}_3}^{\mathrm{tr}}n_{\mathrm{P}_3}^{\mathrm{tr}}k_{\mathrm{P}_3}^2A_{\mathrm{sP}_3}^{\mathrm{tr}}$，$\sigma_{13}^{\mathrm{tS}}=\mu(n_{\mathrm{S}}^{\mathrm{tr2}}-l_{\mathrm{S}}^{\mathrm{tr2}})k_{\mathrm{S}}^2B_{\mathrm{s}}^{\mathrm{tr}}$，$p_1^{\mathrm{tS}}=0$，$p_1^{\mathrm{tP}_1}=(a_{11}+a_{12}\delta_{\mathrm{lP}_1}^{\mathrm{tr}}+a_{13}\delta_{\mathrm{gP}_1}^{\mathrm{tr}})k_{\mathrm{P}_1}^2A_{\mathrm{sP}_1}^{\mathrm{tr}}$，$p_1^{\mathrm{tP}_2}=(a_{11}+a_{12}\delta_{\mathrm{lP}_2}^{\mathrm{tr}}+a_{13}\delta_{\mathrm{gP}_2}^{\mathrm{tr}})k_{\mathrm{P}_2}^2A_{\mathrm{sP}_2}^{\mathrm{tr}}$，$p_{\mathrm{g}}^{\mathrm{tS}}=0$，$p_1^{\mathrm{tP}_3}=(a_{11}+a_{12}\delta_{\mathrm{lP}_3}^{\mathrm{tr}}+a_{13}\delta_{\mathrm{gP}_3}^{\mathrm{tr}})k_{\mathrm{P}_3}^2A_{\mathrm{sP}_3}^{\mathrm{tr}}$，$p_{\mathrm{g}}^{\mathrm{tP}_1}=(a_{21}+a_{22}\delta_{\mathrm{lP}_1}^{\mathrm{tr}}+a_{23}\delta_{\mathrm{gP}_1}^{\mathrm{tr}})k_{\mathrm{P}_1}^2A_{\mathrm{sP}_1}^{\mathrm{tr}}$，$p_{\mathrm{g}}^{\mathrm{tP}_2}=(a_{21}+a_{22}\delta_{\mathrm{lP}_2}^{\mathrm{tr}}+a_{23}\delta_{\mathrm{gP}_2}^{\mathrm{tr}})k_{\mathrm{P}_2}^2A_{\mathrm{sP}_2}^{\mathrm{tr}}$，$p_{\mathrm{g}}^{\mathrm{tP}_3}=(a_{21}+a_{22}\delta_{\mathrm{lP}_3}^{\mathrm{tr}}+a_{23}\delta_{\mathrm{gP}_3}^{\mathrm{tr}})k_{\mathrm{P}_3}^2A_{\mathrm{sP}_3}^{\mathrm{tr}}$，$\dot{u}_{1\mathrm{s}}^{\mathrm{tP}_1}=l_{\mathrm{P}_1}^{\mathrm{tr}}v_{\mathrm{P}_1}k_{\mathrm{P}_1}^2A_{\mathrm{sP}_1}^{\mathrm{tr}}$，$\dot{u}_{1\mathrm{s}}^{\mathrm{tP}_2}=l_{\mathrm{P}_2}^{\mathrm{tr}}v_{\mathrm{P}_2}k_{\mathrm{P}_2}^2A_{\mathrm{sP}_2}^{\mathrm{tr}}$，$\dot{u}_{1\mathrm{s}}^{\mathrm{tP}_3}=l_{\mathrm{P}_3}^{\mathrm{tr}}v_{\mathrm{P}_3}k_{\mathrm{P}_3}^2A_{\mathrm{sP}_3}^{\mathrm{tr}}$，$\dot{u}_{1\mathrm{s}}^{\mathrm{tS}}=n_{\mathrm{S}}^{\mathrm{tr}}v_{\mathrm{S}}k_{\mathrm{S}}^2B_{\mathrm{s}}^{\mathrm{tr}}$，$\dot{u}_{3\mathrm{s}}^{\mathrm{tP}_1}=-n_{\mathrm{P}_1}^{\mathrm{tr}}v_{\mathrm{P}_1}k_{\mathrm{P}_1}^2A_{\mathrm{sP}_1}^{\mathrm{tr}}$，$\dot{u}_{3\mathrm{s}}^{\mathrm{tP}_2}=-n_{\mathrm{P}_2}^{\mathrm{tr}}v_{\mathrm{P}_2}k_{\mathrm{P}_2}^2A_{\mathrm{sP}_2}^{\mathrm{tr}}$，$\dot{u}_{3\mathrm{s}}^{\mathrm{tP}_3}=-n_{\mathrm{P}_3}^{\mathrm{tr}}v_{\mathrm{P}_3}k_{\mathrm{P}_3}^2A_{\mathrm{sP}_3}^{\mathrm{tr}}$，$\dot{u}_{3\mathrm{s}}^{\mathrm{tS}}=l_{\mathrm{S}}^{\mathrm{tr}}v_{\mathrm{S}}k_{\mathrm{S}}^2B_{\mathrm{s}}^{\mathrm{tr}}$，$\dot{u}_{3\mathrm{l}}^{\mathrm{tP}_1}=-n_{\mathrm{P}_1}^{\mathrm{tr}}v_{\mathrm{P}_1}k_{\mathrm{P}_1}^2\delta_{\mathrm{lP}_1}^{\mathrm{tr}}A_{\mathrm{sP}_1}^{\mathrm{tr}}$，$\dot{u}_{3\mathrm{l}}^{\mathrm{tP}_2}=$

$-n_{P_2}^{tr}v_{P_2}k_{P_2}^2\delta_{lP_2}^{tr}A_{sP_2}^{tr}$，$\dot{u}_{31}^{tP_3}=-n_{P_3}^{tr}v_{P_3}k_{P_3}^2\delta_{lP_3}^{tr}A_{sP_3}^{tr}$，$\dot{u}_{31}^{tS}=l_S^{tr}v_Sk_S^2\delta_{ls}^{tr}B_s^{tr}$，$\dot{u}_{3g}^{tP_1}=-n_{P_1}^{tr}v_{P_1}k_{P_1}^2\delta_{gP_1}^{tr}A_{sP_1}^{tr}$，$\dot{u}_{3g}^{tP_2}=-n_{P_2}^{tr}v_{P_2}k_{P_2}^2\delta_{gP_2}^{tr}A_{sP_2}^{tr}$，$\dot{u}_{3g}^{tP_3}=-n_{P_3}^{tr}v_{P_3}k_{P_3}^2\delta_{gP_3}^{tr}A_{sP_3}^{tr}$，$\dot{u}_{3g}^{tS}=l_S^{tr}v_Sk_S^2\delta_{gs}^{tr}B_s^{tr}$。

通过利用入射波的能量通量来衡量各透射波的能量通量，得到各透射波的能量透射系数分别为：

$$\left.\begin{aligned}e_{P_1}^{tr}&=\frac{|E_{P_1}^{tr}|}{|E_P^{in}|}=\frac{k_{P_1}^3n_{P_1}^{tr}\xi_{tP_1}}{k_P^{e3}n_P^{in}(\lambda^e+2\mu^e)}n_{P_1}^{tr2},\quad e_{P_2}^{tr}=\frac{|E_{P_2}^{tr}|}{|E_P^{in}|}=\frac{k_{P_2}^3n_{P_2}^{tr}\xi_{tP_2}}{k_P^{e3}n_P^{in}(\lambda^e+2\mu^e)}n_{P_2}^{tr2}\\e_{P_3}^{tr}&=\frac{|E_{P_3}^{tr}|}{|E_P^{in}|}=\frac{k_{P_3}^3n_{P_3}^{tr}\xi_{tP_3}}{k_P^{e3}n_P^{in}(\lambda^e+2\mu^e)}n_{P_3}^{tr2},\quad e_S^{tr}=\frac{|E_{SV}^{tr}|}{|E_P^{in}|}=\frac{\mu k_S^3n_S^{tr}}{k_P^3n_P^{in}(\lambda^e+2\mu^e)}n_{SV}^{tr2}\end{aligned}\right\}\tag{5.1-24}$$

式中，$e_{P_1}^{tr}$、$e_{P_2}^{tr}$、$e_{P_3}^{tr}$、e_S^{tr} 分别表示透射 P_1 波、透射 P_2 波、透射 P_3 波和透射 SV 波的能量透射系数。系数 ξ_{tP_1}、ξ_{tP_2}、ξ_{tP_3} 可以表示为：

$\xi_{tP_1}=\lambda_c+2\mu+(B_1+a_{11}+a_{12}\delta_{lP_1}^{tr}+a_{13}\delta_{gP_1}^{tr})\delta_{lP_1}^{tr}+(B_2+a_{21}+a_{22}\delta_{lP_1}^{tr}+a_{23}\delta_{gP_1}^{tr})\delta_{gP_1}^{tr}$，$\xi_{tP_2}=\lambda_c+2\mu+(B_1+a_{11}+a_{12}\delta_{lP_2}^{tr}+a_{13}\delta_{gP_2}^{tr})\delta_{lP_2}^{tr}+(B_2+a_{21}+a_{22}\delta_{lP_2}^{tr}+a_{23}\delta_{gP_2}^{tr})\delta_{gP_2}^{tr}$，$\xi_{tP_3}=\lambda_c+2\mu+(B_1+a_{11}+a_{12}\delta_{lP_3}^{tr}+a_{13}\delta_{gP_3}^{tr})\delta_{lP_3}^{tr}+(B_2+a_{21}+a_{22}\delta_{lP_3}^{tr}+a_{23}\delta_{gP_3}^{tr})\delta_{gP_3}^{tr}$。

由于入射波所携带的能量在反射和透射过程中不消散，因此根据能量守恒，在界面 $x_3=0$ 处的每个反射波和透射波的能量比满足式（5.1-25）：

$$e_{sum}=e_{P_1}^{re}+e_S^{re}+e_{P_1}^{tr}+e_{P_2}^{tr}+e_{P_3}^{tr}+e_S^{tr}=1\tag{5.1-25}$$

式中，e_{sum} 表示所有反射波和透射波的能量比之和。

3. 数值分析与讨论

弹性半空间和非饱和半空间的物理力学参数如表 5.1-1 所示。通过数值算例分析平面 P 波从弹性半空间入射到非饱和半空间时，各势函数的振幅反射系数、透射系数以及能量反射系数、透射系数受非饱和土饱和度、孔隙率以及入射波频率的影响。

弹性半空间和非饱和半空间的物理力学参数　　表 5.1-1

弹性半空间			非饱和半空间		
土颗粒密度	ρ^e	2700kg/m^3	孔隙率	n	0.23
Lame 系数	λ^e	90GPa	土颗粒密度	ρ_s	3060kg/m^3
剪切模量	μ^e	20GPa	液体密度	ρ_w^l	1000kg/m^3
			气体密度	ρ^g	1.3kg/m^3
			液体体积模量	K^w	2.25GPa
			气体体积模量	K^g	0.11MPa
			骨架体积模量	K^b	1.02GPa

续表

弹性半空间			非饱和半空间		
			Lame 系数	λ	4.4GPa
			剪切模量	μ	2.8GPa
			固有渗透率	k_{int}	$1\times10^{-10}\text{m}^2$
			液体动力黏滞系数	μ_1	1×10^{-3}kg/(m·s)
			气体动力黏滞系数	μ_g	1.8×10^{-5}kg/(m·s)
			van Genuchten 模型参数	α_{vg}	$1\times10^{-4}\text{Pa}^{-1}$
				m_{vg}	0.5

(1) 振幅透射和反射系数

当平面波传播至弹性半空间与非饱和多孔半空间分界面时，将激发四种透射波和两种反射波。图 5.1-2 不同饱和度下各反射/透射波的振幅反射/透射系数随着入射角变化情况。从图 5.1-2 中可以看出，当 P 波垂直入射（$\alpha_P^{in}=0$）时，没有波形转换，即不存在透射和反射 SV 波。随着入射角度的增大，非饱和土中各透射 P 波的振幅透射系数将逐渐减小，且透射 P_2 波和 P_3 波受到饱和度影响较为显著。透射和反射 SV 波的振幅透射/反射系数随着入射角的增大先增大，当 $\alpha_P^{in}\approx50°$时达到最大，随后随着入射角的增大而减小。而反射 P 波的振幅反射系数呈先减小后增

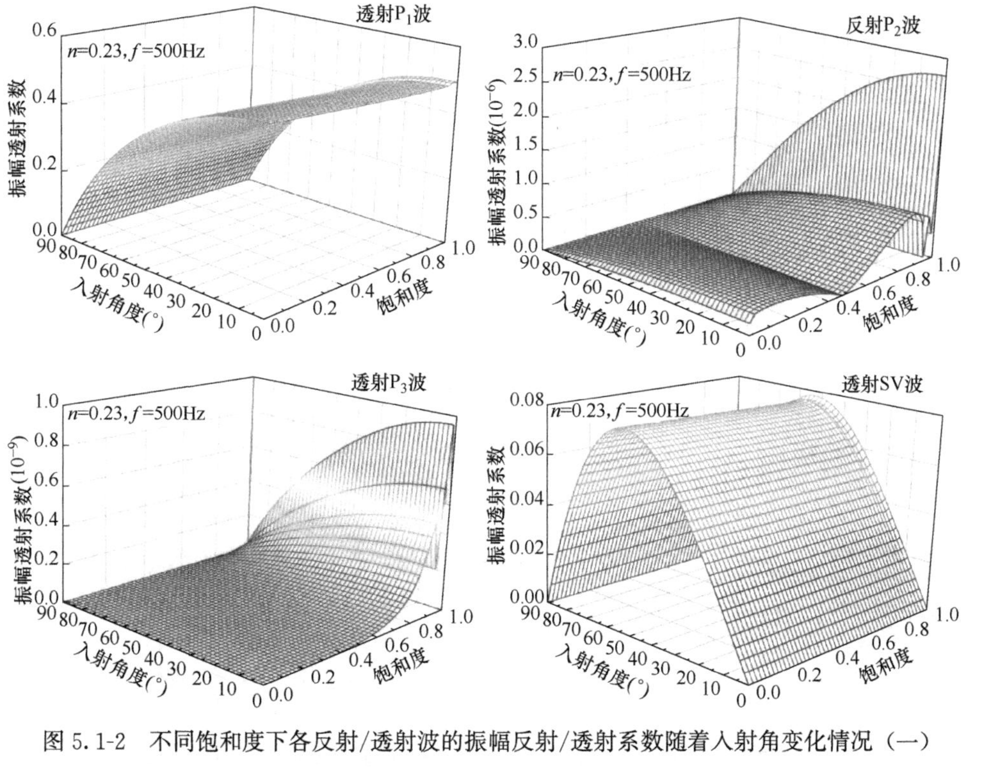

图 5.1-2 不同饱和度下各反射/透射波的振幅反射/透射系数随着入射角变化情况（一）

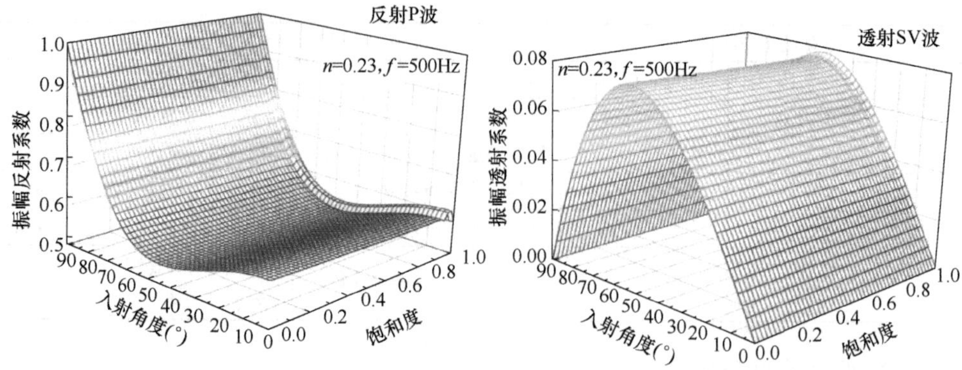

图 5.1-2　不同饱和度下各反射/透射波的振幅反射/透射系数随着入射角变化情况（二）

大的规律。从图中也可以看出，饱和度对透射 P_1 波、透射 SV 波以及反射 P 波和反射 SV 波影响很小。

图 5.1-3 为不同频率下各反射/透射波的振幅反射/透射系数随入射角的变化情况。从图可以看出，入射波频率对透射 P_1 波和透射 SV 波以及反射 P 波和反射 SV 波的振幅透射/反射系数影响很小，而对透射 P_2 波和 P_3 波的影响较为显著，且随着频率的增大而增大。

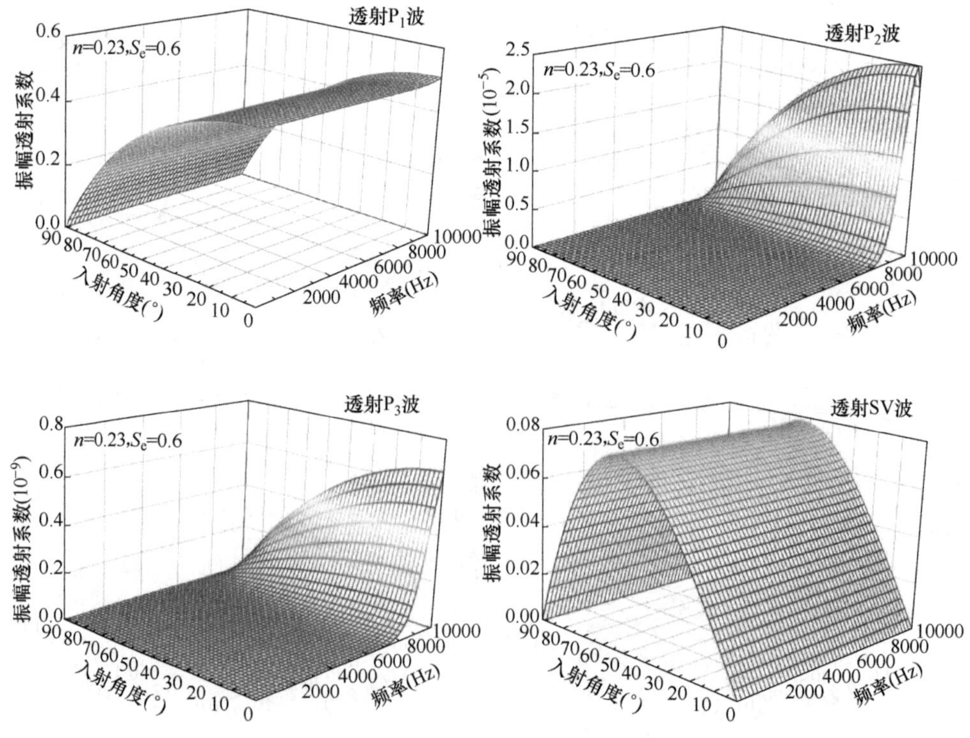

图 5.1-3　不同频率下各反射/透射波的振幅反射/透射系数随入射角变化情况（一）

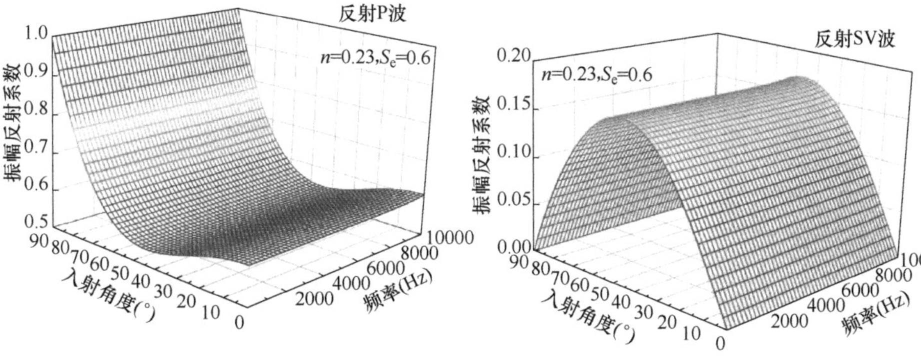

图 5.1-3 不同频率下各反射/透射波的振幅反射/透射系数随入射角变化情况（二）

(2) 能量透射和反射系数

为了研究非饱和多孔介质的饱和度变化对平面 P_1 波入射产生的各反射波与透射波的能量反射系数与能量透射系数的影响，取饱和度在 0～1 范围内变化。由图 5.1-4 可见，透射 P_1 波、透射 P_2 波、透射 P_3 波的能量透射系数随入射角的变化趋势基本相同，均表现为能量透射系数随着入射角度的增大而减小，直到入射角为 90°时，其能量透射系数均为 0，此时透射 P_1 波、透射 P_2 波、透射 P_3 波将消失。反射 SV 波的能量反射系数和透射 SV 波的能量透射系数均表现为随着入射角的变化先增大到一个最大点，然后再减小，直至为 0，总体上近似呈抛物线形，当入射角增大至 90°时，其能量反射系数/透射系数也降至 0，这说明了此时反射 SV 波与透射 SV 波将消失。而反射 P 波的能量反射系数随着入射角度先逐渐减小到一个最小值后剧增，当入射角为 90°时，其能量反射系数达到 1，即此时反射 P 波携带入射波全部的能量。此外，可以看出饱和度变化对各反射波/透射波的能量反射系数/透射系数的均有影响。其中饱和度变化对反射 P 波、反射 SV 波、透射 P_1 波和透射 SV 波的能量反射系数/透射系数的影响趋势基本一致，均表现为当饱和度

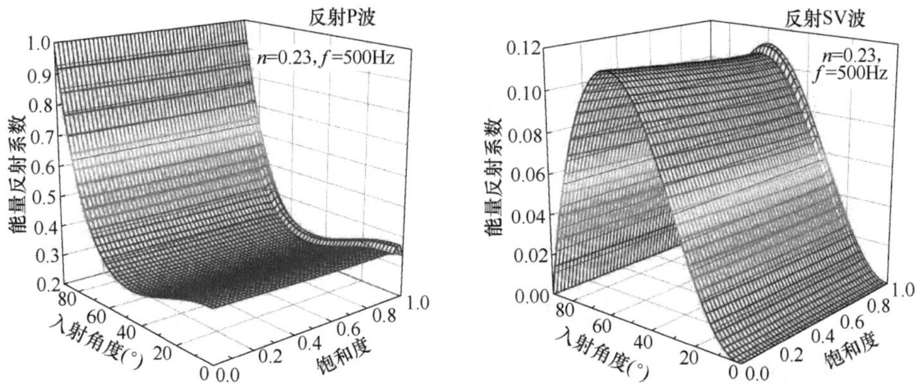

图 5.1-4 各反射/透射波的能量反射/透射系数随饱和度和入射角的变化曲线（一）

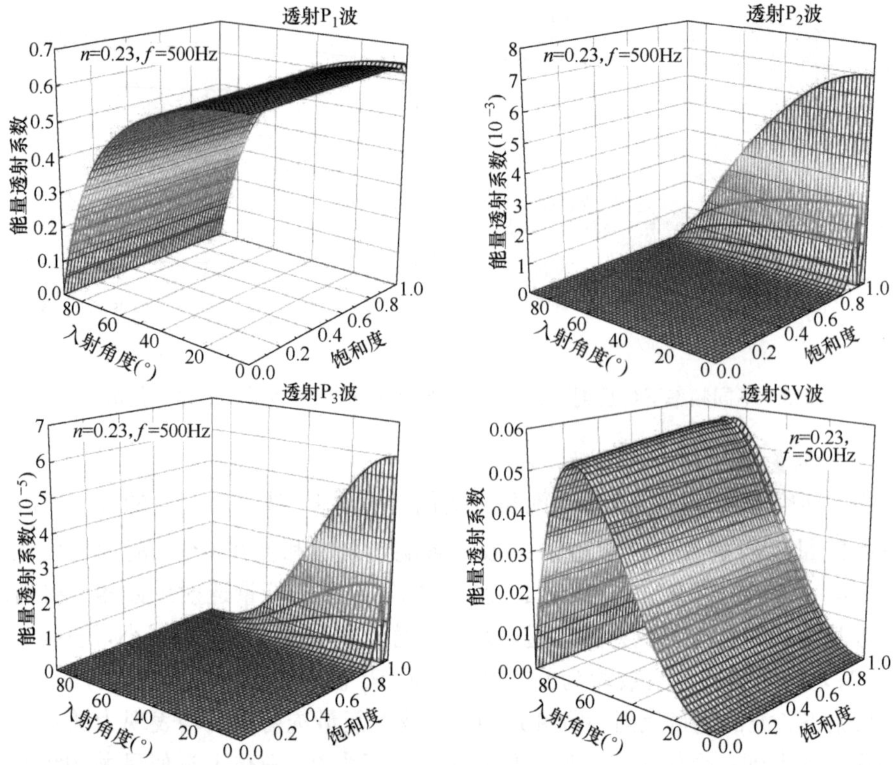

图 5.1-4 各反射/透射波的能量反射/透射系数随饱和度和入射角的变化曲线（二）

接近 1 时，其能量反射/透射系数会有缓慢增大。对于透射 P_2 波和透射 P_3 波的能量透射系数，在饱和度较小时基本没变化，当饱和度增大到 0.9 左右时急剧增大。

为讨论平面 P_1 波的入射频率对各反射波/透射波的能量反射系数/透射系数的影响规律，取频率在 $10^{-2}\sim10^4$ Hz 范围内变化，各反射/透射波的能量反射/透射系数随频率和入射角的变化曲线如图 5.1-5 所示。由图可知，入射频率的影响与上述饱和度的影响相似，频率变化对各反射波/透射波的能量反射/透射系数均有一定的影响。其中入射频率对反射 P 波和反射 SV 波的能量反射系数的影响趋势相同，均表现为当频率增大到 10^3 Hz 时缓慢增大；而透射 P_1 波和透射 SV 波与此相反，当频率达到 10^3 Hz 左右时其能量透射系数均有所减小。对于透射 P_2 波，当频率为 10^3 Hz 时其能量透射系数急剧增大达到一个峰值，之后又骤然减小到该峰值的一半，而透射 P_3 波的能量透射系数持续增大。

5.1.3 平面 SV 波入射时的反射和透射

1. 位移势振幅反射与透射系数

图 5.1-6 为两种不同介质分界面处平面 SV 波入射时的反射与透射示意图，$x_3>$

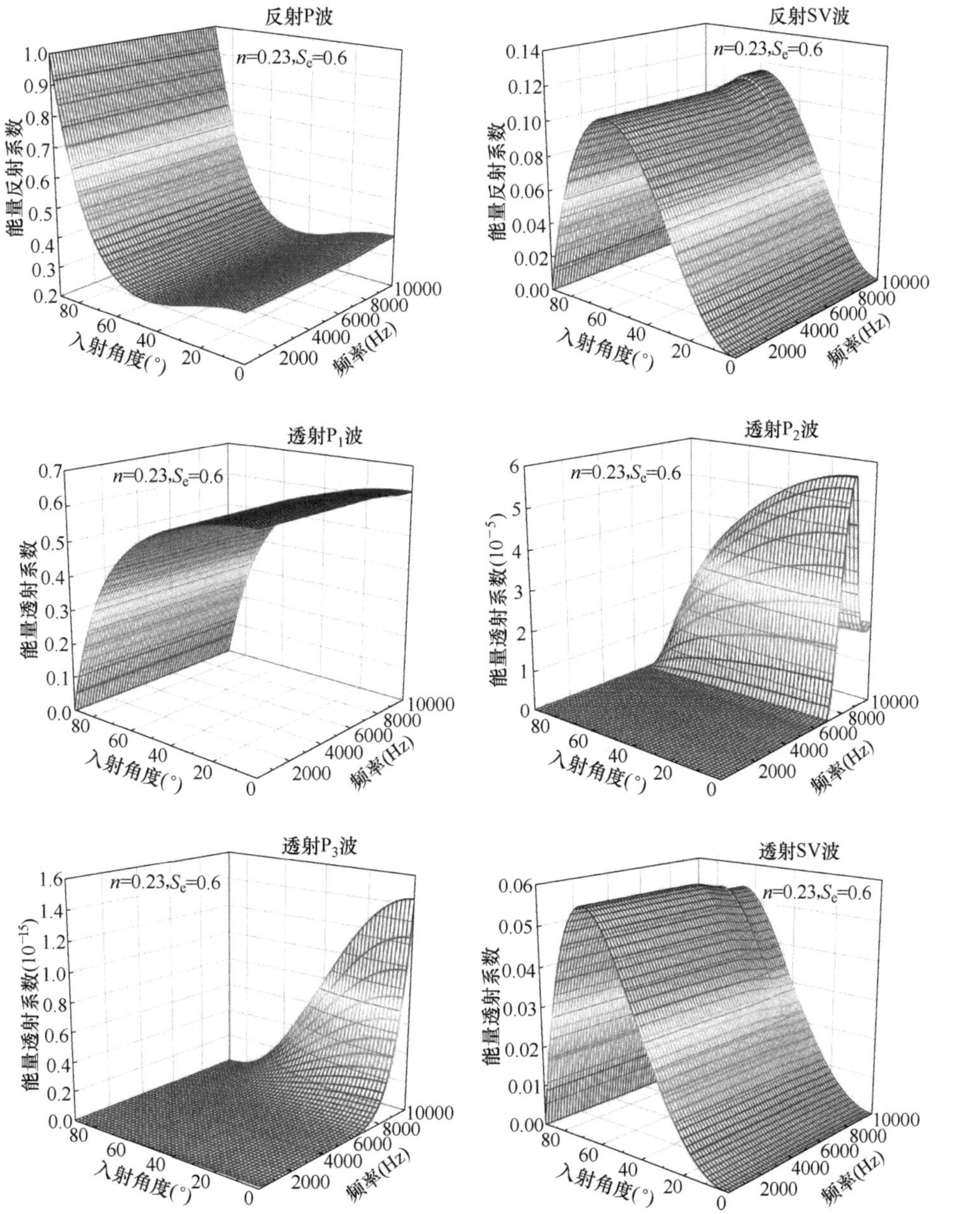

图 5.1-5 各反射/透射波的能量反射/透射系数随频率和入射角的变化曲线

0 部分为均质弹性介质半空间，$x_3<0$ 部分为非饱和多孔热弹性介质半空间，两种介质的分界面均位于 x_1-x_3 平面。频率为 ω 的平面 SV 波以任意角度从均质弹性入射至非饱和半空间时，在两种不同介质的分界面处均将产生六种反射/透射波，即在非饱和半空间内激发的透射 P_1 波、透射 P_2 波、透射 P_3 波和透射 SV 波，共四种透射波，在均质半空间内激发的反射 P 波和反射 SV 波，共两种反射波。

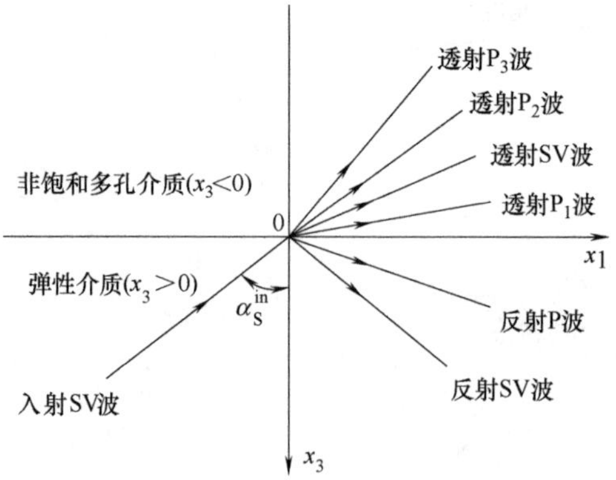

图 5.1-6　两种不同介质分界面处平面 SV 波入射时的反射与透射示意图

在连续单相弹性半空间中，入射波和反射波势函数可分别表示为：

入射 SV 波和反射 SV 波的势函数分别为：

$$\begin{aligned}\boldsymbol{H}^{\mathrm{e}}=\boldsymbol{H}^{\mathrm{in}}+\boldsymbol{H}^{\mathrm{re}}=&B^{\mathrm{in}}\exp[\mathrm{i}k_{\mathrm{S}}^{\mathrm{e}}(l_{\mathrm{S}}^{\mathrm{in}}x_1-n_{\mathrm{S}}^{\mathrm{in}}x_3-v_{\mathrm{S}}^{\mathrm{e}}t)]\\&+B^{\mathrm{re}}\exp[\mathrm{i}k_{\mathrm{S}}^{\mathrm{e}}(l_{\mathrm{S}}^{\mathrm{re}}x_1+n_{\mathrm{S}}^{\mathrm{re}}x_3-v_{\mathrm{S}}^{\mathrm{e}}t)]\end{aligned}\tag{5.1-26}$$

反射 P 波的势函数为：

$$\varphi^{\mathrm{e}}=A^{\mathrm{re}}\exp[\mathrm{i}k_{\mathrm{P}}^{\mathrm{e}}(l_{\mathrm{P}}^{\mathrm{re}}x_1+n_{\mathrm{P}}^{\mathrm{re}}x_3-v_{\mathrm{P}}^{\mathrm{e}}t)]\tag{5.1-27}$$

在非饱和半空间中，各透射波的势函数可分别表示为：

透射 P 波（包括透射 P_1 波、透射 P_2 波、透射 P_3 波）的势函数：

$$\begin{aligned}\varphi_{\pi}^{\mathrm{tr}}=&A_{\pi\mathrm{P}_1}^{\mathrm{tr}}\exp[\mathrm{i}k_{\mathrm{P}_1}(l_{\mathrm{P}_1}^{\mathrm{tr}}x_1-n_{\mathrm{P}_1}^{\mathrm{tr}}x_3-v_{\mathrm{P}_1}t)]+A_{\pi\mathrm{P}_2}^{\mathrm{tr}}\exp[\mathrm{i}k_{\mathrm{P}_2}(l_{\mathrm{P}_2}^{\mathrm{tr}}x_1-n_{\mathrm{P}_2}^{\mathrm{tr}}x_3-v_{\mathrm{P}_2}t)]\\&+A_{\pi\mathrm{P}_3}^{\mathrm{tr}}\exp[\mathrm{i}k_{\mathrm{P}_3}(l_{\mathrm{P}_3}^{\mathrm{tr}}x_1-n_{\mathrm{P}_3}^{\mathrm{tr}}x_3-v_{\mathrm{P}_3}t)]\end{aligned}\tag{5.1-28}$$

透射 SV 波的势函数：

$$\boldsymbol{H}_{\pi}^{\mathrm{tr}}=B_{\pi}^{\mathrm{tr}}\exp[\mathrm{i}k_{\mathrm{S}}(l_{\mathrm{S}}^{\mathrm{tr}}x_1-n_{\mathrm{S}}^{\mathrm{tr}}x_3-v_{\mathrm{S}}t)]\tag{5.1-29}$$

考虑非饱和多孔弹性介质半空间与均质弹性介质半空间的交界面（$x_3=0$）处应力和位移连续，则有边界条件：

$$\left.\begin{aligned}\sigma_{33}|_{x_3=0}=\sigma_{33}^{\mathrm{e}}|_{x_3=0}\\\sigma_{13}|_{x_3=0}=\sigma_{13}^{\mathrm{e}}|_{x_3=0}\end{aligned}\right\}\tag{5.1-30a}$$

$$\left.\begin{aligned}u_1^{\mathrm{s}}|_{x_3=0}=u_1^{\mathrm{e}}|_{x_3=0}\\u_3^{\mathrm{s}}|_{x_3=0}=u_3^{\mathrm{e}}|_{x_3=0}\\\bar{u}_3^{\mathrm{l}}|_{x_3=0}=\bar{u}_3^{\mathrm{g}}|_{x_3=0}=0\end{aligned}\right\}\tag{5.1-30b}$$

将式（5.1-26）～式（5.1-29）代入边界条件式（5.1-30），结合 Snell 定律，

可得：

$$[F]\{A_{sP_1}^{tr},A_{sP_2}^{tr},A_{sP_3}^{tr},B_s^{tr},A^{re},B^{re}\}^T=B^{in}[G] \tag{5.1-31a}$$

式中，矩阵［F］中的各元素分别为：

$f_{11}=(\lambda_c+2\mu n_{P_1}^{tr^2}+B_1\delta_{lP_1}^{tr}+B_2\delta_{gP_1}^{tr})k_{P_1}^2$，$f_{12}=(\lambda_c+2\mu n_{P_2}^{tr2}+B_1\delta_{lP_2}^{tr}+B_2\delta_{gP_2}^{tr})k_{P_2}^2$，$f_{13}=(\lambda_c+2\mu n_{P_3}^{tr2}+B_1\delta_{lP_3}^{tr}+B_2\delta_{gP_3}^{tr})k_{P_3}^2$，$f_{14}=-2\mu l_S^{tr}n_S^{tr}k_S^2$，$f_{15}=-(\lambda^e+2\mu^e n_P^{re2})k_P^{e2}$，$f_{16}=-2\mu^e l_S^{re}n_S^{re}k_S^{e2}$，$f_{21}=2\mu l_{P_1}^{tr}n_{P_1}^{tr}k_{P_1}^2$，$f_{22}=2\mu l_{P_2}^{tr}n_{P_2}^{tr}k_{P_2}^2$，$f_{23}=2\mu l_{P_3}^{tr}n_{P_3}^{tr}k_{P_3}^2$，$f_{24}=\mu(n_S^{tr2}-l_S^{tr2})k_S^2$，$f_{25}=2\mu^e l_P^{re}n_P^{re}k_P^{e2}$，$f_{26}=\mu^e(l_S^{re2}-n_S^{re2})k_S^{e2}$，$f_{31}=l_{P_1}^{tr}k_{P_1}$，$f_{32}=l_{P_2}^{tr}k_{P_2}$，$f_{33}=l_{P_3}^{tr}k_{P_3}$，$f_{34}=n_S^{tr}k_S$，$f_{35}=-l_P^{re}k_P^e$，$f_{36}=n_S^{re}k_S^e$，$f_{41}=-n_{P_1}^{tr}k_{P_1}$，$f_{42}=-n_{P_2}^{tr}k_{P_2}$，$f_{43}=-n_{P_3}^{tr}k_{P_3}$，$f_{44}=l_S^{tr}k_S$，$f_{45}=-n_P^{re}k_P^e$，$f_{46}=-l_S^{re}k_S^e$，$f_{51}=-n_{P_1}^{tr}\delta_{lP_1}^{tr}k_{P_1}$，$f_{52}=-n_{P_2}^{tr}\delta_{lP_2}^{tr}k_{P_2}$，$f_{53}=-n_{P_3}^{tr}\delta_{lP_3}^{tr}k_{P_3}$，$f_{54}=l_S^{tr}\delta_S^{tr}k_S$，$f_{55}=f_{56}=0$，$f_{61}=n_{P_1}^{tr}\delta_{gP_1}^{tr}k_{P_1}$，$f_{62}=n_{P_2}^{tr}\delta_{gP_2}^{tr}k_{P_2}$，$f_{63}=n_{P_3}^{tr}\delta_{lP_3}^{tr}k_{P_3}$，$f_{64}=-l_S^{tr}\delta_S^{tr}k_S$，$f_{65}=f_{66}=0$

矩阵［G］中的各元素分别为：

$g_1=-2\mu^e l_S^{re}n_S^{re}k_S^{e2}$，$g_2=\mu^e(n_S^{in2}-l_S^{in2})k_S^{e2}$，$g_3=n_S^{in}k_S^e$，$g_4=l_S^{in}k_S^e$，$g_5=0$，$g_6=0$

假设入射波的固相位移幅值为 1，即 $B_s^{in}=1$，则平面 SV 波由均质弹性半空间入射至非饱和半空间时，在两种不同介质的共同边界处产生的六种反射波/透射波的振幅反射率/透射率可分别表示为：

$$n_{P_1}^{tr}=\frac{A_{sP_1}^{tr}}{B^{in}},\ n_{P_2}^{tr}=\frac{A_{sP_2}^{tr}}{B^{in}},\ n_{P_3}^{tr}=\frac{A_{sP_3}^{tr}}{B^{in}},\ n_{SV}^{tr}=\frac{B_s^{tr}}{B^{in}},\ n_P^{re}=\frac{A^{re}}{B^{in}},\ n_{SV}^{re}=\frac{B^{re}}{B^{in}} \tag{5.1-31b}$$

式中，$n_{P_1}^{tr}$，$n_{P_2}^{tr}$，$n_{P_3}^{tr}$ 和 n_{SV}^{tr} 分别表示透射 P_1 波，透射 P_2 波，透射 P_3 波和透射 SV 波的振幅透射系数；n_P^{re} 和 n_{SV}^{re} 分别表示反射 P 波和反射 SV 波的振幅反射系数。

2. 能量反射与透射系数

通过利用入射波的能量通量来衡量各反射波和各透射波的能量通量，得到各反射波和透射波的能量比如下：

$$e_P^{re}=\frac{|E_P^{re}|}{|E_S^{in}|}=\frac{(\lambda^e+2\mu^e)n_P^{re}k_p^{e3}}{\mu^e n_S^{in}k_S^{e3}}n_P^{re2},\ e_S^{re}=\frac{|E_{SV}^{re}|}{|E_S^{in}|}=\frac{n_S^{re}}{n_S^{in}}n_{SV}^{re2} \tag{5.1-32a}$$

$$\left.\begin{aligned}e_{P_1}^{tr}=\frac{|E_{P_1}^{tr}|}{|E_P^{in}|}=\frac{n_{P_1}^{tr}k_{P_1}^3\xi_{tP_1}}{\mu^e n_S^{in}k_S^{e3}}n_{P_1}^{tr2},\ e_{P_2}^{tr}=\frac{|E_{P_2}^{tr}|}{|E_P^{in}|}=\frac{n_{P_2}^{tr}k_{P_2}^3\xi_{tP_2}}{\mu^e n_S^{in}k_S^{e3}}n_{P_2}^{tr2}\\ e_{P_3}^{tr}=\frac{|E_{P_3}^{tr}|}{|E_P^{in}|}=\frac{n_{P_3}^{tr}k_{P_3}^3\xi_{tP_3}}{\mu^e n_S^{in}k_S^{e3}}n_{P_3}^{tr2},\ e_S^{tr}=\frac{|E_{SV}^{tr}|}{|E_P^{in}|}=\frac{\mu n_S^{tr}k_S^3}{\mu^e n_S^{in}k_S^{e3}}n_{SV}^{tr2}\end{aligned}\right\} \tag{5.1-32b}$$

式中，$e_{\mathrm{P}}^{\mathrm{re}}$ 和 $e_{\mathrm{S}}^{\mathrm{re}}$ 分别表示反射 P 波和反射 SV 波的能量反射系数；$e_{\mathrm{P}_1}^{\mathrm{tr}}$、$e_{\mathrm{P}_2}^{\mathrm{tr}}$、$e_{\mathrm{P}_3}^{\mathrm{tr}}$ 和 $e_{\mathrm{S}}^{\mathrm{tr}}$ 分别表示透射 P_1 波、透射 P_2 波、透射 P_3 波和透射 SV 波的能量透射系数。ξ_{tP_1}、ξ_{tP_2}、ξ_{tP_3} 的表达式分别为：

$$\xi_{\mathrm{tP}_1}=\lambda_{\mathrm{c}}+2\mu+(B_1+a_{11}+a_{12}\delta_{\mathrm{lP}_1}^{\mathrm{tr}}+a_{13}\delta_{\mathrm{gP}_1}^{\mathrm{tr}})\delta_{\mathrm{lP}_1}^{\mathrm{tr}}+(B_2+a_{21}+a_{22}\delta_{\mathrm{lP}_1}^{\mathrm{tr}}+a_{23}\delta_{\mathrm{gP}_1}^{\mathrm{tr}})\delta_{\mathrm{gP}_1}^{\mathrm{tr}},$$

$$\xi_{\mathrm{tP}_2}=\lambda_{\mathrm{c}}+2\mu+(B_1+a_{11}+a_{12}\delta_{\mathrm{lP}_2}^{\mathrm{tr}}+a_{13}\delta_{\mathrm{gP}_2}^{\mathrm{tr}})\delta_{\mathrm{lP}_2}^{\mathrm{tr}}+(B_2+a_{21}+a_{22}\delta_{\mathrm{lP}_2}^{\mathrm{tr}}+a_{23}\delta_{\mathrm{gP}_2}^{\mathrm{tr}})\delta_{\mathrm{gP}_2}^{\mathrm{tr}},$$

$$\xi_{\mathrm{tP}_3}=\lambda_{\mathrm{c}}+2\mu+(B_1+a_{11}+a_{12}\delta_{\mathrm{lP}_3}^{\mathrm{tr}}+a_{13}\delta_{\mathrm{gP}_3}^{\mathrm{tr}})\delta_{\mathrm{lP}_3}^{\mathrm{tr}}+(B_2+a_{21}+a_{22}\delta_{\mathrm{lP}_3}^{\mathrm{tr}}+a_{23}\delta_{\mathrm{gP}_3}^{\mathrm{tr}})\delta_{\mathrm{gP}_3}^{\mathrm{tr}}$$

由于入射波所携带的能量在反射和透射过程中不消散，因此根据能量守恒，在界面 $x_3=0$ 处的每个反射波和透射波的能量比满足式（5.1-33）：

$$e_{\mathrm{sum}}=e_{\mathrm{P}}^{\mathrm{re}}+e_{\mathrm{S}}^{\mathrm{re}}+e_{\mathrm{P}_1}^{\mathrm{tr}}+e_{\mathrm{P}_2}^{\mathrm{tr}}+e_{\mathrm{P}_3}^{\mathrm{tr}}+e_{\mathrm{S}}^{\mathrm{tr}}=1 \tag{5.1-33}$$

式中，e_{sum} 为所有反射波和透射波的能量比之和。

3. 数值分析与讨论

在算例中同样选取表 5.1-1 所示的材料特性。当入射 SV 波从均匀弹性半空间射向非饱和弹性半空间时，临界角度 $\alpha_{\mathrm{cr}}^{\mathrm{in}}=\sin^{-1}(v_{\mathrm{S}}^{\mathrm{e}}/v_{\mathrm{P}}^{\mathrm{re}})\approx 23°$。在这种情况下，分别对非饱和土体饱和度、孔隙率以及入射角度和频率对各透射波和反射波的势函数振幅反射和透射系数的影响进行分析和讨论。

(1) 振幅透射和反射系数

图 5.1-7 为不同饱和度下各反射/透射波的振幅反射/透射系数随入射角变化情况。从图中可以看出，当 SV 波垂直入射（$\alpha_{\mathrm{S}}^{\mathrm{in}}=0$）时，不存在波形转换，此时没有激发各种透射和反射 P 波，仅有透射和反射 SV 波。随着入射角度的增大，非饱和土中各透射 P 波的振幅透射系数随入射角的增大逐渐增大，且透射 P_2 波和 P_3 波受到饱和度影响较为显著。透射和反射 SV 波的振幅透射和反射系数首先随着入射角的增大而增大，当 $\alpha_{\mathrm{S}}^{\mathrm{in}}$ 在 20°左右时达到最大，随后随着入射角的增大而减小。而透射 SV 波则随着入射角的先减小后增大。反射 P 波的振幅反射系数随入射角的增大而增大，与此相反，反射 SV 波则呈先减小后增大的趋势。从图中也可以看出，饱和度的变化对透射 P_1 波、透射 SV 波以及反射 P 波和 SV 波影响较小，而

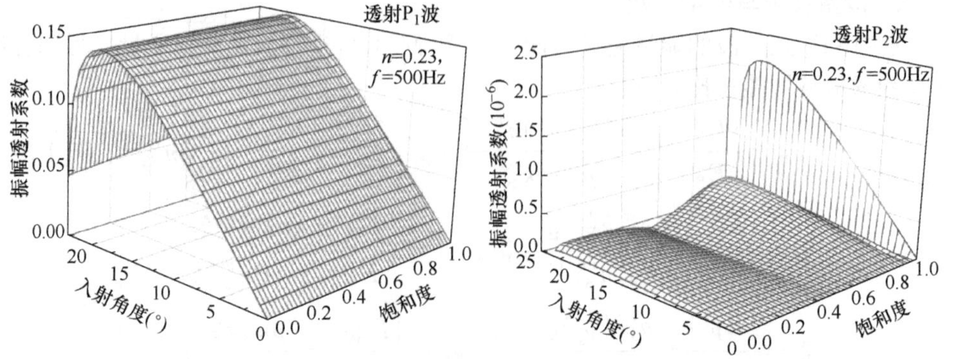

图 5.1-7　不同饱和度下各反射/透射波的振幅反射/透射系数随入射角变化情况（一）

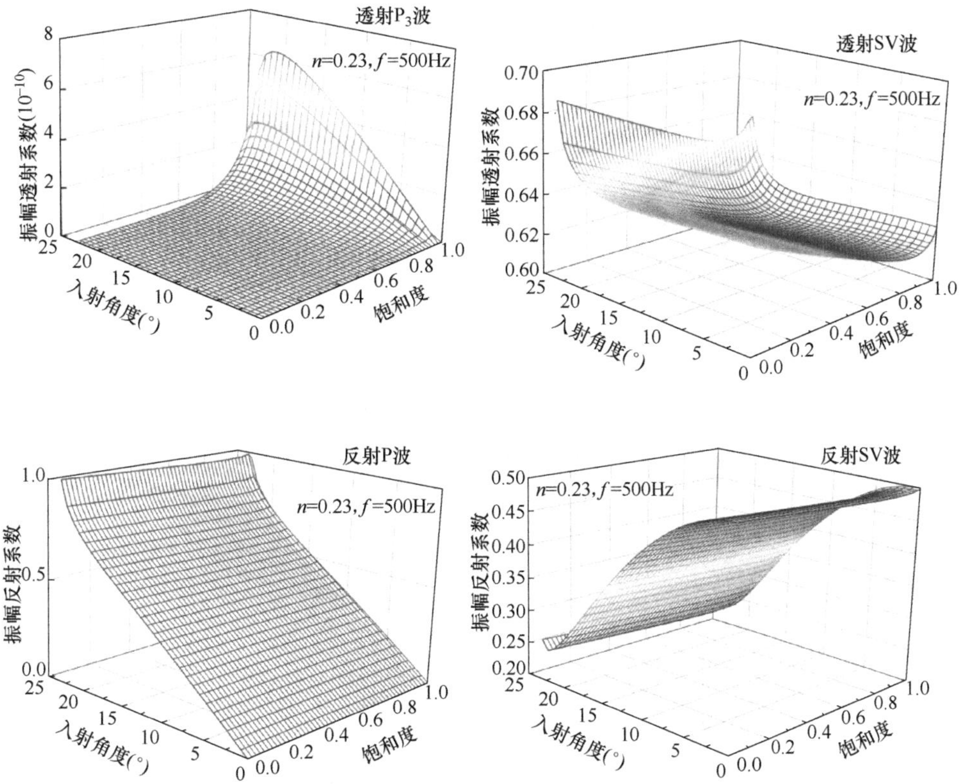

图 5.1-7　不同饱和度下各反射/透射波的振幅反射/透射系数随入射角变化情况（二）

对透射 P_2 波、透射 P_3 波和透射 SV 波的影响较为显著，尤其是透射 SV 波的振幅透射系数随着饱和度的增大而降低。

图 5.1-8 为不同入射频率下各反射/透射波的振幅反射/透射系数随入射角变化情况。由图 5.1-7 可见，入射 SV 波频率的变化不影响透射 P_1 波和反射 P 波。透射 SV 波的振幅透射系数随入射频率的增大而逐渐增大。

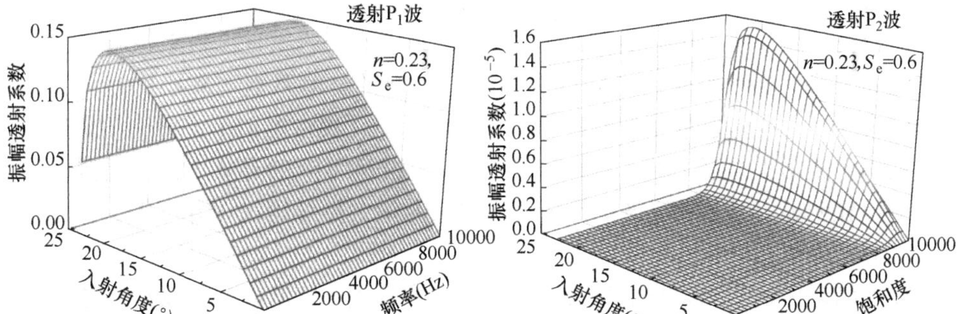

图 5.1-8　不同入射频率下各反射/透射波的振幅反射/透射系数随入射角变化情况（一）

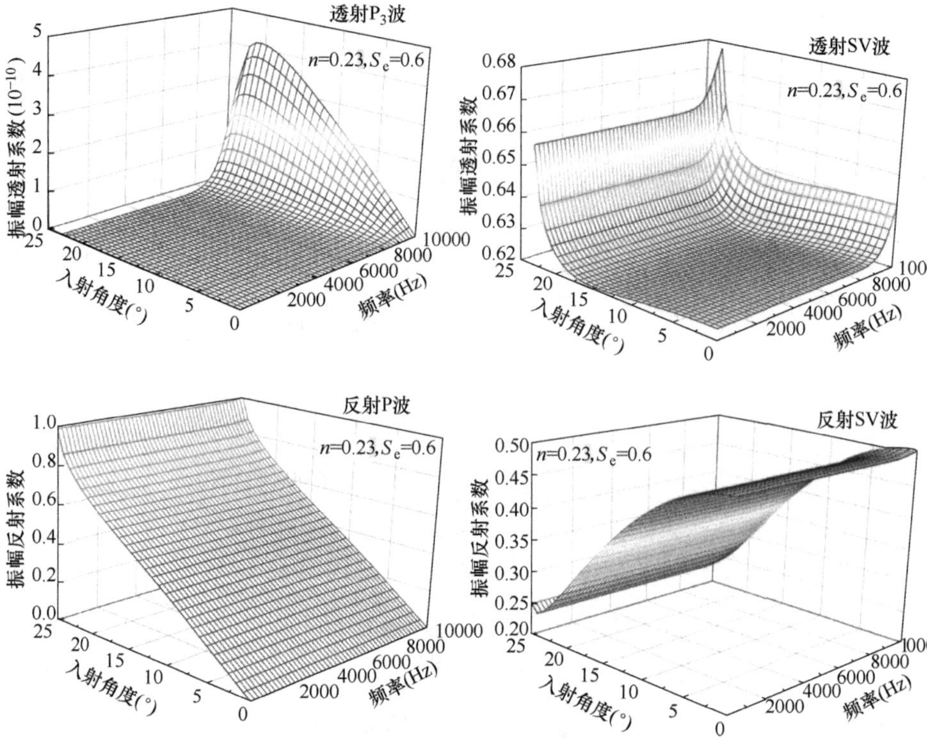

图 5.1-8 不同入射频率下各反射/透射波的振幅反射/透射系数随着入射角变化情况（二）

（2）能量透射和反射系数

为了分析不同饱和度下各反射波和透射波的能量反射/透射系数随着入射角的变化情况，取孔隙率为 0.23，入射频率为 500 Hz，土体饱和度范围为 0～1，各反射/透射波的能量反射/透射系数随饱和度和入射度的变化曲线如图 5.1-9 所示。从图 5.1-9 中可以看出，随着入射角的增大，各反射波/透射波的能量反射系数/透射系数均有较明显的变化。反射 P 波和透射 P_1 波的能量反射/透射系数随入射角的变化趋势基本相同，均表现为随着入射角的增大而增大，但在入射角接近临界角时，二者的能量反射/透射系数又急剧减小；反射 SV 的能量反射系数随着入射角的增大而减小，当入射角增大到临界角时，其能量反射系数有减小的趋势；透射 P_2 波和透射 P_3 波的能量透射系数随着入射角的变化规律类似于反射 P 波，随着入射角的增大先增大，随后当入射角达到 20°左右时呈下降的趋势，但其受到饱和度的影响比较明显。透射 SV 波则是随着入射角的增大持续增大，并且携带了入射波绝大部分的能量。

以上结果说明当 SV 波垂直入射时，只存在反射 SV 波，其他反射、透射波将不存在，说明此时没有发生波形转换。此外，由图 5.1-9 可以看出，饱和度变化对各类反射波/透射波的能量反射/透射系数均有一定的影响。其中，对于反射 P 波

和透射 P_1 波的能量反射和透射系数，仅当土体接近饱和时会有少许增大；反射 SV 波随着饱和度的增大呈缓慢减小的趋势，而透射 SV 波则随着饱和度的增大缓慢增大；饱和度变化对透射 P_2 波和透射 P_3 波的能量透射系数的影响显著，当饱和度较小时其能量透射系数基本没有变化，当饱和度超过 0.6 之后，二者的能量透射系数急剧上升，这是因为当土体饱和度增大时会使土体中的水增多，而 P_2 波是由水的存在产生的，P_3 波是由水和气体之间的耦合作用产生的。

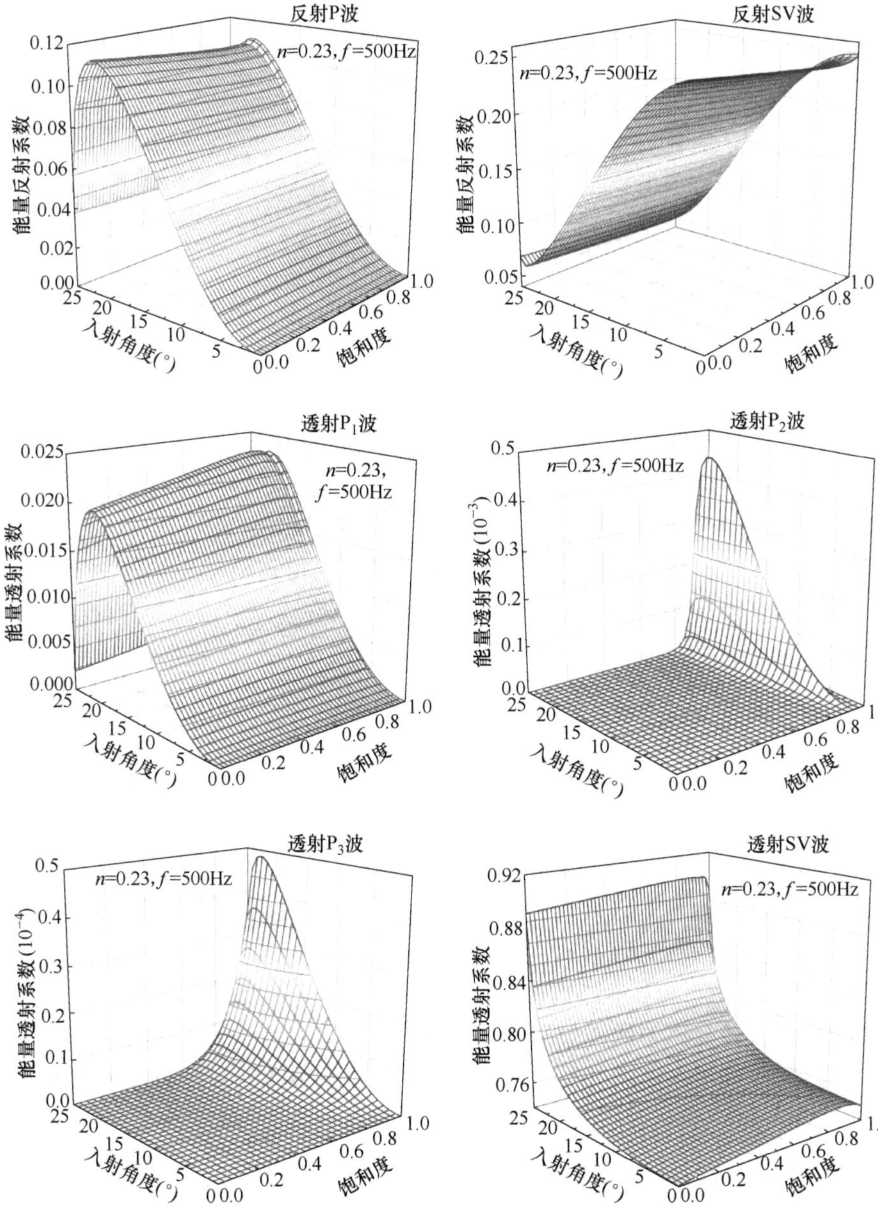

图 5.1-9　各反射/透射波的能量反射/透射系数随饱和度和入射角的变化曲线

5.1.4 平面 SH 波入射时的反射和透射

1. 位移势振幅反射和透射系数

两种不同介质分界面处 SH 波的反射和透射示意图如图 5.1-10 所示。在分析 SH 波反射问题时我们已经知道，SH 波仅与 x_2 方向的位移相关联。

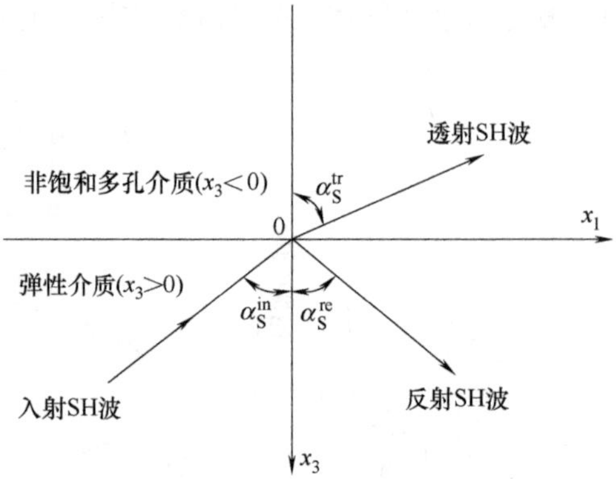

图 5.1-10　两种不同介质分界面处 SH 波的反射和透射示意图

在 $z>0$ 的弹性半空间中，SH 波的势函数可分别表示为：

入射 SH 波的势函数：

$$\varphi^{in}=B^{in}\exp[ik_S^e(l_S^{in}x_1-n_S^{in}x_3-v_S^e t)] \tag{5.1-34}$$

式中，B^{in} 表示入射 SH 波引起的位移矢量势函数幅值；k_S^e 和 v_S^e 分别表示 SH 波在弹性介质中的波数和传播速度；$l_S^{in}=\sin\alpha_S^{in}$，$n_S^{in}=\cos\alpha_S^{in}$。

反射 SH 波的势函数：

$$\varphi^{re}=B^{re}\exp[ik_S^e(l_S^{re}x_1+n_S^{re}x_3-v_S^e t)] \tag{5.1-35}$$

式中，B^{re} 表示反射 SH 波在弹性半空间中的位移矢量势函数幅值；$l_S^{re}=\sin\alpha_S^{re}$，$n_S^{re}=\cos\alpha_S^{re}$。

在 $x_3<0$ 的非饱和半空间中，透射 SH 波的势函数：

$$\varphi_\pi^{tr}=B_\pi^{tr}\exp[ik_S(l_S^{tr}x-n_s^{tr}z-v_s t)] \tag{5.1-36}$$

式中，B_π^{tr}（π=s，l，g）表示透射 SH 波的位移矢量势函数幅值；k_S 和 v_S 分别表示 SH 波在非饱和介质中的波数和传播速度；$l_S^{tr}=\sin\alpha_S^{tr}$，$n_S^{tr}=\cos\alpha_S^{tr}$。

则弹性半空间中 SH 波（包括入射 SH 波、反射 SH 波）总的势函数为：

$$\begin{aligned}\varphi^e&=\varphi^{in}+\varphi^{re}\\&=B^{in}\exp[ik_S^e(l_S^{in}x_1-n_S^{in}x_3-v_S^e t)]+B^{re}\exp[ik_S^e(l_S^{re}x_1+n_S^{re}x_3-v_S^e t)]\end{aligned} \tag{5.1-37}$$

考虑在弹性介质和非饱和土的交界面（$x_3=0$）处有以下位移和应力连续条件：

$$\left.\begin{aligned} u_2^{\mathrm{s}}\big|_{x_3=0}=u_2^{\mathrm{e}}\big|_{x_3=0} \\ \sigma_{23}\big|_{x_3=0}=\sigma_{23}^{\mathrm{e}}\big|_{x_3=0} \end{aligned}\right\} \tag{5.1-38}$$

式中，应力和位移用势函数可分别表示为：

$$\sigma_{23}=\mu\frac{\partial(\nabla^2\varphi_{\mathrm{s}})}{\partial x_3} \tag{5.1-39a}$$

$$u_2^{\mathrm{s}}=\nabla^2\varphi_{\mathrm{s}} \tag{5.1-39b}$$

$$\sigma_{23}^{\mathrm{e}}=\mu^{\mathrm{e}}\frac{\partial(\nabla^2\varphi^{\mathrm{e}})}{\partial x_3} \tag{5.1-39c}$$

$$u_2^{\mathrm{e}}=\nabla^2\varphi^{\mathrm{e}} \tag{5.1-39d}$$

将式（5.1-34）～式（5.1-37）代入式（5.1-39），并结合边界条件［式（5.1-38)］，得：

$$\begin{aligned} &\mu^{\mathrm{e}}k_{\mathrm{S}}^{\mathrm{e}3}\{n_{\mathrm{S}}^{\mathrm{in}}B^{\mathrm{in}}\exp[\mathrm{i}k_{\mathrm{S}}^{\mathrm{e}}(l_{\mathrm{S}}^{\mathrm{in}}x_1-v_{\mathrm{s}}^{\mathrm{e}}t)]-n_{\mathrm{S}}^{\mathrm{re}}B^{\mathrm{re}}\exp[\mathrm{i}k_{\mathrm{S}}^{\mathrm{e}}(l_{\mathrm{S}}^{\mathrm{re}}x_1-v_{\mathrm{S}}^{\mathrm{e}}t)]\} \\ &=\mu n_{\mathrm{s}}^{\mathrm{tr}}k_{\mathrm{S}}^3B_{\mathrm{s}}^{\mathrm{tr}}\exp[\mathrm{i}k_{\mathrm{S}}(l_{\mathrm{S}}^{\mathrm{tr}}x-v_{\mathrm{S}}t)] \end{aligned} \tag{5.1-40a}$$

$$\begin{aligned} &k_{\mathrm{S}}^{\mathrm{e}2}\{B^{\mathrm{in}}\exp[\mathrm{i}k_{\mathrm{S}}^{\mathrm{e}}(l_{\mathrm{S}}^{\mathrm{in}}x-v_{\mathrm{S}}^{\mathrm{e}}t)]+B^{\mathrm{re}}\exp[\mathrm{i}k_{\mathrm{S}}^{\mathrm{e}}(l_{\mathrm{S}}^{\mathrm{re}}x-v_{\mathrm{S}}^{\mathrm{e}}t)]\} \\ &=k_{\mathrm{S}}^2B_{\mathrm{s}}^{\mathrm{tr}}[\mathrm{i}k_{\mathrm{S}}(l_{\mathrm{S}}^{\mathrm{tr}}x-v_{\mathrm{S}}t)] \end{aligned} \tag{5.1-40b}$$

要使任意的 x 和 t 都成立，则必须有：

$$\left.\begin{aligned} k_{\mathrm{S}}^{\mathrm{e}}v_{\mathrm{S}}^{\mathrm{e}}=k_{\mathrm{S}}v_{\mathrm{S}} \\ k_{\mathrm{S}}^{\mathrm{e}}l_{\mathrm{S}}^{\mathrm{in}}=k_{\mathrm{S}}^{\mathrm{e}}l_{\mathrm{S}}^{\mathrm{re}}=k_{\mathrm{S}}l_{\mathrm{S}}^{\mathrm{tr}} \end{aligned}\right\} \tag{5.1-41}$$

根据式（5.1-40）和式（5.1-41）可以得到：

$$\begin{bmatrix} \mu^{\mathrm{e}}n_{\mathrm{S}}^{\mathrm{re}}k_{\mathrm{S}}^{\mathrm{e}3} & \mu n_{\mathrm{S}}^{\mathrm{tr}}k_{\mathrm{S}}^3 \\ -k_{\mathrm{S}}^{\mathrm{e}2} & k_{\mathrm{S}}^2 \end{bmatrix}\begin{Bmatrix} B^{\mathrm{re}} \\ B^{\mathrm{tr}} \end{Bmatrix}=B^{\mathrm{in}}\begin{Bmatrix} \mu^{\mathrm{e}}n_{\mathrm{S}}^{\mathrm{in}}k_{\mathrm{S}}^{\mathrm{e}3} \\ k_{\mathrm{S}}^{\mathrm{e}2} \end{Bmatrix} \tag{5.1-42}$$

求解上式可以得到振幅反射系数为：

$$n_{\mathrm{SH}}^{\mathrm{re}}=\frac{B^{\mathrm{re}}}{B^{\mathrm{in}}}=\frac{\mu^{\mathrm{e}}n_{\mathrm{S}}^{\mathrm{in}}k_{\mathrm{S}}^{\mathrm{e}}k_{\mathrm{S}}^2-\mu n_{\mathrm{S}}^{\mathrm{tr}}k_{\mathrm{S}}^3}{\mu^{\mathrm{e}}n_{\mathrm{S}}^{\mathrm{re}}k_{\mathrm{S}}^{\mathrm{e}}k_{\mathrm{S}}^2+\mu n_{\mathrm{S}}^{\mathrm{tr}}k_{\mathrm{S}}^3} \tag{5.1-43a}$$

$$n_{\mathrm{SH}}^{\mathrm{tr}}=\frac{B^{\mathrm{tr}}}{B^{\mathrm{in}}}=\frac{\mu^{\mathrm{e}}n_{\mathrm{S}}^{\mathrm{in}}k_{\mathrm{S}}^{\mathrm{e}3}+\mu^{\mathrm{e}}n_{\mathrm{S}}^{\mathrm{re}}k_{\mathrm{S}}^{\mathrm{e}3}}{\mu n_{\mathrm{S}}^{\mathrm{tr}}k_{\mathrm{S}}^3+\mu^{\mathrm{e}}n_{\mathrm{S}}^{\mathrm{re}}k_{\mathrm{S}}^{\mathrm{e}}k_{\mathrm{S}}^2} \tag{5.1-43b}$$

式中，$n_{\mathrm{SH}}^{\mathrm{re}}$ 和 $n_{\mathrm{SH}}^{\mathrm{tr}}$ 分别表示反射 SH 波和透射 SH 波的振幅反射率和振幅透射率。

从式（5.1-41）可以看得出，存在一个临界的角度 $\alpha_{\mathrm{cr}}^{\mathrm{in}}=\sin^{-1}(k_{\mathrm{S}}^{\mathrm{e}}/k_{\mathrm{S}})=\sin^{-1}(v_{\mathrm{S}}/v_{\mathrm{S}}^{\mathrm{e}})$，当 $\alpha_{\mathrm{S}}^{\mathrm{in}}=\alpha_{\mathrm{cr}}^{\mathrm{in}}$ 时，$\alpha_{\mathrm{S}}^{\mathrm{in}}=\pi/2$；当 $\alpha_{\mathrm{S}}^{\mathrm{in}}>\alpha_{\mathrm{cr}}^{\mathrm{in}}$ 时，由于 $\sin\alpha_{\mathrm{S}}^{\mathrm{tr}}=(k_{\mathrm{S}}^{\mathrm{e}}/k_{\mathrm{S}})\sin\alpha_{\mathrm{S}}^{\mathrm{in}}>$

1 这显然是不合理的，可见在 $\alpha_{cr}^{in}<\alpha_{S}^{in}<\pi/2$ 的条件下，将不会有普通的透射 SH 波存在，而是非均匀的平面波在交界面处传播。

2. 能量反射与透射系数

在均质弹性介质半空间中，入射波和反射波的能量通量可以表示为如下方程：

$$E_{SH}^{in}=\frac{1}{2}\mathrm{Re}(\sigma_{23}^{e(iS)}\dot{u}_{2}^{e(iS)}) \tag{5.1-44a}$$

$$E_{SH}^{re}=\frac{1}{2}\mathrm{Re}(\sigma_{23}^{e(rS)}\dot{u}_{2}^{e(rS)}) \tag{5.1-44b}$$

式中，各符号表达式如下：

$\sigma_{23}^{iS}=\mathrm{i}\mu^{e}n_{S}^{in}k_{S}^{e3}B^{in}$，$\sigma_{23}^{rS}=-\mathrm{i}\mu^{e}n_{S}^{re}k_{S}^{e3}B^{re}$，$\sigma_{23}^{iS}=\mathrm{i}\mu^{e}n_{S}^{in}k_{S}^{e3}B^{in}$，$\sigma_{23}^{rS}=-\mathrm{i}\mu^{e}n_{S}^{re}k_{S}^{e3}B^{re}$。

利用入射波的能量通量来衡量反射波的能量通量，得到反射 SH 波的能量反射系数：

$$e_{SH}^{re}=\frac{|E_{SH}^{re}|}{|E_{SH}^{in}|}=\frac{n_{S}^{re}}{n_{S}^{in}}n_{SH}^{re2} \tag{5.1-45}$$

在非饱和多孔介质半空间内，透射波的能量通量可以表示为：

$$E_{SH}^{tr}=\frac{1}{2}\mathrm{Re}(\sigma_{23}^{tS}\dot{u}_{2s}^{tS}-p_{l}^{tS}\dot{u}_{2l}^{tS}-p_{g}^{tS}\dot{u}_{2g}^{tS}) \tag{5.1-46}$$

式中，各符号表达式如下：

$\sigma_{23}^{tS}=\mathrm{i}\mu n_{S}^{tr}k_{S}^{3}B_{s}^{tr}$，$\dot{u}_{2s}^{tr}=\mathrm{i}v_{S}k_{S}^{3}B_{s}^{tr}$，$\dot{u}_{2l}^{tr}=\mathrm{i}v_{S}k_{S}^{3}\delta_{ls}^{tr}B_{s}^{tr}$，$\dot{u}_{2g}^{tr}=\mathrm{i}v_{S}k_{S}^{3}\delta_{gs}^{tr}B_{s}^{tr}$，$p_{l}^{tS}=(a_{11}+a_{12}\delta_{lS}^{tr}+a_{13}\delta_{gS}^{tr})k_{S}^{2}B_{s}^{tr}$，$p_{g}^{tS}=(a_{21}+a_{22}\delta_{lS}^{tr}+a_{23}\delta_{gS}^{tr})k_{S}^{2}B_{s}^{tr}$

通过利用入射波的能量通量来衡量透射波的能量通量，得到透射 SH 波的能量反射系数：

$$e_{SH}^{tr}=\frac{|E_{SH}^{tr}|}{|E_{SH}^{in}|}=\frac{\mu k_{S}{}^{5}n_{S}^{tr}}{\mu^{e}k_{S}^{e5}n_{S}^{in}}n_{SH}^{tr2} \tag{5.1-47}$$

由于入射波所携带的能量在反射过程中不消散，因此根据能量守恒，在界面 $x_{3}=0$ 处的反射波和透射波的能量比满足式（5.1-48）：

$$e_{sum}=e_{SH}^{re}+e_{SH}^{tr}=1 \tag{5.1-48}$$

3. 数值计算与讨论

弹性半空间和非饱和半空间的材料参数见表 5.1-1。通过数值算例对平面 SH 谐波入射下的临界角、势函数振幅反射与透射系数以及能量反射与透射系数进行分析。

（1）临界入射角

由前面的理论分析可知，如果两种介质中的波速满足一定条件时，当入射角超过某一临界角，透射波将不存在，代之以沿界面传播的非均匀波。图 5.1-11 给出了不同饱和度、孔隙率以及入射频率下 SH 波入射临界角的变化曲线。从图中可以看出，SH 波入射的临界角并非常数，而是与非饱和土的特性有关。随着饱和度的增大，临界角逐渐减小，在 0.85 左右时达到最小值，随后逐渐增大。临界角随着土体孔隙率的增大逐渐增大。在中低频率下，临界角基本保持不变，当超过1000Hz以后随着频率的增大急剧增大。

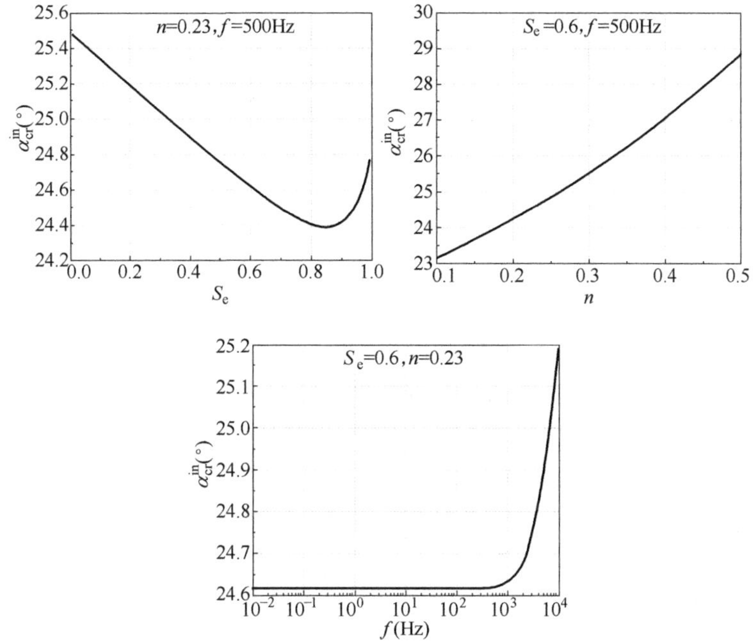

图 5.1-11　不同饱和度、孔隙率以及入射频率下 SH 波入射临界角的变化曲线

(2) 振幅透射系数和反射系数

图 5.1-12 为不同饱和度下透射和反射 SH 波的振幅透射和反射系数随入射角的变化情况。从图 5.1-12 中可以看出，随着入射角的增大两种振幅系数均降低，并且饱和度对其也有显著的影响。

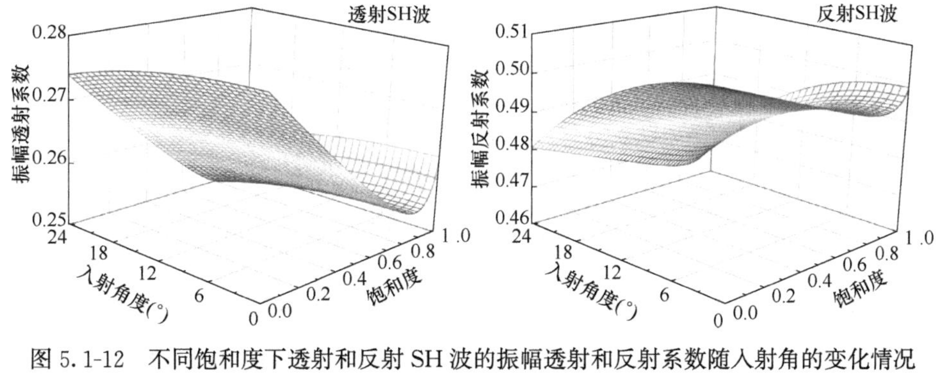

图 5.1-12　不同饱和度下透射和反射 SH 波的振幅透射和反射系数随入射角的变化情况

图 5.1-13 为不同频率下透射和反射 SH 波振幅系数随入射角的变化情况。从图中可以看出，入射 SH 频率较低时，频率变化对透射和反射 SH 波振幅透射和反射系数的影响不明显，而当高频入射时，频率对势函数的振幅透射和反射系数影响较为显著。

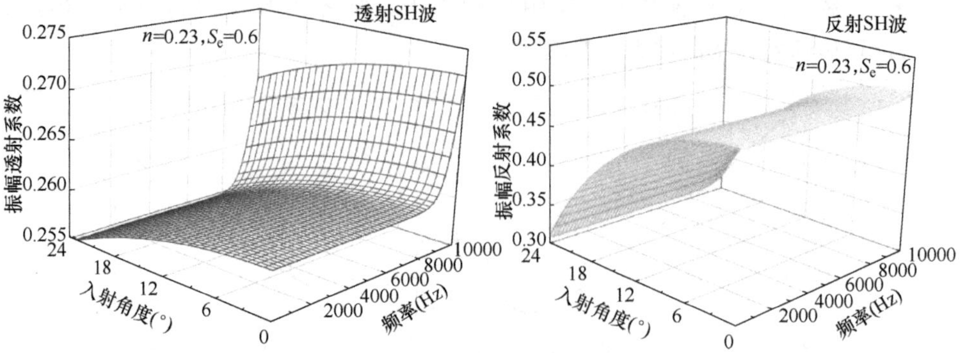

图 5.1-13　不同频率下透射和反射 SH 波的振幅透射和反射系数随入射角的变化情况

(3) 能量透射系数和反射系数

为了分析非饱和多孔介质的饱和度变化对反射 SH 波和透射 SH 波的能量反射系数和透射系数的影响情况，图 5.1-14 给出了不同饱和度下反射波和透射波的能量反射/透射系数随入射角的变化情况。从图中可以看出，反射 SH 波的能量反射系数随入射角的增大而减小，而透射 SH 波的能量透射系数随着入射角的增大呈增大的趋势。此外，由图还可以看出饱和度变化对反射 SH 波和透射 SH 波的影响均很明显，与入射角对它们的影响规律相似，对于反射 SH 波，其能量反射系数随着饱和度的增大而减小，当饱和度增大到 0.9 以上接近饱和时，能量反射系数随着饱和度的增大而增大。与之相反，透射 SH 波的能量透射系数随着饱和度的增大而增大，同样当饱和度达到 0.9 左右时，其能量透射系数随饱和度的增大呈下降的趋势。

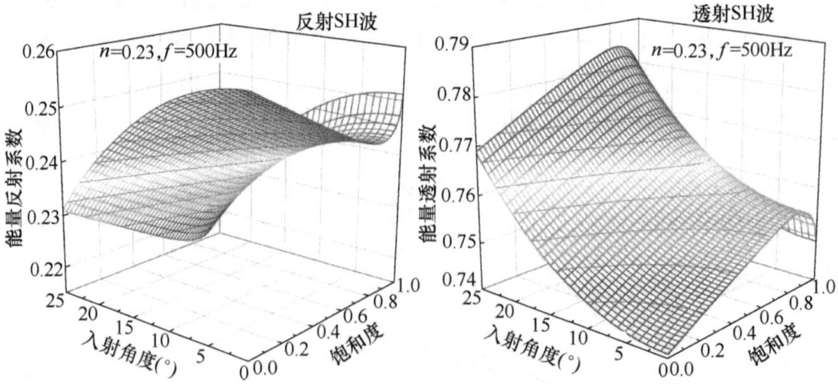

图 5.1-14　不同饱和度下反射波和透射波的能量反射/透射系数随入射角的变化情况

图 5.1-15 为不同入射频率下反射波和透射波的能量反射/透射系数随入射角的变化情况，图中考虑的频率范围为 $10^{-2} \sim 10^{4}$ Hz，从图中可以看出，在这个频率范围内，频率基本不会对反射 SH 波和透射 SH 波的能量反射/透射系数产生影响，几乎可以忽略。

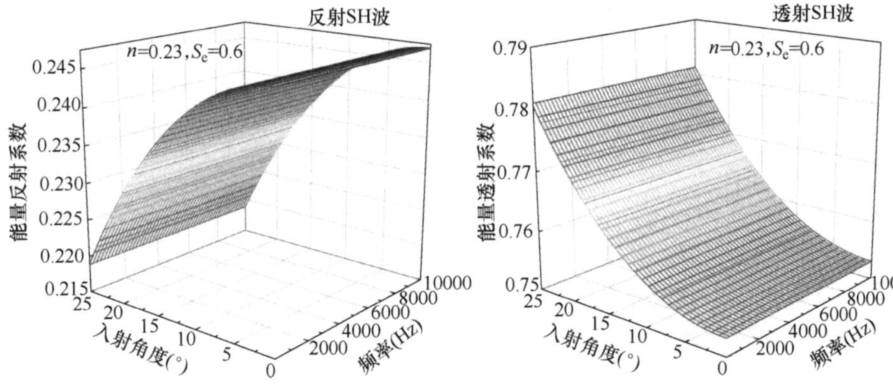

图 5.1-15　不同频率下反射波和透射波的能量反射/透射系数随入射角的变化情况

5.2　弹性体波在层状非饱和土分界面处的反射与透射

5.2.1　平面 P 波入射时的反射与透射

1. 位移势振幅反射与透射系数

如图 5.2-1 所示为非饱和土层分界面处入射波、反射波、透射波示意图，$x_3>0$ 的部分为非饱和土层Ⅰ区，$x_3<0$ 的部分为非饱和土层Ⅱ区，其交界面为 $x_3=0$ 的平面。频率为 ω 的平面谐波 P_1 以角度 $\alpha_{P_1}^{in}$ 从Ⅰ区射向Ⅱ区，则在非饱和土的交界面处将产生反射 P_1 波、反射 P_2 波、反射 P_3 波、反射 SV 波，以透射 P_1 波、透射 P_2 波、透射 P_3 波、透射 SV 波等弹性波。

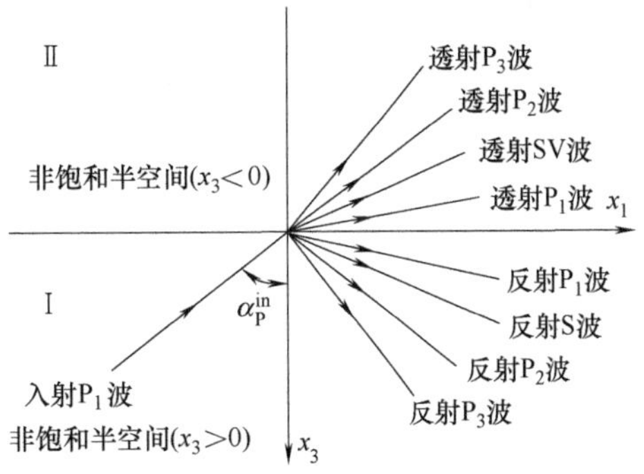

图 5.2-1　非饱和土层分界面处入射波、反射波、透射波示意图

此时，各入射波、反射波和透射波的势函数可分别表示为：

在非饱和土层Ⅰ中，各反射波的势函数为：

入射 P_1 波：

$$\psi_{\pi}^{in}=A_{\pi P_1}^{in}\exp[ik_{P_1}^{in}(l_{P_1}^{in}x_1-n_{P_1}^{in}x_3-v_{P_1}^{in}t)] \tag{5.2-1}$$

反射 P 波（包括反射 P_1 波、反射 P_2 波、反射 P_3 波）：

$$\psi_{\pi}^{re}=A_{\pi P_1}^{re}\exp[ik_{P_1}^{re}(l_{P_1}^{re}x_1+n_{P_1}^{re}x_3-v_{P_1}^{re}t)]+A_{\pi P_2}^{re}\exp[ik_{P_2}^{re}(l_{P_2}^{re}x_1+n_{P_2}^{re}x_3-v_{P_2}^{re}t)]$$
$$+A_{\pi P_3}^{re}\exp[ik_{P_3}^{re}(l_{P_3}^{re}x_1+n_{P_3}^{re}x_3-v_{P_3}^{re}t)] \tag{5.2-2}$$

则非饱和土层 I 中，P 波的总势函数为：

$$\psi_\pi^{\mathrm{I}}=A_{\pi\mathrm{P}_1}^{\mathrm{in}}\exp[\mathrm{i}k_{\mathrm{P}_1}^{\mathrm{in}}(l_{\mathrm{P}_1}^{\mathrm{in}}x_1-n_{\mathrm{P}_1}^{\mathrm{in}}x_3-v_{\mathrm{P}_1}^{\mathrm{in}}t)]+A_{\pi\mathrm{P}_1}^{\mathrm{re}}\exp[\mathrm{i}k_{\mathrm{P}_1}^{\mathrm{re}}(l_{\mathrm{P}_1}^{\mathrm{re}}x_1+n_{\mathrm{P}_1}^{\mathrm{re}}x_3-v_{\mathrm{P}_1}^{\mathrm{re}}t)]$$

$$+A_{\pi\mathrm{P}_2}^{\mathrm{re}}\exp[\mathrm{i}k_{\mathrm{P}_2}^{\mathrm{re}}(l_{\mathrm{P}_2}^{\mathrm{re}}x_1+n_{\mathrm{P}_2}^{\mathrm{re}}x_3-v_{\mathrm{P}_2}^{\mathrm{re}}t)]+A_{\pi\mathrm{P}_3}^{\mathrm{re}}\exp[\mathrm{i}k_{\mathrm{P}_3}^{\mathrm{re}}(l_{\mathrm{P}_3}^{\mathrm{re}}x_1+n_{\mathrm{P}_3}^{\mathrm{re}}x_3-v_{\mathrm{P}_3}^{\mathrm{re}}t)]$$

$$(5.2\text{-}3)$$

反射 SV 波：

$$\boldsymbol{H}_\pi^{\mathrm{I}}=B_\pi^{\mathrm{re}}\exp[\mathrm{i}k_{\mathrm{S}}^{\mathrm{re}}(l_{\mathrm{S}}^{\mathrm{re}}x_1+n_{\mathrm{S}}^{\mathrm{re}}x_3-v_{\mathrm{S}}^{\mathrm{re}}t)] \qquad (5.2\text{-}4)$$

在非饱和土层 II 中，各透射波的势函数可分别表示为：

透射 P 波（包括透射 P_1 波、透射 P_2 波、透射 P_3 波）：

$$\psi_\pi^{\mathrm{II}}=A_{\pi\mathrm{P}_1}^{\mathrm{tr}}\exp[\mathrm{i}k_{\mathrm{P}_1}^{\mathrm{tr}}(l_{\mathrm{P}_1}^{\mathrm{tr}}x_1-n_{\mathrm{P}_1}^{\mathrm{tr}}x_3-v_{\mathrm{P}_1}^{\mathrm{tr}}t)]+A_{\pi\mathrm{P}_2}^{\mathrm{tr}}\exp[\mathrm{i}k_{\mathrm{P}_2}^{\mathrm{tr}}(l_{\mathrm{P}_2}^{\mathrm{tr}}x_1-n_{\mathrm{P}_2}^{\mathrm{tr}}x_3-v_{\mathrm{P}_2}^{\mathrm{tr}}t)]$$

$$+A_{\pi\mathrm{P}_3}^{\mathrm{tr}}\exp[\mathrm{i}k_{\mathrm{P}_3}^{\mathrm{tr}}(l_{\mathrm{P}_3}^{\mathrm{tr}}x_1-n_{\mathrm{P}_3}^{\mathrm{tr}}x_3-v_{\mathrm{P}_3}^{\mathrm{tr}}t)]$$

$$(5.2\text{-}5)$$

透射 SV 波：

$$\boldsymbol{H}_\pi^{\mathrm{II}}=B_\pi^{\mathrm{tr}}\exp[\mathrm{i}k_{\mathrm{S}}^{\mathrm{tr}}(l_{\mathrm{S}}^{\mathrm{tr}}x_1-n_{\mathrm{S}}^{\mathrm{tr}}x_3-v_{\mathrm{S}}^{\mathrm{tr}}t)] \qquad (5.2\text{-}6)$$

上面各式中，$k_{\mathrm{P}_i}^{\mathrm{in}}$，$k_{\mathrm{P}_i}^{\mathrm{re}}$，$k_{\mathrm{P}_i}^{\mathrm{tr}}$（$i=1$，2，3）分别表示入射、反射和透射 P_i 波的波数；$k_{\mathrm{S}}^{\mathrm{re}}$ 和 $k_{\mathrm{S}}^{\mathrm{tr}}$ 为反射和透射 SV 波的波数。$v_{\mathrm{P}_i}^{\mathrm{in}}$，$v_{\mathrm{P}_i}^{\mathrm{re}}$，$v_{\mathrm{P}_i}^{\mathrm{tr}}$ 分别表示入射、反射和透射压缩波的波速；$v_{\mathrm{S}}^{\mathrm{re}}$ 和 $v_{\mathrm{S}}^{\mathrm{tr}}$ 表示反射和透射剪切波的波速。

不同物理力学性质的非饱和土层在交界面（$x_3=0$）处的位移和应力应满足连续性条件：

$$\left.\begin{array}{r}\sigma_{33}^{\mathrm{I}}\mid_{x_3=0}=\sigma_{33}^{\mathrm{II}}\mid_{x_3=0}\\[4pt]\sigma_{13}^{\mathrm{I}}\mid_{x_3=0}=\sigma_{13}^{\mathrm{II}}\mid_{x_3=0}\\[4pt]u_3^{\mathrm{s\,I}}\mid_{x_3=0}=u_3^{\mathrm{s\,II}}\mid_{x_3=0}\\[4pt]u_1^{\mathrm{s\,I}}\mid_{x_3=0}=u_1^{\mathrm{s\,II}}\mid_{x_3=0}\end{array}\right\} \qquad (5.2\text{-}7)$$

液相和气相的相对位移满足：

$$\left.\begin{array}{r}\overline{u}_3^{\,\mathrm{l\,I}}\mid_{x_3=0}=\overline{u}_3^{\,\mathrm{l\,II}}\mid_{x_3=0}=0\\[4pt]\overline{u}_3^{\,\mathrm{g\,I}}\mid_{x_3=0}=\overline{u}_3^{\,\mathrm{g\,II}}\mid_{x_3=0}=0\end{array}\right\} \qquad (5.2\text{-}8)$$

式中，上标标有 I 的变量表示对应交界面非饱和土层 I 的物理量，标有 II 的变量表示对应界面非饱和土层 II 的物理量。将势方程代入边界条件后可以得到：

$$\sigma_{33}^{\mathrm{I,II}}=\lambda_\mathrm{c}^{\mathrm{I,II}}\nabla^2\psi_\mathrm{s}^{\mathrm{I,II}}+2\mu^{\mathrm{I,II}}\left(\frac{\partial^2\psi_\mathrm{s}^{\mathrm{I,II}}}{\partial x_3^2}+\frac{\partial^2\boldsymbol{H}_\mathrm{s}^{\mathrm{I,II}}}{\partial x_1\partial x_3}\right)+B_1^{\mathrm{I,II}}\nabla^2\psi_\mathrm{l}^{\mathrm{I,II}}+B_1^{\mathrm{I,II}}\nabla^2\psi_\mathrm{g}^{\mathrm{I,II}}$$

$$(5.2\text{-}9\mathrm{a})$$

$$\sigma_{13}^{\mathrm{I,II}}=\mu^{\mathrm{I,II}}\left[\nabla^2\boldsymbol{H}_\mathrm{s}^{\mathrm{I,II}}+2\left(\frac{\partial^2\psi_\mathrm{s}^{\mathrm{I,II}}}{\partial x_1\partial x_3}-\frac{\partial^2\boldsymbol{H}_\mathrm{s}^{\mathrm{I,II}}}{\partial x_3^2}\right)\right] \qquad (5.2\text{-}9\mathrm{b})$$

$$u_1^{s\,\mathrm{I},\mathrm{II}}=\frac{\partial\psi_s^{\mathrm{I},\mathrm{II}}}{\partial x_1}-\frac{\partial \boldsymbol{H}_s^{\mathrm{I},\mathrm{II}}}{\partial x_3},\ u_3^{s\,\mathrm{I},\mathrm{II}}=\frac{\partial\psi_s^{\mathrm{I},\mathrm{II}}}{\partial x_3}+\frac{\partial \boldsymbol{H}_s^{\mathrm{I},\mathrm{II}}}{\partial x_1} \tag{5.2-9c}$$

$$\overline{u}_1^{\pi\,\mathrm{I},\mathrm{II}}=\frac{\partial\psi_\pi^{\mathrm{I},\mathrm{II}}}{\partial x_1}-\frac{\partial \boldsymbol{H}_\pi^{\mathrm{I},\mathrm{II}}}{\partial x_3},\ \overline{u}_3^{\pi\,\mathrm{I},\mathrm{II}}=\frac{\partial\psi_\pi^{\mathrm{I},\mathrm{II}}}{\partial x_3}+\frac{\partial \boldsymbol{H}_\pi^{\mathrm{I},\mathrm{II}}}{\partial x_1}(\pi=\mathrm{l},\mathrm{g}) \tag{5.2-9d}$$

将势方程代入上述边界条件后可以得到：

$$\begin{cases}k_{\mathrm{P}_1}^{\mathrm{in}}v_{\mathrm{P}_1}^{\mathrm{in}}=k_{\mathrm{P}_i}^{\mathrm{re}}v_{\mathrm{P}_i}^{\mathrm{re}}=k_{\mathrm{P}_i}^{\mathrm{tr}}v_{\mathrm{P}_i}^{\mathrm{tr}}=k_{\mathrm{S}}^{\mathrm{re}}v_{\mathrm{S}}^{\mathrm{re}}=k_{\mathrm{S}}^{\mathrm{tr}}v_{\mathrm{S}}^{\mathrm{tr}}\\ k_{\mathrm{P}_1}^{\mathrm{in}}l_{\mathrm{P}_1}^{\mathrm{in}}=k_{\mathrm{P}_i}^{\mathrm{re}}l_{\mathrm{P}_i}^{\mathrm{re}}=k_{\mathrm{P}_i}^{\mathrm{tr}}l_{\mathrm{P}_i}^{\mathrm{tr}}=k_{\mathrm{S}}^{\mathrm{re}}l_{\mathrm{S}}^{\mathrm{re}}=k_{\mathrm{S}}^{\mathrm{tr}}l_{\mathrm{S}}^{\mathrm{tr}}\end{cases}(i=1,2,3) \tag{5.2-10}$$

将式（5.2-9）代入边界条件式（5.2-7）和式（5.2-8），结合式（5.2-10），可得各幅值的之间关系：

$$[F]\{A_{\mathrm{sP}_1}^{\mathrm{re}},A_{\mathrm{sP}_2}^{\mathrm{re}},A_{\mathrm{sP}_3}^{\mathrm{re}},A_{\mathrm{sP}_1}^{\mathrm{tr}},A_{\mathrm{sP}_2}^{\mathrm{tr}},A_{\mathrm{sP}_3}^{\mathrm{tr}},B_{\mathrm{s}}^{\mathrm{re}},B_{\mathrm{s}}^{\mathrm{tr}}\}^{\mathrm{T}}=A_{\mathrm{sP}_1}^{\mathrm{in}}[G] \tag{5.2-11}$$

式中，矩阵［F］中的各元素分别为：

$f_{11}=[-(\lambda_c^{\mathrm{I}}+2\mu^{\mathrm{I}}n_{\mathrm{P}_1}^{\mathrm{re2}})-B_1^{\mathrm{I}}\delta_{\mathrm{lP}_1}^{\mathrm{re}}-B_2^{\mathrm{I}}\delta_{\mathrm{gP}_1}^{\mathrm{re}}]k_{\mathrm{P}_1}^{\mathrm{re2}}$，$f_{12}=[-(\lambda_c^{\mathrm{I}}+2\mu^{\mathrm{I}}n_{\mathrm{P}_2}^{\mathrm{re2}})-B_1^{\mathrm{I}}\delta_{\mathrm{lP}_2}^{\mathrm{re}}-B_2^{\mathrm{I}}\delta_{\mathrm{gP}_2}^{\mathrm{re}}]k_{\mathrm{P}_2}^{\mathrm{re2}}$，$f_{13}=[-(\lambda_c^{\mathrm{I}}A_{\mathrm{sP}_3}^{\mathrm{re}}+2\mu^{\mathrm{I}}n_{\mathrm{P}_3}^{\mathrm{re2}})-B_1^{\mathrm{I}}\delta_{\mathrm{lP}_3}^{\mathrm{re}}-B_2^{\mathrm{I}}\delta_{\mathrm{gP}_3}^{\mathrm{re}}]k_{\mathrm{P}_3}^{\mathrm{re2}}$，$f_{14}=(\lambda_c^{\mathrm{II}}+2\mu^{\mathrm{II}}n_{\mathrm{P}_1}^{\mathrm{tr2}}+B_1^{\mathrm{II}}\delta_{\mathrm{lP}_1}^{\mathrm{tr}}+B_2^{\mathrm{II}}\delta_{\mathrm{gP}_1}^{\mathrm{tr}})k_{\mathrm{P}_1}^{\mathrm{tr2}}$，$f_{15}=(\lambda_c^{\mathrm{II}}+2\mu^{\mathrm{II}}n_{\mathrm{P}_2}^{\mathrm{tr2}}+B_1^{\mathrm{II}}\delta_{\mathrm{lP}_2}^{\mathrm{tr}}+B_2^{\mathrm{II}}\delta_{\mathrm{gP}_2}^{\mathrm{tr}})k_{\mathrm{P}_2}^{\mathrm{tr2}}$，$f_{16}=(\lambda_c^{\mathrm{II}}+2\mu^{\mathrm{II}}n_{\mathrm{P}_3}^{\mathrm{tr2}}+B_1^{\mathrm{II}}\delta_{\mathrm{lP}_3}^{\mathrm{tr}}+B_2^{\mathrm{II}}\delta_{\mathrm{gP}_3}^{\mathrm{tr}})k_{\mathrm{P}_3}^{\mathrm{tr2}}$，$f_{17}=-2\mu^{\mathrm{I}}l_{\mathrm{S}}^{\mathrm{re}}n_{\mathrm{S}}^{\mathrm{re}}k_{\mathrm{S}}^{\mathrm{re2}}$，$f_{18}=-2\mu^{\mathrm{II}}l_{\mathrm{S}}^{\mathrm{tr}}n_{\mathrm{S}}^{\mathrm{tr}}k_{\mathrm{S}}^{\mathrm{tr2}}$，$f_{21}=-2\mu^{\mathrm{I}}l_{\mathrm{P}_1}^{\mathrm{re}}n_{\mathrm{P}_1}^{\mathrm{re}}k_{\mathrm{P}_1}^{\mathrm{re2}}$，$f_{22}=-2\mu^{\mathrm{I}}l_{\mathrm{P}_2}^{\mathrm{re}}n_{\mathrm{P}_2}^{\mathrm{re}}k_{\mathrm{P}_2}^{\mathrm{re2}}$，$f_{23}=-2\mu^{\mathrm{I}}l_{\mathrm{P}_3}^{\mathrm{re}}n_{\mathrm{P}_3}^{\mathrm{re}}k_{\mathrm{P}_3}^{\mathrm{re2}}$，$f_{24}=-2\mu^{\mathrm{II}}l_{\mathrm{P}_1}^{\mathrm{tr}}n_{\mathrm{P}_1}^{\mathrm{tr}}k_{\mathrm{P}_1}^{\mathrm{tr2}}$，$f_{25}=-2\mu^{\mathrm{II}}l_{\mathrm{P}_2}^{\mathrm{tr}}n_{\mathrm{P}_2}^{\mathrm{tr}}k_{\mathrm{P}_2}^{\mathrm{tr2}}$，$f_{26}=-2\mu^{\mathrm{II}}l_{\mathrm{P}_3}^{\mathrm{tr}}n_{\mathrm{P}_3}^{\mathrm{tr}}k_{\mathrm{P}_3}^{\mathrm{tr2}}$，$f_{27}=\mu^{\mathrm{I}}(n_{\mathrm{S}}^{\mathrm{re2}}-l_{\mathrm{S}}^{\mathrm{re2}})k_{\mathrm{S}}^{\mathrm{re2}}$，$f_{28}=\mu^{\mathrm{II}}(l_{\mathrm{S}}^{\mathrm{tr2}}-n_{\mathrm{S}}^{\mathrm{tr2}})k_{\mathrm{S}}^{\mathrm{tr2}}$，$f_{31}=n_{\mathrm{P}_1}^{\mathrm{re}}k_{\mathrm{P}_1}^{\mathrm{re}}$，$f_{32}=n_{\mathrm{P}_2}^{\mathrm{re}}k_{\mathrm{P}_2}^{\mathrm{re}}$，$f_{33}=n_{\mathrm{P}_3}^{\mathrm{re}}k_{\mathrm{P}_3}^{\mathrm{re}}$，$f_{34}=n_{\mathrm{P}_1}^{\mathrm{tr}}k_{\mathrm{P}_1}^{\mathrm{tr}}$，$f_{35}=n_{\mathrm{P}_2}^{\mathrm{tr}}k_{\mathrm{P}_2}^{\mathrm{tr}}$，$f_{36}=n_{\mathrm{P}_3}^{\mathrm{tr}}k_{\mathrm{P}_3}^{\mathrm{tr}}$，$f_{37}=l_{\mathrm{S}}^{\mathrm{re}}k_{\mathrm{S}}^{\mathrm{re}}$，$f_{38}=-l_{\mathrm{S}}^{\mathrm{tr}}k_{\mathrm{S}}^{\mathrm{tr}}$，$f_{41}=l_{\mathrm{P}_1}^{\mathrm{re}}k_{\mathrm{P}_1}^{\mathrm{re}}$，$f_{42}=l_{\mathrm{P}_2}^{\mathrm{re}}k_{\mathrm{P}_2}^{\mathrm{re}}$，$f_{43}=l_{\mathrm{P}_3}^{\mathrm{re}}k_{\mathrm{P}_3}^{\mathrm{re}}$，$f_{44}=-l_{\mathrm{P}_1}^{\mathrm{tr}}k_{\mathrm{P}_1}^{\mathrm{tr}}$，$f_{45}=-l_{\mathrm{P}_2}^{\mathrm{tr}}k_{\mathrm{P}_2}^{\mathrm{tr}}$，$f_{46}=-l_{\mathrm{P}_3}^{\mathrm{tr}}k_{\mathrm{P}_3}^{\mathrm{tr}}$，$f_{47}=-n_{\mathrm{S}}^{\mathrm{re}}k_{\mathrm{S}}^{\mathrm{re}}$，$f_{48}=-n_{\mathrm{S}}^{\mathrm{tr}}k_{\mathrm{S}}^{\mathrm{tr}}$，$f_{51}=n_{\mathrm{P}_1}^{\mathrm{re}}\delta_{\mathrm{lP}_1}^{\mathrm{re}}k_{\mathrm{P}_1}^{\mathrm{re}}$，$f_{52}=n_{\mathrm{P}_2}^{\mathrm{re}}\delta_{\mathrm{lP}_2}^{\mathrm{re}}k_{\mathrm{P}_2}^{\mathrm{re}}$，$f_{53}=n_{\mathrm{P}_3}^{\mathrm{re}}\delta_{\mathrm{lP}_3}^{\mathrm{re}}k_{\mathrm{P}_3}^{\mathrm{re}}$，$f_{54}=f_{55}=f_{56}=0$，$f_{57}=l_{\mathrm{S}}^{\mathrm{re}}\delta_{\mathrm{l}}^{\mathrm{re}}k_{\mathrm{S}}^{\mathrm{re}}$，$f_{58}=0$，$f_{61}=n_{\mathrm{P}_1}^{\mathrm{re}}\delta_{\mathrm{gP}_1}^{\mathrm{re}}k_{\mathrm{P}_1}^{\mathrm{re}}$，$f_{62}=n_{\mathrm{P}_2}^{\mathrm{re}}\delta_{\mathrm{gP}_2}^{\mathrm{re}}k_{\mathrm{P}_2}^{\mathrm{re}}$，$f_{63}=n_{\mathrm{P}_3}^{\mathrm{re}}\delta_{\mathrm{gP}_3}^{\mathrm{re}}k_{\mathrm{P}_3}^{\mathrm{re}}$，$f_{64}=f_{65}=f_{66}=0$，$f_{67}=l_{\mathrm{S}}^{\mathrm{re}}\delta_{\mathrm{g}}^{\mathrm{re}}k_{\mathrm{S}}^{\mathrm{re}}$，$f_{68}=0$，$f_{71}=f_{72}=f_{73}=0$，$f_{74}=-n_{\mathrm{P}_1}^{\mathrm{tr}}\delta_{\mathrm{lP}_1}^{\mathrm{tr}}k_{\mathrm{P}_1}^{\mathrm{tr}}$，$f_{75}=-n_{\mathrm{P}_2}^{\mathrm{tr}}\delta_{\mathrm{lP}_2}^{\mathrm{tr}}k_{\mathrm{P}_2}^{\mathrm{tr}}$，$f_{76}=-n_{\mathrm{P}_3}^{\mathrm{tr}}\delta_{\mathrm{lP}_3}^{\mathrm{tr}}k_{\mathrm{P}_3}^{\mathrm{tr}}$，$f_{77}=0$，$f_{78}=l_{\mathrm{S}}^{\mathrm{tr}}\delta_{\mathrm{l}}^{\mathrm{tr}}k_{\mathrm{S}}^{\mathrm{tr}}$，$f_{81}=f_{82}=f_{83}=0$，$f_{84}=-n_{\mathrm{P}_1}^{\mathrm{tr}}\delta_{\mathrm{gP}_1}^{\mathrm{tr}}k_{\mathrm{P}_1}^{\mathrm{tr}}$，$f_{85}=-n_{\mathrm{P}_2}^{\mathrm{tr}}\delta_{\mathrm{gP}_2}^{\mathrm{tr}}k_{\mathrm{P}_2}^{\mathrm{tr}}$，$f_{86}=-n_{\mathrm{P}_3}^{\mathrm{tr}}\delta_{\mathrm{gP}_3}^{\mathrm{tr}}k_{\mathrm{P}_3}^{\mathrm{tr}}$，$f_{87}=0$，$f_{88}=l_{\mathrm{S}}^{\mathrm{tr}}\delta_{\mathrm{g}}^{\mathrm{tr}}k_{\mathrm{S}}^{\mathrm{tr}}$

矩阵［G］中的各元素分别为：

$g_1=(\lambda_c^{\mathrm{I}}+2\mu^{\mathrm{I}}n_{\mathrm{P}_1}^{\mathrm{in2}}+B_1^{\mathrm{I}}\delta_{\mathrm{lP}_1}^{\mathrm{in}}+B_2^{\mathrm{I}}\delta_{\mathrm{P}_1}^{\mathrm{in2}})k_{\mathrm{P}_1}^{\mathrm{in2}}$，$g_2=-2\mu^{\mathrm{I}}l_{\mathrm{P}_1}^{\mathrm{in}}n_{\mathrm{P}_1}^{\mathrm{in}}k_{\mathrm{P}_1}^{\mathrm{in2}}$，$g_3=n_{\mathrm{P}_1}^{\mathrm{in}}k_{\mathrm{P}_1}^{\mathrm{in}}$，$g_4=-l_{\mathrm{P}_1}^{\mathrm{in}}k_{\mathrm{P}_1}^{\mathrm{in}}$，$g_5=n_{\mathrm{P}_1}^{\mathrm{in}}\delta_{\mathrm{lP}_1}^{\mathrm{in}}k_{\mathrm{P}_1}^{\mathrm{in}}$，$g_6=n_{\mathrm{P}_1}^{\mathrm{in}}\delta_{\mathrm{gP}_1}^{\mathrm{in}}k_{\mathrm{P}_1}^{\mathrm{in}}$，$g_7=g_8=0$

假设入射波的固相位移幅值为1，即$A_{\mathrm{sP}_1}^{\mathrm{in}}=1$，则平面$\mathrm{P}_1$波由非饱和半空间Ⅰ入射至非饱和半空间Ⅱ时，在两种不同介质的共同边界处产生的反射波/透射波的振幅反射率/透射率可分别表示为：

$$n_{P_1}^{re}=\frac{A_{sP_1}^{re}}{A_{sP_1}^{in}},\ n_{P_2}^{re}=\frac{A_{sP_2}^{re}}{A_{sP_2}^{in}},\ n_{P_3}^{re}=\frac{A_{sP_3}^{tre}}{A_{sP_1}^{in}},\ n_{SV}^{re}=\frac{B_s^{re}}{A_{sP_1}^{in}},$$

$$n_{P_1}^{tr}=\frac{A_{sP_1}^{tr}}{A_{sP_1}^{in}},\ n_{P_2}^{tr}=\frac{A_{sP_2}^{tr}}{A_{sP_1}^{in}},\ n_{P_3}^{tr}=\frac{A_{sP_3}^{tr}}{A_{sP_1}^{in}},\ n_{SV}^{tr}=\frac{B_s^{tr}}{A_{sP_1}^{in}} \tag{5.2-12}$$

式中，$n_{P_1}^{re}$，$n_{P_2}^{te}$，$n_{P_3}^{re}$ 和 n_{SV}^{re} 分别表示反射 P_1 波，反射 P_2 波，反射 P_3 波和反射 SV 波的振幅反射系数；$n_{P_1}^{tr}$，$n_{P_2}^{tr}$，$n_{P_3}^{tr}$ 和 n_{SV}^{tr} 分别表示透射 P_1 波，透射 P_2 波，透射 P_3 波和透射 SV 波的振幅透射系数。

2. 能量反射与透射系数

非饱和土层Ⅰ中，入射波和各反射波的能量通量可以表示为：

$$E_{P_1}^{in}=\frac{1}{2}\mathrm{Re}(\sigma_{33}^{\mathrm{I}(iP_1)}\dot{u}_{3iP_1}^{s\mathrm{I}}+\sigma_{13}^{\mathrm{I}(iP_1)}\dot{u}_{1iP_1}^{s\mathrm{I}}-p_1^{\mathrm{I}(iP_1)}\dot{u}_{3iP_1}^{l\mathrm{I}}-p_g^{\mathrm{I}(iP_1)}\dot{u}_{3iP_1}^{g\mathrm{I}}) \tag{5.2-13a}$$

$$E_{P_1}^{re}=\frac{1}{2}\mathrm{Re}(\sigma_{33}^{\mathrm{I}(rP_1)}\dot{u}_{3rP_1}^{s\mathrm{I}}+\sigma_{13}^{\mathrm{I}(rP_1)}\dot{u}_{1rP_1}^{s\mathrm{I}}-p_1^{\mathrm{I}(rP_1)}\dot{u}_{3rP_1}^{l\mathrm{I}}-p_g^{\mathrm{I}(rP_1)}\dot{u}_{3rP_1}^{g\mathrm{I}}) \tag{5.2-13b}$$

$$E_{P_2}^{re}=\frac{1}{2}\mathrm{Re}(\sigma_{33}^{\mathrm{I}(rP_2)}\dot{u}_{3rP_2}^{s\mathrm{I}}+\sigma_{13}^{\mathrm{I}(rP_2)}\dot{u}_{1rP_2}^{s\mathrm{I}}-p_1^{\mathrm{I}(rP_2)}\dot{u}_{3rP_2}^{l\mathrm{I}}-p_g^{\mathrm{I}(rP_2)}\dot{u}_{3rP_2}^{g\mathrm{I}}) \tag{5.2-13c}$$

$$E_{S}^{re}=\frac{1}{2}\mathrm{Re}(\sigma_{33}^{\mathrm{I}(rS)}\dot{u}_{3rS}^{s\mathrm{I}}+\sigma_{13}^{\mathrm{I}(rS)}\dot{u}_{1rS}^{s\mathrm{I}}-p_1^{\mathrm{I}(rS)}\dot{u}_{3rS}^{l\mathrm{I}}-p_g^{\mathrm{I}(rS)}\dot{u}_{3rS}^{g\mathrm{I}}) \tag{5.2-13d}$$

式中，各符号表达式为：

$\sigma_{33}^{iP_1}=-(\lambda_c^{\mathrm{I}}+2\mu^{\mathrm{I}}n_{P_1}^{in2}+B_1^{\mathrm{I}}\delta_{lP_1}^{re}+B_2^{\mathrm{I}}\delta_{gP_1}^{re})k_{P_1}^{in2}A_{sP_1}^{in}$，$\sigma_{33}^{rP_1}=-(\lambda_c^{\mathrm{I}}+2\mu^{\mathrm{I}}n_{P_1}^{re2}+B_1^{\mathrm{I}}\delta_{lP_1}^{re}+B_2^{\mathrm{I}}\delta_{gP_1}^{re})k_{P_1}^{re2}A_{sP_1}^{re}$，$\sigma_{33}^{rP_2}=-(\lambda_c^{\mathrm{I}}+2\mu^{\mathrm{I}}n_{P_2}^{re2}+B_1^{\mathrm{I}}\delta_{lP_2}^{re}+B_2^{\mathrm{I}}\delta_{gP_2}^{re})k_{P_2}^{re2}A_{sP_2}^{re}$，$\sigma_{33}^{rP_3}=-(\lambda_c^{\mathrm{I}}+2\mu^{\mathrm{I}}n_{P_3}^{re2}+B_1^{\mathrm{I}}\delta_{lP_3}^{re}+B_2^{\mathrm{I}}\delta_{gP_3}^{re})k_{P_3}^{re2}A_{sP_3}^{re}$，$\sigma_{33}^{rS}=-2\mu^{\mathrm{I}}l_S^{re}n_S^{re}k_S^{re2}B_s^{re}$，$\sigma_{13}^{\mathrm{I}(iP_1)}=2\mu^{\mathrm{I}}l_{P_1}^{in}n_{P_1}^{in}k_{P_1}^{in2}A_{sP_1}^{in}$，$\sigma_{13}^{\mathrm{I}(rP_1)}=-2\mu^{\mathrm{I}}l_{P_1}^{re}n_{P_1}^{re}k_{P_1}^{re2}A_{sP_1}^{re}$，$\sigma_{13}^{\mathrm{I}(rP_2)}=-2\mu^{\mathrm{I}}l_{P_2}^{re}n_{P_2}^{re}k_{P_2}^{re2}A_{sP_2}^{re}$，$\sigma_{13}^{\mathrm{I}(rP_3)}=-2\mu^{\mathrm{I}}l_{P_3}^{re}n_{P_3}^{re}k_{P_3}^{re2}A_{sP_3}^{re}$，$\sigma_{13}^{\mathrm{I}(rS)}=\mu^{\mathrm{I}}(n_S^{re2}-l_S^{re2})k_S^{re2}B_s^{re}$，$p_1^{iP_1}=(a_{11}+a_{12}\delta_{lP_1}^{re}+a_{13}\delta_{gP_1}^{re})k_{P_1}^{in2}A_{sP_1}^{in}$，$p_1^{rP_1}=(a_{11}+a_{12}\delta_{lP_1}^{re}+a_{13}\delta_{gP_1}^{re})k_{P_1}^{re2}A_{sP_1}^{re}$，$p_1^{rS}=0$，$p_1^{rP_2}=(a_{11}+a_{12}\delta_{lP_2}^{re}+a_{13}\delta_{gP_2}^{re})k_{P_2}^{re2}A_{sP_2}^{re}$，$p_1^{rP_3}=(a_{11}+a_{12}\delta_{lP_3}^{re}+a_{13}\delta_{gP_3}^{re})k_{P_3}^{re2}A_{sP_3}^{re}$，$p_g^{rS}=0$，$p_g^{iP_1}=(a_{21}+a_{22}\delta_{lP_1}^{re}+a_{23}\delta_{gP_1}^{re})k_{P_1}^{in2}A_{sP_1}^{in}$，$p_g^{rP_1}=(a_{21}+a_{22}\delta_{lP_1}^{re}+a_{23}\delta_{gP_1}^{re})k_{P_1}^{re2}A_{sP_1}^{re}$，$p_g^{rP_2}=(a_{21}+a_{22}\delta_{lP_2}^{re}+a_{23}\delta_{gP_2}^{re})k_{P_2}^{re2}A_{sP_2}^{re}$，$p_g^{rP_3}=(a_{21}+a_{22}\delta_{lP_3}^{re}+a_{23}\delta_{gP_3}^{re})k_{P_3}^{re2}A_{sP_3}^{re}$，$\dot{u}_{3s}^{iP_1}=-n_{P_1}^{in}v_{P_1}^{in}k_{P_1}^{in2}A_{sP_1}^{in}$，$\dot{u}_{3s}^{rP_1}=n_{P_1}^{re}v_{P_1}^{re}k_{P_1}^{re2}A_{sP_1}^{re}$，$\dot{u}_{3s}^{rP_2}=n_{P_2}^{re}v_{P_2}^{re}k_{P_2}^{re2}A_{sP_2}^{re}$，$\dot{u}_{3s}^{rP_3}=n_{P_3}^{re}v_{P_3}^{re}k_{P_3}^{re2}A_{sP_3}^{re}$，$\dot{u}_{3s}^{rS}=l_S^{re}v_S^{re}k_S^{re2}B_s^{re}$，$\dot{u}_{1s}^{iP_1}=l_{P_1}^{in}v_{P_1}^{in}k_{P_1}^{in2}A_{sP_1}^{in}$，

$\dot{u}_{1s}^{rP_1}=l_{P_1}^{re}v_{P_1}^{re}k_{P_1}^{re2}A_{sP_1}^{re}$，$\dot{u}_{1s}^{rP_2}=l_{P_2}^{re}v_{P_2}^{re}k_{P_2}^{re2}A_{sP_2}^{re}$，$\dot{u}_{1s}^{rP_3}=l_{P_3}^{re}v_{P_3}^{re}k_{P_3}^{re2}A_{sP_3}^{re}$，$\dot{u}_{1s}^{rS}=-n_S^{re}v_S^{re}k_S^{re2}B_s^{re}$，$\dot{u}_{31}^{iP_1}=-n_{P_1}^{in}v_{P_1}^{in}k_{P_1}^{in2}\delta_{lP_1}^{re}A_{sP_1}^{in}$，$\dot{u}_{31}^{rP_1}=n_{P_1}^{re}v_{P_1}^{re}k_{P_1}^{re2}\delta_{lP_1}^{re}A_{sP_1}^{re}$，$\dot{u}_{31}^{rP_2}=n_{P_2}^{re}v_{P_2}^{re}k_{P_2}^{re2}\delta_{lP_2}^{re}A_{sP_2}^{re}$，$\dot{u}_{31}^{rP_3}=n_{P_3}^{re}v_{P_3}^{re}k_{P_3}^{re2}\delta_{lP_3}^{re}A_{sP_3}^{re}$，$\dot{u}_{31}^{rS}=l_S^{re}v_S^{re}k_S^{re2}\delta_{ls}^{re}B_s^{re}$，$\dot{u}_{3g}^{iP_1}=-n_{P_1}^{in}v_{P_1}^{in}k_{P_1}^{in2}\delta_{gP_1}^{re}A_{sP_1}^{in}$，$\dot{u}_{3g}^{rP_1}=n_{P_1}^{re}v_{P_1}^{re2}k_{P_1}^{re2}\delta_{gP_1}^{re}A_{sP_1}^{re}$，$\dot{u}_{3g}^{rP_2}=n_{P_2}^{re}v_{P_2}^{re}k_{P_2}^{re2}\delta_{gP_2}^{re}A_{sP_2}^{re}$，$\dot{u}_{3g}^{rP_3}=n_{P_3}^{re}v_{P_3}^{re}k_{P_3}^{re2}\delta_{lP_3}^{re}A_{gP_3}^{re}$，$\dot{u}_{3g}^{rS}=l_S^{re}v_S^{re}k_S^{re2}\delta_{gs}^{re}B_s^{re}$。

通过利用入射波的能量通量来衡量各反射波的能量通量，可得到各反射波的能量比值如下：

$$\left.\begin{aligned}e_{P_1}^{re}=\frac{|E_{P_1}^{re}|}{|E_{P_1}^{in}|}=\frac{k_{P_1}^{re3}n_{P_1}^{re}}{k_{P_1}^{in3}n_{P_1}^{in}}n_{P_1}^{re2},\ e_{P_2}^{re}=\frac{|E_{P_2}^{re}|}{|E_{P_1}^{in}|}=\frac{k_{P_2}^{re3}n_{P_2}^{re}\xi_{rP_2}}{k_{P_1}^{in3}n_{P_1}^{in}\xi_{iP_1}}n_{P_2}^{re2}\\ e_{P_3}^{re}=\frac{|E_{P_3}^{re}|}{|E_{P_1}^{in}|}=\frac{k_{P_3}^{re3}n_{P_3}^{re}\xi_{rP_3}}{k_{P_3}^{in3}n_{P_1}^{in}\xi_{iP_1}}n_{P_3}^{re2},\ e_S^{re}=\frac{|E_S^{re}|}{|E_{P_1}^{in}|}=\frac{\mu^{\mathrm{I}}k_S^{re3}n_S^{re}}{k_{P_3}^{in3}n_{P_1}^{in}\xi_{iP_1}}n_{SV}^{re2}\end{aligned}\right\}\quad(5.2\text{-}14)$$

式中，$e_{P_1}^{re}$、$e_{P_2}^{re}$、$e_{P_3}^{re}$ 和 e_S^{re} 分别表示反射 P_1 波、反射 P_2 波、反射 P_3 波和反射 SV 波的能量反射系数，系数 ξ_{iP_1}、ξ_{rP_2}、ξ_{rP_3} 分别表示为：

$\xi_{iP_1}=\lambda_c^{\mathrm{I}}+2\mu^{\mathrm{I}}+(B_1^{\mathrm{I}}+a_{11}+a_{12}\delta_{lP_1}^{re}+a_{13}\delta_{gP_1}^{re})\delta_{lP_1}^{re}+(B_2^{\mathrm{I}}+a_{21}+a_{22}\delta_{lP_1}^{re}+a_{23}\delta_{gP_1}^{re})\delta_{gP_1}^{re}$，$\xi_{rP_2}=\lambda_c^{\mathrm{I}}+2\mu^{\mathrm{I}}+(B_1^{\mathrm{I}}+a_{11}+a_{12}\delta_{lP_2}^{re}+a_{13}\delta_{gP_2}^{re})\delta_{lP_2}^{re}+(B_2^{\mathrm{I}}+a_{21}+a_{22}\delta_{lP_2}^{re}+a_{23}\delta_{gP_2}^{re})\delta_{gP_2}^{re}$，$\xi_{rP_3}=\lambda_c^{\mathrm{I}}+2\mu^{\mathrm{I}}+(B_1^{\mathrm{I}}+a_{11}+a_{12}\delta_{lP_3}^{re}+a_{13}\delta_{gP_3}^{re})\delta_{lP_3}^{re}+(B_2^{\mathrm{I}}+a_{21}+a_{22}\delta_{lP_3}^{re}+a_{23}\delta_{gP_3}^{re})\delta_{gP_3}^{re}$。

非饱和土层Ⅱ中，各透射波的能量通量可以表示如下方程：

$$E_{P_1}^{tr}=\frac{1}{2}\mathrm{Re}(\sigma_{33}^{\mathrm{II}(tP_1)}\dot{u}_{3tP_1}^{s\mathrm{II}}+\sigma_{13}^{\mathrm{II}(tP_1)}\dot{u}_{1tP_1}^{s\mathrm{II}}-p_1^{\mathrm{II}(tP_1)}\dot{u}_{3tP_1}^{l\mathrm{II}}-p_g^{\mathrm{II}(tP_1)}\dot{u}_{3tP_1}^{g\mathrm{II}})\tag{5.2-15a}$$

$$E_{P_2}^{tr}=\frac{1}{2}\mathrm{Re}(\sigma_{33}^{\mathrm{II}(tP_2)}\dot{u}_{3tP_2}^{s\mathrm{II}}+\sigma_{13}^{\mathrm{II}(tP_2)}\dot{u}_{1tP_2}^{s\mathrm{II}}-p_1^{\mathrm{II}(tP_2)}\dot{u}_{3tP_2}^{l\mathrm{II}}-p_g^{\mathrm{II}(tP_2)}\dot{u}_{3tP_2}^{g\mathrm{II}})\tag{5.2-15b}$$

$$E_{P_3}^{tr}=\frac{1}{2}\mathrm{Re}(\sigma_{33}^{\mathrm{II}(tP_3)}\dot{u}_{3tP_3}^{s\mathrm{II}}+\sigma_{13}^{\mathrm{II}(tP_3)}\dot{u}_{1tP_3}^{s\mathrm{II}}-p_1^{\mathrm{II}(tP_3)}\dot{u}_{3tP_3}^{l\mathrm{II}}-p_g^{\mathrm{II}(tP_3)}\dot{u}_{3tP_3}^{g\mathrm{II}})\tag{5.2-15c}$$

$$E_S^{tr}=\frac{1}{2}\mathrm{Re}(\sigma_{33}^{\mathrm{II}(tS)}\dot{u}_{3tS}^{s\mathrm{II}}+\sigma_{13}^{\mathrm{II}(tS)}\dot{u}_{1tS}^{s\mathrm{II}}-p_1^{\mathrm{II}(tS)}\dot{u}_{3tS}^{l\mathrm{II}}-p_g^{\mathrm{II}(tS)}\dot{u}_{3tS}^{g\mathrm{II}})\tag{5.2-15d}$$

以上方程式中的符号表达式如下：

$\sigma_{33}^{\mathrm{II}(tP_1)}=-(\lambda_c^{\mathrm{II}}+2\mu^{\mathrm{II}}n_{P_1}^{tr2}+B_1^{\mathrm{II}}\delta_{lP_1}^{tr}+B_2^{\mathrm{II}}\delta_{gP_1}^{tr})k_{P_1}^{tr2}A_{sP_1}^{tr}$，$\sigma_{13}^{\mathrm{II}(tP_1)}=2\mu^{\mathrm{II}}l_{P_1}^{tr}n_{P_1}^{tr}k_{P_1}^{tr2}A_{sP_1}^{tr}$，$\sigma_{33}^{\mathrm{II}(tP_2)}=-(\lambda_c^{\mathrm{II}}+2\mu^{\mathrm{II}}n_{P_2}^{tr2}+B_1^{\mathrm{II}}\delta_{lP_2}^{tr}+B_2^{\mathrm{II}}\delta_{gP_2}^{tr})k_{P_2}^{tr2}A_{sP_2}^{tr}$，$\sigma_{13}^{\mathrm{II}(tP_2)}=2\mu^{\mathrm{II}}l_{P_2}^{tr}n_{P_2}^{tr}k_{P_2}^{tr2}A_{sP_2}^{tr}$，$\sigma_{33}^{\mathrm{II}(tP_3)}=-(\lambda_c^{\mathrm{II}}+2\mu^{\mathrm{II}}n_{P_3}^{tr2}+B_1^{\mathrm{II}}\delta_{lP_3}^{tr}+B_2^{\mathrm{II}}\delta_{gP_3}^{tr})k_{P_3}^{tr2}A_{sP_3}^{tr}$，$\sigma_{33}^{\mathrm{II}(tS)}=2\mu^{\mathrm{II}}l_S^{tr}n_S^{tr}k_S^{tr2}B_s^{tr}$，

$\sigma_{13}^{\mathrm{II}(\mathrm{tP}_3)}=2\mu^{\mathrm{II}}l_{\mathrm{P}_3}^{\mathrm{tr}}n_{\mathrm{P}_3}^{\mathrm{tr}}k_{\mathrm{P}_3}^{\mathrm{tr2}}A_{\mathrm{sP}_3}^{\mathrm{tr}}$，$\sigma_{13}^{\mathrm{II}(\mathrm{tS})}=\mu^{\mathrm{II}}(n_{\mathrm{S}}^{\mathrm{tr2}}-l_{\mathrm{S}}^{\mathrm{tr2}})k_{\mathrm{S}}^{\mathrm{tr2}}B_{\mathrm{s}}^{\mathrm{tr}}$，$p_l^{\mathrm{tS}}=0$，$p_{\mathrm{g}}^{\mathrm{tS}}=0$，$p_1^{\mathrm{tP}_1}=(a_{11}+a_{12}\delta_{\mathrm{lP}_1}^{\mathrm{tr}}+a_{13}\delta_{\mathrm{gP}_1}^{\mathrm{tr}})k_{\mathrm{P}_1}^{\mathrm{tr2}}A_{\mathrm{sP}_1}^{\mathrm{tr}}$，$p_1^{\mathrm{tP}_2}=(a_{11}+a_{12}\delta_{\mathrm{lP}_2}^{\mathrm{tr}}+a_{13}\delta_{\mathrm{gP}_2}^{\mathrm{tr}})k_{\mathrm{P}_2}^{\mathrm{tr2}}A_{\mathrm{sP}_2}^{\mathrm{tr}}$，$p_1^{\mathrm{tP}_3}=(a_{11}+a_{12}\delta_{\mathrm{lP}_3}^{\mathrm{tr}}+a_{13}\delta_{\mathrm{gP}_3}^{\mathrm{tr}})k_{\mathrm{P}_3}^{\mathrm{tr2}}A_{\mathrm{sP}_3}^{\mathrm{tr}}$，$p_{\mathrm{g}}^{\mathrm{tP}_1}=(a_{21}+a_{22}\delta_{\mathrm{lP}_1}^{\mathrm{tr}}+a_{23}\delta_{\mathrm{gP}_1}^{\mathrm{tr}})k_{\mathrm{P}_1}^{\mathrm{tr2}}A_{\mathrm{sP}_1}^{\mathrm{tr}}$，$p_{\mathrm{g}}^{\mathrm{tP}_2}=(a_{21}+a_{22}\delta_{\mathrm{lP}_2}^{\mathrm{tr}}+a_{23}\delta_{\mathrm{gP}_2}^{\mathrm{tr}})k_{\mathrm{P}_2}^{\mathrm{tr2}}A_{\mathrm{sP}_2}^{\mathrm{tr}}$，$p_{\mathrm{g}}^{\mathrm{tP}_3}=(a_{21}+a_{22}\delta_{\mathrm{lP}_3}^{\mathrm{tr}}+a_{23}\delta_{\mathrm{gP}_3}^{\mathrm{tr}})k_{\mathrm{P}_3}^{\mathrm{tr2}}A_{\mathrm{sP}_3}^{\mathrm{tr}}$，$\dot{u}_{1\mathrm{s}}^{\mathrm{tP}_1}=l_{\mathrm{P}_1}^{\mathrm{tr}}v_{\mathrm{P}_1}^{\mathrm{tr}}k_{\mathrm{P}_1}^{\mathrm{tr2}}A_{\mathrm{sP}_1}^{\mathrm{tr}}$，$\dot{u}_{1\mathrm{s}}^{\mathrm{tP}_2}=l_{\mathrm{P}_2}^{\mathrm{tr}}v_{\mathrm{P}_2}^{\mathrm{tr}}k_{\mathrm{P}_2}^{\mathrm{tr2}}A_{\mathrm{sP}_2}^{\mathrm{tr}}$，$\dot{u}_{1\mathrm{s}}^{\mathrm{tP}_3}=l_{\mathrm{P}_3}^{\mathrm{tr}}v_{\mathrm{P}_3}^{\mathrm{tr}}k_{\mathrm{P}_3}^{\mathrm{tr2}}A_{\mathrm{sP}_3}^{\mathrm{tr}}$，$\dot{u}_{1\mathrm{s}}^{\mathrm{tS}}=n_{\mathrm{S}}^{\mathrm{tr}}v_{\mathrm{S}}^{\mathrm{tr}}k_{\mathrm{S}}^{\mathrm{tr2}}B_{\mathrm{s}}^{\mathrm{tr}}$，$\dot{u}_{3\mathrm{s}}^{\mathrm{tP}_1}=-n_{\mathrm{P}_1}^{\mathrm{tr}}v_{\mathrm{P}_1}^{\mathrm{tr}}k_{\mathrm{P}_1}^{\mathrm{tr2}}A_{\mathrm{sP}_1}^{\mathrm{tr}}$，$\dot{u}_{3\mathrm{s}}^{\mathrm{tP}_2}=-n_{\mathrm{P}_2}^{\mathrm{tr}}v_{\mathrm{P}_2}^{\mathrm{tr}}k_{\mathrm{P}_2}^{\mathrm{tr2}}A_{\mathrm{sP}_2}^{\mathrm{tr}}$，$\dot{u}_{3\mathrm{s}}^{\mathrm{tP}_3}=-n_{\mathrm{P}_3}^{\mathrm{tr}}v_{\mathrm{P}_3}^{\mathrm{tr}}k_{\mathrm{P}_3}^{\mathrm{tr2}}A_{\mathrm{sP}_3}^{\mathrm{tr}}$，$\dot{u}_{3\mathrm{s}}^{\mathrm{tS}}=l_{\mathrm{S}}^{\mathrm{re}}v_{\mathrm{S}}^{\mathrm{tr}}k_{\mathrm{S}}^{\mathrm{tr2}}B_{\mathrm{s}}^{\mathrm{tr}}$，$\dot{u}_{3\mathrm{l}}^{\mathrm{tP}_1}=-n_{\mathrm{P}_1}^{\mathrm{tr}}v_{\mathrm{P}_1}^{\mathrm{tr}}k_{\mathrm{P}_1}^{\mathrm{tr2}}\delta_{\mathrm{lP}_1}^{\mathrm{tr}}A_{\mathrm{sP}_1}^{\mathrm{tr}}$，$\dot{u}_{3\mathrm{l}}^{\mathrm{tP}_2}=-n_{\mathrm{P}_2}^{\mathrm{tr}}v_{\mathrm{P}_2}^{\mathrm{tr}}k_{\mathrm{P}_2}^{\mathrm{tr2}}\delta_{\mathrm{lP}_2}^{\mathrm{tr}}A_{\mathrm{sP}_2}^{\mathrm{tr}}$，$\dot{u}_{3\mathrm{l}}^{\mathrm{tP}_3}=-n_{\mathrm{P}_3}^{\mathrm{tr}}v_{\mathrm{P}_3}^{\mathrm{tr}}k_{\mathrm{P}_3}^{\mathrm{tr2}}\delta_{\mathrm{lP}_3}^{\mathrm{tr}}A_{\mathrm{sP}_3}^{\mathrm{tr}}$，$\dot{u}_{3\mathrm{l}}^{\mathrm{tS}}=l_{\mathrm{S}}^{\mathrm{tr}}v_{\mathrm{S}}^{\mathrm{tr}}k_{\mathrm{S}}^{\mathrm{tr2}}\delta_{\mathrm{ls}}^{\mathrm{tr}}B_{\mathrm{s}}^{\mathrm{tr}}$，$\dot{u}_{3\mathrm{g}}^{\mathrm{tP}_1}=-n_{\mathrm{P}_1}^{\mathrm{tr}}v_{\mathrm{P}_1}^{\mathrm{tr}}k_{\mathrm{P}_1}^{\mathrm{tr2}}\delta_{\mathrm{gP}_1}^{\mathrm{tr}}A_{\mathrm{sP}_1}^{\mathrm{tr}}$，$\dot{u}_{3\mathrm{g}}^{\mathrm{tP}_2}=-n_{\mathrm{P}_2}^{\mathrm{tr}}v_{\mathrm{P}_2}^{\mathrm{tr}}k_{\mathrm{P}_2}^{\mathrm{tr2}}\delta_{\mathrm{gP}_2}^{\mathrm{tr}}A_{\mathrm{sP}_2}^{\mathrm{tr}}$，$\dot{u}_{3\mathrm{g}}^{\mathrm{tP}_3}=-n_{\mathrm{P}_3}^{\mathrm{tr}}v_{\mathrm{P}_3}^{\mathrm{tr}}k_{\mathrm{P}_3}^{\mathrm{tr2}}\delta_{\mathrm{gP}_3}^{\mathrm{tr}}A_{\mathrm{sP}_3}^{\mathrm{tr}}$，$\dot{u}_{3\mathrm{g}}^{\mathrm{tS}}=l_{\mathrm{S}}^{\mathrm{tr}}v_{\mathrm{S}}^{\mathrm{tr}}k_{\mathrm{S}}^{\mathrm{tr2}}\delta_{\mathrm{gs}}^{\mathrm{tr}}B_{\mathrm{s}}^{\mathrm{tr}}$。

同样，利用入射波的能量通量来衡量各透射波的能量通量，可得到各透射波的能量比值如下：

$$\left.\begin{aligned}e_{\mathrm{P}_1}^{\mathrm{tr}}&=\frac{|E_{\mathrm{P}_1}^{\mathrm{tr}}|}{|E_{\mathrm{P}}^{\mathrm{in}}|}=\frac{k_{\mathrm{P}_1}^{\mathrm{tr3}}n_{\mathrm{P}_1}^{\mathrm{tr}}\xi_{\mathrm{tP}_1}}{k_{\mathrm{P}_1}^{\mathrm{in3}}n_{\mathrm{P}_1}^{\mathrm{in}}\xi_{\mathrm{iP}_1}}n_{\mathrm{P}_1}^{\mathrm{tr2}},\ e_{\mathrm{P}_2}^{\mathrm{tr}}=\frac{|E_{\mathrm{P}_2}^{\mathrm{tr}}|}{|E_{\mathrm{P}}^{\mathrm{in}}|}=\frac{k_{\mathrm{P}_2}^{\mathrm{tr3}}n_{\mathrm{P}_2}^{\mathrm{tr}}\xi_{\mathrm{tP}_2}}{k_{\mathrm{P}_1}^{\mathrm{in3}}n_{\mathrm{P}_1}^{\mathrm{in}}\xi_{\mathrm{iP}_1}}n_{\mathrm{P}_2}^{\mathrm{tr2}}\\e_{\mathrm{P}_3}^{\mathrm{tr}}&=\frac{|E_{\mathrm{P}_3}^{\mathrm{tr}}|}{|E_{\mathrm{P}}^{\mathrm{in}}|}=\frac{k_{\mathrm{P}_3}^{\mathrm{tr3}}n_{\mathrm{P}_3}^{\mathrm{tr}}\xi_{\mathrm{tP}_3}}{k_{\mathrm{P}_1}^{\mathrm{in3}}n_{\mathrm{P}_1}^{\mathrm{in}}\xi_{\mathrm{iP}_1}}n_{\mathrm{P}_3}^{\mathrm{tr2}},\ e_{\mathrm{S}}^{\mathrm{tr}}=\frac{|E_{\mathrm{SV}}^{\mathrm{tr}}|}{|E_{\mathrm{P}}^{\mathrm{in}}|}=\frac{\mu^{\mathrm{II}}k_{\mathrm{S}}^{\mathrm{tr3}}n_{\mathrm{S}}^{\mathrm{tr}}}{k_{\mathrm{P}_1}^{\mathrm{in3}}n_{\mathrm{P}_1}^{\mathrm{in}}\xi_{\mathrm{iP}_1}}n_{\mathrm{SV}}^{\mathrm{tr2}}\end{aligned}\right\}\tag{5.2-16}$$

式中，$e_{\mathrm{P}_1}^{\mathrm{tr}}$、$e_{\mathrm{P}_2}^{\mathrm{tr}}$、$e_{\mathrm{P}_3}^{\mathrm{tr}}$ 和 $e_{\mathrm{S}}^{\mathrm{tr}}$ 分别表示透射 P_1 波、透射 P_2 波、透射 P_3 波和透射 SV 波的能量透射系数，其他系数可表示为：

$\xi_{\mathrm{iP}_1}=\lambda_{\mathrm{c}}^{\mathrm{I}}+2\mu^{\mathrm{I}}+(B_1^{\mathrm{I}}+a_{11}+a_{12}\delta_{\mathrm{lP}_1}^{\mathrm{re}}+a_{13}\delta_{\mathrm{gP}_1}^{\mathrm{re}})\delta_{\mathrm{lP}_1}^{\mathrm{re}}+(B_2^{\mathrm{I}}+a_{21}+a_{22}\delta_{\mathrm{lP}_1}^{\mathrm{re}}+a_{23}\delta_{\mathrm{gP}_1}^{\mathrm{re}})\delta_{\mathrm{gP}_1}^{\mathrm{re}}$，$\xi_{\mathrm{tP}_1}=\lambda_{\mathrm{c}}^{\mathrm{II}}+2\mu^{\mathrm{II}}+(B_1^{\mathrm{II}}+a_{11}+a_{12}\delta_{\mathrm{lP}_1}^{\mathrm{tr}}+a_{13}\delta_{\mathrm{gP}_1}^{\mathrm{tr}})\delta_{\mathrm{lP}_1}^{\mathrm{tr}}+(B_2^{\mathrm{II}}+a_{21}+a_{22}\delta_{\mathrm{lP}_1}^{\mathrm{tr}}+a_{23}\delta_{\mathrm{gP}_1}^{\mathrm{tr}})\delta_{\mathrm{gP}_1}^{\mathrm{tr}}$，$\xi_{\mathrm{tP}_2}=\lambda_{\mathrm{c}}^{\mathrm{II}}+2\mu^{\mathrm{II}}+(B_1^{\mathrm{II}}+a_{11}+a_{12}\delta_{\mathrm{lP}_2}^{\mathrm{tr}}+a_{13}\delta_{\mathrm{gP}_2}^{\mathrm{tr}})\delta_{\mathrm{lP}_2}^{\mathrm{tr}}+(B_2^{\mathrm{II}}+a_{21}+a_{22}\delta_{\mathrm{lP}_2}^{\mathrm{tr}}+a_{23}\delta_{\mathrm{gP}_2}^{\mathrm{tr}})\delta_{\mathrm{gP}_2}^{\mathrm{tr}}$，$\xi_{\mathrm{tP}_3}=\lambda_{\mathrm{c}}^{\mathrm{II}}+2\mu^{\mathrm{II}}+(B_1^{\mathrm{II}}+a_{11}+a_{12}\delta_{\mathrm{lP}_3}^{\mathrm{tr}}+a_{13}\delta_{\mathrm{gP}_3}^{\mathrm{tr}})\delta_{\mathrm{lP}_3}^{\mathrm{tr}}+(B_2^{\mathrm{II}}+a_{21}+a_{22}\delta_{\mathrm{lP}_3}^{\mathrm{tr}}+a_{23}\delta_{\mathrm{gP}_3}^{\mathrm{tr}})\delta_{\mathrm{gP}_3}^{\mathrm{tr}}$。

由于入射波所携带的能量在反射和透射过程中不消散，因此根据能量守恒，在界面 $x_3=0$ 处的每个反射波和透射波的能量比满足以式（5.2-17）：

$$e_{\mathrm{sum}}=e_{\mathrm{P}_1}^{\mathrm{re}}+e_{\mathrm{P}_2}^{\mathrm{re}}+e_{\mathrm{P}_3}^{\mathrm{re}}+e_{\mathrm{S}}^{\mathrm{re}}+e_{\mathrm{P}_1}^{\mathrm{tr}}+e_{\mathrm{P}_2}^{\mathrm{tr}}+e_{\mathrm{P}_3}^{\mathrm{tr}}+e_{\mathrm{S}}^{\mathrm{tr}}=1\tag{5.2-17}$$

式中，e_{sum} 为所有反射波和透射波的能量比之和。

3. 数值分析与讨论

当入射波为平面 P_1 波时，基于上述理论推导，下面将通过数值算例分析 P_1 波在非饱和土分层面上的反射与透射问题。由于影响非饱和土物理力学特征的参数较多，这里仅考虑非饱和土层Ⅰ的性质保持不变，土层Ⅱ的饱和度发生变化时对交界面上各波的反射与透射的影响规律。双层非饱和土物理力学参数见表 5.2-1。

双层非饱和土物理力学参数 表 5.2-1

材料参数		土层Ⅰ	土层Ⅱ
孔隙率	n	0.23	0.23
土颗粒密度	ρ_s	3060kg/m^3	3060kg/m^3
液体密度	ρ_w^l	1000kg/m^3	1000kg/m^3
气体密度	ρ^g	1.3kg/m^3	1.3kg/m^3
液体体积模量	K^w	2.25GPa	2.25GPa
气体体积模量	K^g	0.11MPa	0.11MPa
骨架体积模量	K^b	1.02GPa	1.02GPa
Lame 系数	λ	4.4GPa	4.4GPa
剪切模量	μ	2.8GPa	2.8GPa
固有渗透率	k_{int}	$1\times10^{-10}\text{m}^2$	$1\times10^{-10}\text{m}^2$
液体动力黏滞系数	μ_l	$1\times10^{-3}\text{kg/(m·s)}$	$1\times10^{-3}\text{kg/(m·s)}$
气体动力黏滞系数	μ_g	$1.8\times10^{-5}\text{kg/(m·s)}$	$1.8\times10^{-5}\text{kg/(m·s)}$
有效饱和度	S_e	0.99	0~0.99
van Genuchten 模型参数	α_{vg}	$1\times10^{-4}\text{Pa}^{-1}$	$1\times10^{-4}\text{Pa}^{-1}$
	m_{vg}	0.5	0.5

考虑非饱和土层Ⅰ的饱和度为 0.99，非饱和土层Ⅱ的饱和度从 0~0.99 变化，入射 P_1 波的频率为 500Hz，图 5.2-2 为势函数振幅反射系数和透射系数随入射角和饱和度的变化情况。图 5.2-2 表明，入射角度对各反射波和透射波的振幅反射和透射系数均有显著的影响，当入射 P_1 波垂直入射在土层分界面上，即入射角 $\alpha_{P_1}^{in}=0°$时，没有反射 SV 波和透射 SV 波激发；当入射角 $\alpha_{P_1}^{in}=90°$时，只有反射 P_1 波存在。反射 SV 波振幅反射系数随着入射角的增大而增大，当接近 45°时达到一个峰值，随后逐渐减小；透射 SV 波的振幅透射系数同样随着开始入射角的增大而增大，并在入射角约为 60°时达到最大值，随后逐渐减小到零。反射 P_1 波的振幅反射系数先随着入射角的增大而降低，当接近 55°时达到最小值，随后逐渐增大；透射 P_1 波的振幅透射系数随着入射角的增大一直增大。

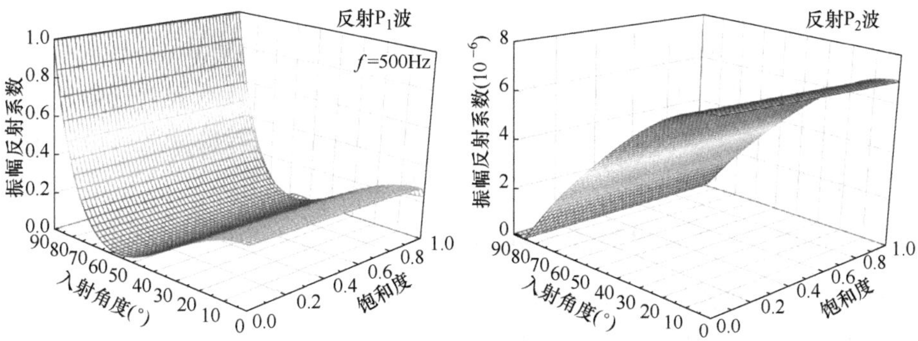

图 5.2-2 势函数振幅反射系数和透射系数随入射角和饱和度的变化情况（一）

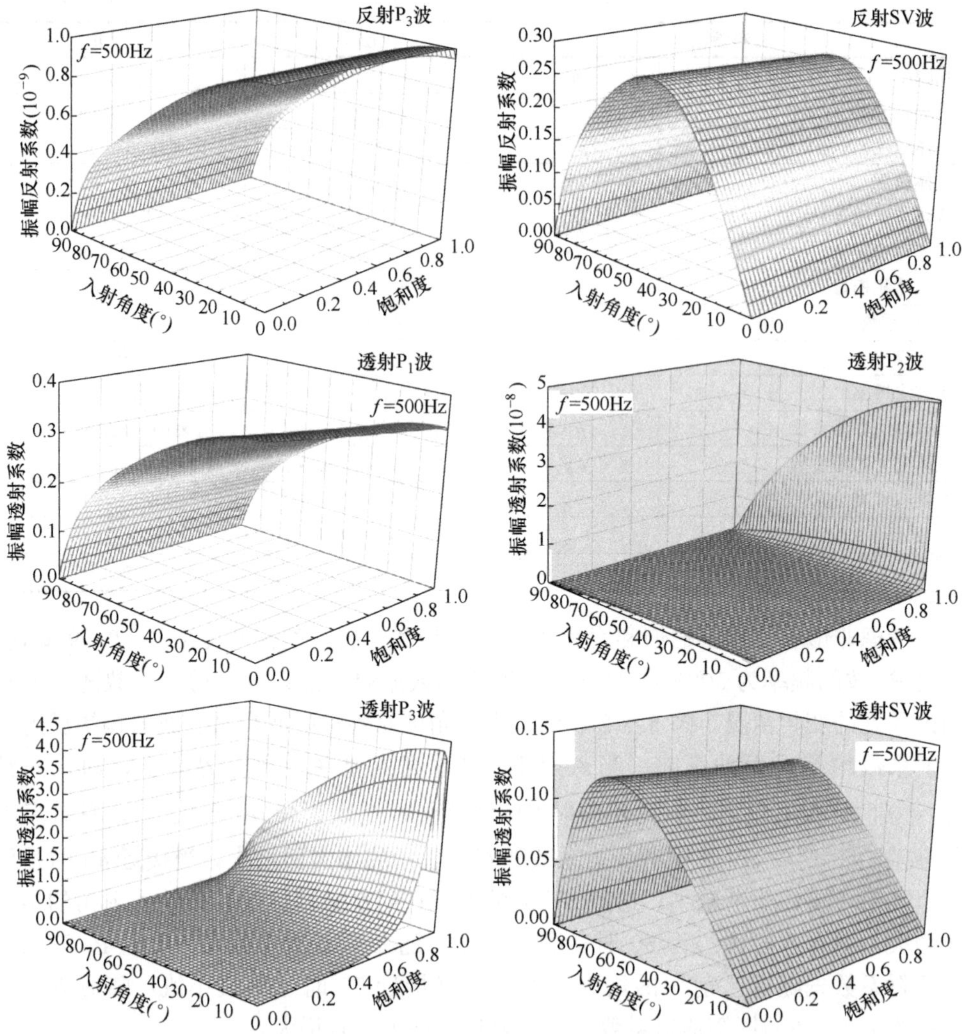

图 5.2-2 势函数振幅反射系数和透射系数随入射角和饱和度的变化情况（二）

非饱和土层Ⅱ的饱和度变化对各波的振幅反射和透射系数也有一定的影响，尤其是对透射 P_2 波和透射 P_3 波的影响最为显著。由于在各反射波和透射波中，P_2 波和 P_3 的波传播速度小，且衰减快，其衰减系数通常比其他波形高出几个数量级，故其在实际工程中的研究意义不大，这里不再讨论。

5.2.2 平面 SV 波入射时的反射与透射

1. 位移势振幅反射与透射系数

考虑角频率为 ω 的 SV 波以任意角度 $a_{\mathrm{S}}^{\mathrm{in}}$ 从非饱和半空间Ⅰ（$x_3>0$）射向非饱和半空间Ⅱ（$x_3<0$），土层交界面在 $x_3=0$ 处。在非饱和土层Ⅰ中将形成反射 P_1

波、反射 P_2 波、反射 P_3 波和反射 SV 波，在非饱和土层Ⅱ中将形成透射 P_1 波、透射 P_2 波、透射 P_3 波和透射 SV 波，交界面上入射波、反射波、透射波示意图，如图 5.2-3 所示。

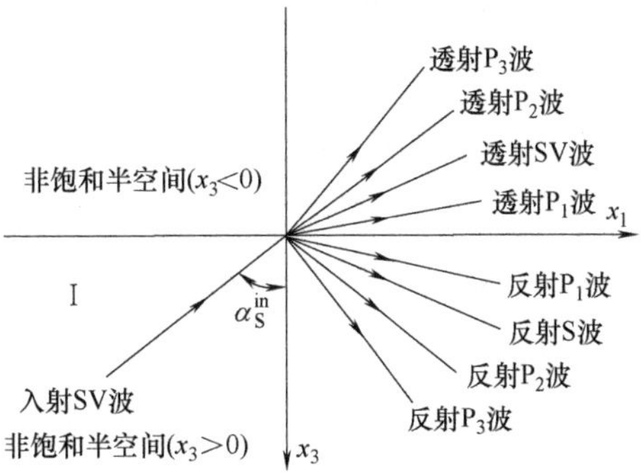

图 5.2-3 交界面上入射波、反射波、透射波示意图

在非饱和半空间Ⅰ($x_3>0$)中，入射波和反射波势函数可分别表示为：

入射 SV 波和反射 SV 波的势函数分别为：

$$\boldsymbol{H}_{\pi}^{\text{in}}=B_{\pi}^{\text{in}}\exp[\mathrm{i}k_{\text{S}}^{\text{in}}(l_{\text{S}}^{\text{in}}x_1-n_{\text{S}}^{\text{in}}x_3-v_{\text{S}}^{\text{in}}t)] \tag{5.2-18}$$

$$\boldsymbol{H}_{\pi}^{\text{re}}=B_{\pi}^{\text{re}}\exp[\mathrm{i}k_{\text{S}}^{\text{re}}(l_{\text{S}}^{\text{re}}x_1+n_{\text{S}}^{\text{re}}x_3-v_{\text{S}}^{\text{re}}t)] \tag{5.2-19}$$

SV 波的总势函数为：

$$\begin{aligned}\boldsymbol{H}_{\pi}^{\text{I}}=\boldsymbol{H}_{\pi}^{\text{in}}+\boldsymbol{H}_{\pi}^{\text{re}}=&B_{\pi}^{\text{in}}\exp[\mathrm{i}k_{\text{S}}^{\text{in}}(l_{\text{S}}^{\text{in}}x_1-n_{\text{S}}^{\text{in}}x_3-v_{\text{S}}^{\text{in}}t)]\\&+B_{\pi}^{\text{re}}\exp[\mathrm{i}k_{\text{S}}^{\text{re}}(l_{\text{S}}^{\text{re}}x_1+n_{\text{S}}^{\text{re}}x_3-v_{\text{S}}^{\text{re}}t)]\end{aligned} \tag{5.2-20}$$

反射 P 波的势函数为：

$$\begin{aligned}\psi_{\pi}^{\text{I}}=&A_{\pi\text{P}_1}^{\text{re}}\exp[\mathrm{i}k_{\text{P}_1}^{\text{re}}(l_{\text{P}_1}^{\text{re}}x_1+n_{\text{P}_1}^{\text{re}}x_3-v_{\text{P}_1}^{\text{re}}t)]+A_{\pi\text{P}_2}^{\text{re}}\exp[\mathrm{i}k_{\text{P}_2}^{\text{re}}(l_{\text{P}_2}^{\text{re}}x_1+n_{\text{P}_2}^{\text{re}}x_3-v_{\text{P}_2}^{\text{re}}t)]+\\&A_{\pi\text{P}_3}^{\text{re}}\exp[\mathrm{i}k_{\text{P}_3}^{\text{re}}(l_{\text{P}_3}^{\text{re}}x_1+n_{\text{P}_3}^{\text{re}}x_3-v_{\text{P}_3}^{\text{re}}t)]\end{aligned} \tag{5.2-21}$$

在非饱和半空间Ⅱ($x_3<0$)中，各透射波的势函数可分别表示为：

透射 P 波（包括透射 P_1 波、透射 P_2 波、透射 P_3 波）的势函数：

$$\begin{aligned}\psi_{\pi}^{\text{II}}=&A_{\pi\text{P}_1}^{\text{tr}}\exp[\mathrm{i}k_{\text{P}_1}^{\text{tr}}(l_{\text{P}_1}^{\text{tr}}x_1-n_{\text{P}_1}^{\text{tr}}x_3-v_{\text{P}_1}^{\text{tr}}t)]+A_{\pi\text{P}_2}^{\text{tr}}\exp[\mathrm{i}k_{\text{P}_2}^{\text{tr}}(l_{\text{P}_2}^{\text{tr}}x_1-n_{\text{P}_2}^{\text{tr}}x_3-v_{\text{P}_2}^{\text{tr}}t)]+\\&A_{\pi\text{P}_3}^{\text{tr}}\exp[\mathrm{i}k_{\text{P}_3}^{\text{tr}}(l_{\text{P}_3}^{\text{tr}}x_1-n_{\text{P}_3}^{\text{tr}}x_3-v_{\text{P}_3}^{\text{tr}}t)]\end{aligned} \tag{5.2-22}$$

透射 SV 波的势函数：

$$\boldsymbol{H}_{\pi}^{\text{II}}=B_{\pi}^{\text{tr}}\exp[\mathrm{i}k_{\text{S}}^{\text{tr}}(l_{\text{S}}^{\text{tr}}x_1-n_{\text{S}}^{\text{tr}}x_3-v_{\text{S}}^{\text{tr}}t)] \tag{5.2-23}$$

式中，$k_{\text{P}_i}^{\text{in}}$，$k_{\text{P}_i}^{\text{re}}$，$k_{\text{P}_i}^{\text{tr}}$ ($i=1,2,3$) 分别表示入射、反射和透射 P_i 波的波数；k_{S}^{re} 和 k_{S}^{tr} 为反射和透射 SV 波的波数。$v_{\text{P}_i}^{\text{in}}$，$v_{\text{P}_i}^{\text{re}}$，$v_{\text{P}_i}^{\text{tr}}$ 分别表示入射、反射和透射压缩波的波速；v_{S}^{re} 和 v_{S}^{tr} 表示反射和透射剪切波的波速。

考虑非饱和土层交界面 ($x_3=0$) 处应力和位移连续条件［式 (5.2-7) 和式 (5.2-8)］。同样，在考虑 Snell 定理后，可得各幅值的之间关系：

$$[F]\{A_{\text{sP}_1}^{\text{re}},A_{\text{sP}_2}^{\text{re}},A_{\text{sP}_3}^{\text{re}},A_{\text{sP}_1}^{\text{tr}},A_{\text{sP}_2}^{\text{tr}},A_{\text{sP}_3}^{\text{tr}},B_{\text{s}}^{\text{re}},B_{\text{s}}^{\text{tr}}\}^{\text{T}}=B_{\text{s}}^{\text{in}}[G] \tag{5.2-24}$$

式中，矩阵 $[F]$ 中的各元素分别为：

$f_{11}=[-(\lambda_c^{\mathrm{I}}+2\mu^{\mathrm{I}}n_{P_1}^{re2})-B_1^{\mathrm{I}}\delta_{lP_1}^{re}-B_2^{\mathrm{I}}\delta_{gP_1}^{re}]k_{P_1}^{re2}$，$f_{12}=[-(\lambda_c^{\mathrm{I}}+2\mu^{\mathrm{I}}n_{P_2}^{re2})-B_1^{\mathrm{I}}\delta_{lP_2}^{re}-B_2^{\mathrm{I}}\delta_{gP_2}^{re}]k_{P_2}^{re2}$，$f_{13}=[-(\lambda_c^{\mathrm{I}}+2\mu^{\mathrm{I}}n_{P_3}^{re2})-B_1^{\mathrm{I}}\delta_{lP_3}^{re}-B_2^{\mathrm{I}}\delta_{gP_3}^{re}]k_{P_3}^{re2}$，$f_{14}=(\lambda_c^{\mathrm{II}}+2\mu^{\mathrm{II}}n_{P_1}^{tr2}+B_1^{\mathrm{II}}\delta_{lP_1}^{tr}+B_2^{\mathrm{II}}\delta_{gP_1}^{tr})k_{P_1}^{tr2}$，$f_{15}=(\lambda_c^{\mathrm{II}}+2\mu^{\mathrm{II}}n_{P_2}^{tr2}+B_1^{\mathrm{II}}\delta_{lP_2}^{tr}+B_2^{\mathrm{II}}\delta_{gP_2}^{tr})k_{P_2}^{tr2}$，$f_{16}=(\lambda_c^{\mathrm{II}}+2\mu^{\mathrm{II}}n_{P_3}^{tr2}+B_1^{\mathrm{II}}\delta_{lP_3}^{tr}+B_2^{\mathrm{II}}\delta_{gP_3}^{tr})k_{P_3}^{tr2}$，$f_{17}=-2\mu^{\mathrm{I}}l_S^{re}n_S^{re}k_S^{re2}$，$f_{18}=-2\mu^{\mathrm{II}}l_S^{tr}n_S^{tr}k_S^{tr2}$，$f_{21}=-2\mu^{\mathrm{I}}l_{P_1}^{re}n_{P_1}^{re}k_{P_1}^{re2}$，$f_{22}=-2\mu^{\mathrm{I}}l_{P_2}^{re}n_{P_2}^{re}k_{P_2}^{re2}$，$f_{23}=-2\mu^{\mathrm{I}}l_{P_3}^{re}n_{P_3}^{re}k_{P_3}^{re2}$，$f_{24}=-2\mu^{\mathrm{II}}l_{P_1}^{tr}n_{P_1}^{tr}k_{P_1}^{tr2}$，$f_{25}=-2\mu^{\mathrm{II}}l_{P_2}^{tr}n_{P_2}^{tr}k_{P_2}^{tr2}$，$f_{26}=-2\mu^{\mathrm{II}}l_{P_3}^{tr}n_{P_3}^{tr}k_{P_3}^{tr2}$，$f_{27}=\mu^{\mathrm{I}}(n_S^{re2}-l_S^{re2})k_S^{re2}$，$f_{28}=\mu^{\mathrm{II}}(l_S^{tr2}-n_S^{tr2})k_S^{tr2}$，$f_{31}=n_{P_1}^{re}k_{P_1}^{re}$，$f_{32}=n_{P_2}^{re}k_{P_2}^{re}$，$f_{33}=n_{P_3}^{re}k_{P_3}^{re}$，$f_{34}=n_{P_1}^{tr}k_{P_1}^{tr}$，$f_{35}=n_{P_2}^{tr}k_{P_2}^{tr}$，$f_{36}=n_{P_3}^{tr}k_{P_3}^{tr}$，$f_{37}=l_S^{re}k_S^{re}$，$f_{38}=-l_S^{tr}k_S^{tr}$，$f_{41}=l_{P_1}^{re}k_{P_1}^{re}$，$f_{42}=l_{P_2}^{re}k_{P_2}^{re}$，$f_{43}=l_{P_3}^{re}k_{P_3}^{re}$，$f_{44}=-l_{P_1}^{tr}k_{P_1}^{tr}$，$f_{45}=-l_{P_2}^{tr}k_{P_2}^{tr}$，$f_{46}=-l_{P_3}^{tr}k_{P_3}^{tr}$，$f_{47}=-n_S^{re}k_S^{re}$，$f_{48}=-n_S^{tr}k_S^{tr}$，$f_{51}=n_{P_1}^{re}\delta_{lP_1}^{re}k_{P_1}^{re}$，$f_{52}=n_{P_2}^{re}\delta_{lP_2}^{re}k_{P_2}^{re}$，$f_{53}=n_{P_3}^{re}\delta_{lP_3}^{re}k_{P_3}^{re}$，$f_{54}=f_{55}=f_{56}=0$，$f_{57}=l_S^{re}\delta_1^{re}k_S^{re}$，$f_{58}=0$，$f_{61}=n_{P_1}^{re}\delta_{gP_1}^{re}k_{P_1}^{re}$，$f_{62}=n_{P_2}^{re}\delta_{gP_2}^{re}k_{P_2}^{re}$，$f_{63}=n_{P_3}^{re}\delta_{gP_3}^{re}k_{P_3}^{re}$，$f_{64}=f_{65}=f_{66}=0$，$f_{67}=l_S^{re}\delta_g^{re}k_S^{re}$，$f_{68}=0$，$f_{71}=f_{72}=f_{73}=0$，$f_{74}=-n_{P_1}^{tr}\delta_{lP_1}^{tr}k_{P_1}^{tr}$，$f_{75}=-n_{P_2}^{tr}\delta_{lP_2}^{tr}k_{P_2}^{tr}$，$f_{76}=-n_{P_3}^{tr}\delta_{lP_3}^{tr}k_{P_3}^{tr}$，$f_{77}=0$，$f_{78}=l_S^{tr}\delta_1^{tr}k_S^{tr}$，$f_{81}=f_{82}=f_{83}=0$，$f_{84}=-n_{P_1}^{tr}\delta_{gP_1}^{tr}k_{P_1}^{tr}$，$f_{85}=-n_{P_2}^{tr}\delta_{gP_2}^{tr}k_{P_2}^{tr}$，$f_{86}=-n_{P_3}^{tr}\delta_{gP_3}^{tr}k_{P_3}^{tr}$，$f_{87}=0$，$f_{88}=l_S^{tr}\delta_g^{tr}k_S^{tr}$

矩阵［G］中的各元素分别为：

$g_1=-2\mu^{\mathrm{I}}l_S^{in}n_S^{in}k_S^{in2}$，$g_2=\mu^{\mathrm{I}}(l_S^{in2}-n_S^{in2})k_S^{in2}$，$g_3=-l_S^{in}k_S^{in}$，$g_4=-n_S^{in}k_S^{in}$，$g_5=-l_S^{in}\delta_1^{in}k_S^{in}$，$g_6=-l_S^{in}\delta_g^{in}k_S^{in}$，$g_7=g_8=0$

同样。假设入射波的固相位移幅值为 1，即 $B_s^{in}=1$，则平面 P_1 波由非饱和半空间Ⅰ入射至非饱和半空间Ⅱ时，在两种不同介质的交界面处产生的反射波/透射波的振幅反射率/透射率可分别表示为：

$$n_{P_1}^{re}=\frac{A_{sP_1}^{re}}{B_s^{in}},\ n_{P_2}^{re}=\frac{A_{sP_2}^{re}}{B_s^{in}},\ n_{P_3}^{re}=\frac{A_{sP_3}^{re}}{B_s^{in}},\ n_{SV}^{re}=\frac{B_s^{re}}{B_s^{in}},$$

$$n_{P_1}^{tr}=\frac{A_{sP_1}^{tr}}{B_s^{in}},\ n_{P_2}^{tr}=\frac{A_{sP_2}^{tr}}{B_s^{in}},\ n_{P_3}^{tr}=\frac{A_{sP_3}^{tr}}{B_s^{in}},\ n_{SV}^{tr}=\frac{B_s^{tr}}{B_s^{in}} \tag{5.2-25}$$

式中，$n_{P_1}^{re}$，$n_{P_2}^{re}$，$n_{P_3}^{re}$ 和 n_{SV}^{re} 分别表示反射 P_1 波，反射 P_2 波，反射 P_3 波和反射 SV 波的振幅透射系数；$n_{P_1}^{tr}$，$n_{P_2}^{tr}$，$n_{P_3}^{tr}$ 和 n_{SV}^{tr} 分别表示透射 P_1 波，透射 P_2 波，透射 P_3 波和透射 SV 波的振幅透射系数。

2. 能量反射与透射系数

通过利用入射 SV 波的能量通量来衡量各反射波和各透射波的能量通量，可得到各反射波与透射波的能量反射系数和能量透射系数为：

$$\left.\begin{aligned}e_{\mathrm{P}_1}^{\mathrm{re}}=\frac{|E_{\mathrm{P}_1}^{\mathrm{re}}|}{|E_{\mathrm{S}}^{\mathrm{in}}|}=\frac{k_{\mathrm{P}_1}^{\mathrm{re}3}n_{\mathrm{P}_1}^{\mathrm{re}}\xi_{\mathrm{rP}_1}}{k_{\mathrm{S}}^{\mathrm{in}3}n_{\mathrm{S}}^{\mathrm{in}}\mu^{\mathrm{I}}}n_{\mathrm{P}_1}^{\mathrm{re}2},\ e_{\mathrm{P}_2}^{\mathrm{re}}=\frac{|E_{\mathrm{P}_2}^{\mathrm{re}}|}{|E_{\mathrm{S}}^{\mathrm{in}}|}=\frac{k_{\mathrm{P}_2}^{\mathrm{re}3}n_{\mathrm{P}_2}^{\mathrm{re}}\xi_{\mathrm{rP}_2}}{k_{\mathrm{S}}^{\mathrm{in}3}n_{\mathrm{S}}^{\mathrm{in}}\mu^{\mathrm{I}}}n_{\mathrm{P}_2}^{\mathrm{re}2}\\ e_{\mathrm{P}_3}^{\mathrm{re}}=\frac{|E_{\mathrm{P}_3}^{\mathrm{re}}|}{|E_{\mathrm{S}}^{\mathrm{in}}|}=\frac{k_{\mathrm{P}_3}^{\mathrm{re}3}n_{\mathrm{P}_3}^{\mathrm{re}}\xi_{\mathrm{rP}_3}}{k_{\mathrm{S}}^{\mathrm{in}3}n_{\mathrm{S}}^{\mathrm{in}}\mu^{\mathrm{I}}}n_{\mathrm{P}_3}^{\mathrm{re}2},\ e_{\mathrm{S}}^{\mathrm{re}}=\frac{|E_{\mathrm{S}}^{\mathrm{re}}|}{|E_{\mathrm{S}}^{\mathrm{in}}|}=\frac{k_{\mathrm{S}}^{\mathrm{re}3}n_{\mathrm{S}}^{\mathrm{re}}}{k_{\mathrm{S}}^{\mathrm{in}3}n_{\mathrm{S}}^{\mathrm{in}}}n_{\mathrm{SV}}^{\mathrm{re}2}\end{aligned}\right\}\quad(5.2\text{-}26\mathrm{a})$$

$$\left.\begin{aligned}e_{\mathrm{P}_1}^{\mathrm{tr}}=\frac{|E_{\mathrm{P}_1}^{\mathrm{tr}}|}{|E_{\mathrm{S}}^{\mathrm{in}}|}=\frac{k_{\mathrm{P}_1}^{\mathrm{tr}3}n_{\mathrm{P}_1}^{\mathrm{tr}}\xi_{\mathrm{tP}_1}}{k_{\mathrm{S}}^{\mathrm{in}3}n_{\mathrm{S}}^{\mathrm{in}}\mu^{\mathrm{I}}}n_{\mathrm{P}_1}^{\mathrm{tr}2},\ e_{\mathrm{P}_2}^{\mathrm{tr}}=\frac{|E_{\mathrm{S}}^{\mathrm{tr}}|}{|E_{\mathrm{S}}^{\mathrm{in}}|}=\frac{k_{\mathrm{P}_2}^{\mathrm{tr}3}n_{\mathrm{P}_2}^{\mathrm{tr}}\xi_{\mathrm{tP}_2}}{k_{\mathrm{S}}^{\mathrm{in}3}n_{\mathrm{S}}^{\mathrm{in}}\mu^{\mathrm{I}}}n_{\mathrm{P}_2}^{\mathrm{tr}2}\\ e_{\mathrm{P}_3}^{\mathrm{tr}}=\frac{|E_{\mathrm{P}_3}^{\mathrm{tr}}|}{|E_{\mathrm{S}}^{\mathrm{in}}|}=\frac{k_{\mathrm{P}_3}^{\mathrm{tr}3}n_{\mathrm{P}_3}^{\mathrm{tr}}\xi_{\mathrm{tP}_3}}{k_{\mathrm{S}}^{\mathrm{in}3}n_{\mathrm{S}}^{\mathrm{in}}\mu^{\mathrm{I}}}n_{\mathrm{P}_3}^{\mathrm{tr}2},\ e_{\mathrm{S}}^{\mathrm{tr}}=\frac{|E_{\mathrm{SV}}^{\mathrm{tr}}|}{|E_{\mathrm{S}}^{\mathrm{in}}|}=\frac{k_{\mathrm{S}}^{\mathrm{tr}3}n_{\mathrm{S}}^{\mathrm{tr}}\mu^{\mathrm{II}}}{k_{\mathrm{S}}^{\mathrm{in}3}n_{\mathrm{S}}^{\mathrm{in}}\mu^{\mathrm{I}}}n_{\mathrm{SV}}^{\mathrm{tr}2}\end{aligned}\right\}\quad(5.2\text{-}26\mathrm{b})$$

式中，$e_{\mathrm{P}_1}^{\mathrm{re}}$、$e_{\mathrm{P}_2}^{\mathrm{re}}$、$e_{\mathrm{P}_3}^{\mathrm{re}}$、$e_{\mathrm{S}}^{\mathrm{re}}$ 分别表示反射 P_1 波、反射 P_2 波、反射 P_3 波和反射 SV 波的能量反射系数；$e_{\mathrm{P}_1}^{\mathrm{tr}}$、$e_{\mathrm{P}_2}^{\mathrm{tr}}$、$e_{\mathrm{P}_3}^{\mathrm{tr}}$、$e_{\mathrm{S}}^{\mathrm{tr}}$ 分别表示透射 P_1 波、透射 P_2 波、透射 P_3 波和透射 SV 波的能量透射系数。其他系数分别表示为：
$\xi_{\mathrm{rP}_1}=\lambda_{\mathrm{c}}^{\mathrm{I}}+2\mu^{\mathrm{I}}+(B_1^{\mathrm{I}}+a_{11}+a_{12}\delta_{\mathrm{lP}_1}^{\mathrm{re}}+a_{13}\delta_{\mathrm{gP}_1}^{\mathrm{re}})\delta_{\mathrm{lP}_1}^{\mathrm{re}}+(B_2^{\mathrm{I}}+a_{21}+a_{22}\delta_{\mathrm{lP}_1}^{\mathrm{re}}+a_{23}\delta_{\mathrm{gP}_1}^{\mathrm{re}})\delta_{\mathrm{gP}_1}^{\mathrm{re}}$，$\xi_{\mathrm{rP}_2}=\lambda_{\mathrm{c}}^{\mathrm{I}}+2\mu^{\mathrm{I}}+(B_1^{\mathrm{I}}+a_{11}+a_{12}\delta_{\mathrm{lP}_2}^{\mathrm{re}}+a_{13}\delta_{\mathrm{gP}_2}^{\mathrm{re}})\delta_{\mathrm{lP}_2}^{\mathrm{re}}+(B_2^{\mathrm{I}}+a_{21}+a_{22}\delta_{\mathrm{lP}_2}^{\mathrm{re}}+a_{23}\delta_{\mathrm{gP}_2}^{\mathrm{re}})\delta_{\mathrm{gP}_2}^{\mathrm{re}}$，$\xi_{\mathrm{rP}_3}=\lambda_{\mathrm{c}}^{\mathrm{I}}+2\mu^{\mathrm{I}}+(B_1^{\mathrm{I}}+a_{11}+a_{12}\delta_{\mathrm{lP}_3}^{\mathrm{re}}+a_{13}\delta_{\mathrm{gP}_3}^{\mathrm{re}})\delta_{\mathrm{lP}_3}^{\mathrm{re}}+(B_2^{\mathrm{I}}+a_{21}+a_{22}\delta_{\mathrm{lP}_3}^{\mathrm{re}}+a_{23}\delta_{\mathrm{gP}_3}^{\mathrm{re}})\delta_{\mathrm{gP}_3}^{\mathrm{re}}$，$\xi_{\mathrm{tP}_1}=\lambda_{\mathrm{c}}^{\mathrm{II}}+2\mu^{\mathrm{II}}+(B_1^{\mathrm{II}}+a_{11}+a_{12}\delta_{\mathrm{lP}_1}^{\mathrm{tr}}+a_{13}\delta_{\mathrm{gP}_1}^{\mathrm{tr}})\delta_{\mathrm{lP}_1}^{\mathrm{tr}}+(B_2^{\mathrm{II}}+a_{21}+a_{22}\delta_{\mathrm{lP}_1}^{\mathrm{tr}}+a_{23}\delta_{\mathrm{gP}_1}^{\mathrm{tr}})\delta_{\mathrm{gP}_1}^{\mathrm{tr}}$，$\xi_{\mathrm{tP}_2}=\lambda_{\mathrm{c}}^{\mathrm{II}}+2\mu^{\mathrm{II}}+(B_1^{\mathrm{II}}+a_{11}+a_{12}\delta_{\mathrm{lP}_2}^{\mathrm{tr}}+a_{13}\delta_{\mathrm{gP}_2}^{\mathrm{tr}})\delta_{\mathrm{lP}_2}^{\mathrm{tr}}+(B_2^{\mathrm{II}}+a_{21}+a_{22}\delta_{\mathrm{lP}_2}^{\mathrm{tr}}+a_{23}\delta_{\mathrm{gP}_2}^{\mathrm{tr}})\delta_{\mathrm{gP}_2}^{\mathrm{tr}}$，$\xi_{\mathrm{tP}_3}=\lambda_{\mathrm{c}}^{\mathrm{II}}+2\mu^{\mathrm{II}}+(B_1^{\mathrm{II}}+a_{11}+a_{12}\delta_{\mathrm{lP}_3}^{\mathrm{tr}}+a_{13}\delta_{\mathrm{gP}_3}^{\mathrm{tr}})\delta_{\mathrm{lP}_3}^{\mathrm{tr}}+(B_2^{\mathrm{II}}+a_{21}+a_{22}\delta_{\mathrm{lP}_3}^{\mathrm{tr}}+a_{23}\delta_{\mathrm{gP}_3}^{\mathrm{tr}})\delta_{\mathrm{gP}_3}^{\mathrm{tr}}$。

由于入射波所携带的能量在反射过程中不消散，因此根据能量守恒，在界面 $x_3=0$ 处的每个反射波和透射波的能量比满足式（5.2-27）：

$$e_{\mathrm{sum}}=e_{\mathrm{P}_1}^{\mathrm{re}}+e_{\mathrm{P}_2}^{\mathrm{re}}+e_{\mathrm{P}_3}^{\mathrm{re}}+e_{\mathrm{S}}^{\mathrm{re}}+e_{\mathrm{P}_1}^{\mathrm{tr}}+e_{\mathrm{P}_2}^{\mathrm{tr}}+e_{\mathrm{P}_3}^{\mathrm{tr}}+e_{\mathrm{S}}^{\mathrm{tr}}=1\quad(5.2\text{-}27)$$

式中，e_{sum} 表示所有反射波与透射波的能量系数之和。

3. 数值分析与讨论

考虑非饱和土层的材料参数（表 5.2-1），假设入射 SV 波的频率为 500Hz，土层Ⅰ的性质保持不变，土层Ⅱ的饱和度为 0～0.99 的情形下，根据 Snell 定理可知，各反射波角度的正弦值与反射波的波速成正比。一般情况下，在非饱和土中剪切波的波速要小于反射 P_1 波的波速，故当 SV 波入射角达到其临界角 $\alpha_{\mathrm{cr}}^{\mathrm{in}}$ 时，反射波的反射角度将达到 90°。当入射角大于临界角时，反射波将转化为表面波类型的波在分界面上传播，其位移值沿着 x_3 轴方向呈指数衰减。经计算发现临界角约为 31°。

图 5.2-4 分别给出了反射 P_1 波、反射 P_2 波、反射 P_3 波、反射 SV 波以及透射 P_1 波、透射 P_2 波、透射 P_3 波和透射 SV 波的势函数振幅反射和透射系数随 SV 波的入射角度和土层Ⅱ饱和度的变化曲线。当平面 SV 波垂直射至交界面，即入射角度

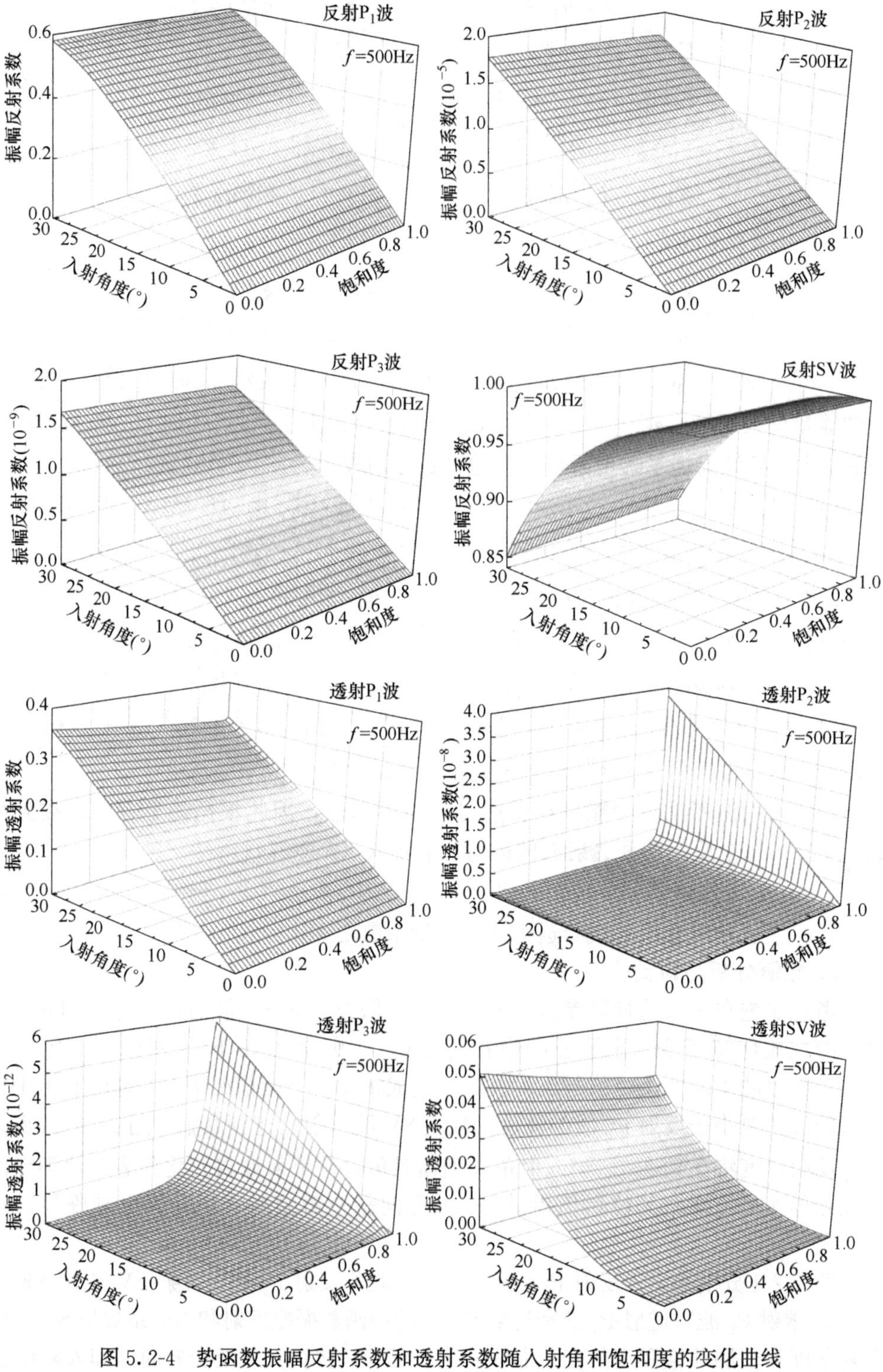

图 5.2-4　势函数振幅反射系数和透射系数随入射角和饱和度的变化曲线

为 $\alpha_S^{in}=0°$时，只有反射 SV 波和透射 SV 波；反射 P_1 波、反射 P_2 波和反射 P_3 波的势函数振幅反射系数将随着入射角的增大逐渐增大；反射 SV 波的振幅反射系数随着入射角的增大而减小，与此相反，透射 SV 波的振幅透射系数随着入射角的增大而增大。随着非饱和土层Ⅱ的饱和度的增大，反射 SV 波的振幅反射系数逐渐增大，而透射 SV 波的振幅透射系数逐渐降低，并且对反射 P_1 波和透射 P_1 波具有相类似的影响规律。从图中可以明显看出，饱和度对透射 P_2 波和透射 P_3 波的影响更为显著，尤其是当土体接近饱和时急剧增大。

5.2.3　平面 SH 波入射时的反射与透射

1. 位移势振幅反射与透射系数

平面 SH 谐波从任意角度 a_S^{in} 通过非饱和半空间Ⅰ（$x_3>0$）入射到非饱和半空间Ⅱ（$x_3<0$），经过交界面 $x_3=0$ 后，则将会在非饱和土层Ⅰ中将形成反射 SH 波，在非饱和土层Ⅱ中将形成透射 SH 波。SH 波在交界面上的入射波、反射波、透射波示意图如图 5.2-5 所示。

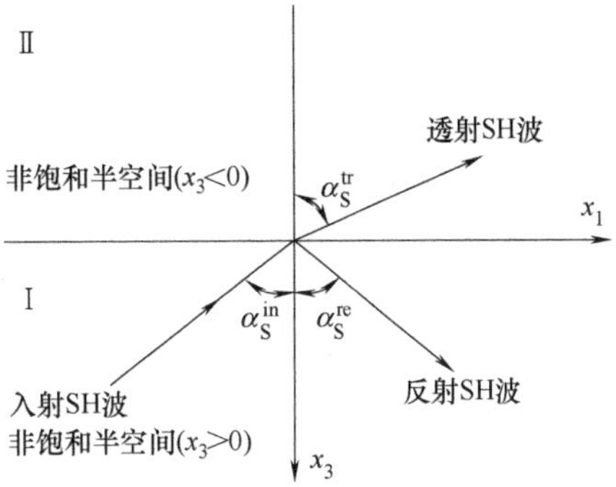

图 5.2-5　SH 波在交界面上的入射波、反射波、透射波示意图

在非饱和半空间Ⅰ（$x_3>0$）中，入射波和反射波势函数表示如下：

入射 SH 波和反射 SH 波的势函数分别为：

$$\varphi_\pi^{in}=B_\pi^{in}\exp[ik_S^{in}(l_S^{in}x_1-n_S^{in}x_3-v_S^{in}t)] \tag{5.2-28}$$

$$\varphi_\pi^{re}=B_\pi^{re}\exp[ik_S^{re}(l_S^{re}x_1+n_S^{re}x_3-v_S^{re}t)] \tag{5.2-29}$$

SH 波的总势函数为：

$$\begin{aligned}\varphi_\pi^I=\varphi_\pi^{in}+\varphi_\pi^{re}=&B_\pi^{in}\exp[ik_S^{in}(l_S^{in}x_1-n_S^{in}x_3-v_S^{in}t)]\\&+B_\pi^{re}\exp[ik_S^{re}(l_S^{re}x_1+n_S^{re}x_3-v_S^{re}t)]\end{aligned} \tag{5.2-30}$$

在非饱和半空间Ⅱ（$x_3<0$）中，透射 SH 波的势函数可分别表示为：

$$\varphi_\pi^{\mathrm{II}}=B_\pi^{tr}\exp[ik_S^{tr}(l_S^{tr}x_1-n_S^{tr}x_3-v_S^{tr}t)] \tag{5.2-31}$$

式中，k_S^{in}、k_S^{re} 和 k_S^{tr} 为入射、反射和透射 SV 波的波数；v_S^{in}、v_S^{re} 和 v_S^{tr} 分别表示入射、反射和透射压缩波的波速。

考虑非饱和土层交界面（$x_3=0$）处有如下应力和位移连续条件：

$$\left.\begin{aligned}u_2^{s\mathrm{I}}\,|_{x_3=0}=u_2^{s\mathrm{II}}\,|_{x_3=0}\\ \sigma_{23}^{\mathrm{I}}\,|_{x_3=0}=\sigma_{23}^{\mathrm{II}}\,|_{x_3=0}\end{aligned}\right\} \tag{5.2-32}$$

式中，应力和位移用势函数可分别表示为：

$$\sigma_{23}^{\mathrm{I},\mathrm{II}}=\mu^{\mathrm{I},\mathrm{II}}\frac{\partial(\nabla^2\varphi_{\mathrm{s}}^{\mathrm{I},\mathrm{II}})}{\partial x_3} \tag{5.2-33a}$$

$$u_2^{\mathrm{s}\,\mathrm{I},\mathrm{II}}=\nabla^2\varphi_{\mathrm{s}}^{\mathrm{I},\mathrm{II}} \tag{5.2-33b}$$

将式（5.2-30）和式（5.2-31）代入式（5.2-33），并结合边界条件［式（5.2-32)］，得：

$$\left.\begin{array}{l} k_{\mathrm{S}}^{\mathrm{in}}v_{\mathrm{S}}^{\mathrm{in}}=k_{\mathrm{S}}^{\mathrm{re}}v_{\mathrm{S}}^{\mathrm{re}}=k_{\mathrm{S}}^{\mathrm{tr}}v_{\mathrm{S}}^{\mathrm{tr}} \\ k_{\mathrm{S}}^{\mathrm{in}}l_{\mathrm{S}}^{\mathrm{in}}=k_{\mathrm{S}}^{\mathrm{re}}l_{\mathrm{S}}^{\mathrm{re}}=k_{\mathrm{S}}^{\mathrm{tr}}l_{\mathrm{S}}^{\mathrm{tr}} \end{array}\right\} \tag{5.2-34}$$

考虑非饱和土层交界面（$x_3=0$）处应力和位移连续条件［式（5.2-33)］。同样，在考虑 Snell 定理后，可得各幅值的之间关系如下：

$$\begin{bmatrix} \mu^{\mathrm{I}}n_{\mathrm{S}}^{\mathrm{re}}k_{\mathrm{S}}^{\mathrm{re}\,3} & \mu^{\mathrm{II}}n_{\mathrm{S}}^{\mathrm{tr}}k_{\mathrm{S}}^{\mathrm{tr}\,3} \\ k_{\mathrm{S}}^{\mathrm{re}\,2} & -k_{\mathrm{S}}^{\mathrm{tr}\,2} \end{bmatrix}\begin{Bmatrix} B_{\mathrm{s}}^{\mathrm{re}} \\ B_{\mathrm{s}}^{\mathrm{tr}} \end{Bmatrix}=B_{\mathrm{s}}^{\mathrm{in}}\begin{Bmatrix} \mu^{\mathrm{I}}n_{\mathrm{S}}^{\mathrm{in}}k_{\mathrm{S}}^{\mathrm{in}\,3} \\ -k_{\mathrm{S}}^{\mathrm{in}\,2} \end{Bmatrix} \tag{5.2-35}$$

通过求解上式，可得到：

$$n_{\mathrm{SH}}^{\mathrm{re}}=\frac{\mu^{\mathrm{I}}n_{\mathrm{S}}^{\mathrm{in}}k_{\mathrm{S}}^{\mathrm{in}\,3}k_{\mathrm{S}}^{\mathrm{tr}\,2}-\mu^{\mathrm{II}}n_{\mathrm{S}}^{\mathrm{tr}}k_{\mathrm{S}}^{\mathrm{in}\,2}k_{\mathrm{S}}^{\mathrm{tr}\,3}}{\mu^{\mathrm{I}}n_{\mathrm{S}}^{\mathrm{re}}k_{\mathrm{S}}^{\mathrm{re}\,3}k_{\mathrm{S}}^{\mathrm{tr}\,2}+\mu^{\mathrm{II}}n_{\mathrm{S}}^{\mathrm{tr}}k_{\mathrm{S}}^{\mathrm{re}\,2}k_{\mathrm{S}}^{\mathrm{tr}\,3}} \tag{5.2-36}$$

$$n_{\mathrm{SH}}^{\mathrm{tr}}=\frac{\mu^{\mathrm{I}}n_{\mathrm{S}}^{\mathrm{in}}k_{\mathrm{S}}^{\mathrm{in}\,3}k_{\mathrm{S}}^{\mathrm{re}\,2}+\mu^{\mathrm{I}}n_{\mathrm{S}}^{\mathrm{re}}k_{\mathrm{S}}^{\mathrm{in}\,2}k_{\mathrm{S}}^{\mathrm{re}\,3}}{\mu^{\mathrm{II}}n_{\mathrm{S}}^{\mathrm{tr}}k_{\mathrm{S}}^{\mathrm{re}\,2}k_{\mathrm{S}}^{\mathrm{tr}\,3}+\mu^{\mathrm{I}}n_{\mathrm{S}}^{\mathrm{re}}k_{\mathrm{S}}^{\mathrm{re}\,3}k_{\mathrm{S}}^{\mathrm{tr}\,2}} \tag{5.2-37}$$

式中，$n_{\mathrm{SH}}^{\mathrm{re}}$ 和 $n_{\mathrm{SH}}^{\mathrm{tr}}$ 分别表示反射 SH 波和透射 SH 波的振幅反射率和振幅透射率。

下面讨论 SH 波入射时的临界角。通过式（5.2-34）可得：

$$\frac{\sin\alpha_{\mathrm{S}}^{\mathrm{in}}}{v_{\mathrm{S}}^{\mathrm{in}}}=\frac{\sin\alpha_{\mathrm{S}}^{\mathrm{tr}}}{v_{\mathrm{S}}^{\mathrm{tr}}} \tag{5.2-38}$$

或者：

$$\sin\alpha_{\mathrm{S}}^{\mathrm{tr}}=\frac{1}{m}\sin\alpha_{\mathrm{S}}^{\mathrm{in}},\ m=\frac{v_{\mathrm{S}}^{\mathrm{in}}}{v_{\mathrm{S}}^{\mathrm{tr}}} \tag{5.2-39}$$

若使 $\alpha_{\mathrm{S}}^{\mathrm{tr}}$ 为实数，则有 $|\sin\alpha_{\mathrm{S}}^{\mathrm{in}}|\leqslant m$。只要 $m\geqslant1$，$\alpha_{\mathrm{S}}^{\mathrm{tr}}$ 取实数值，总存在透射波。但是，如果 $m<1$，就会存在一个由 $\sin\alpha_{\mathrm{cr}}^{\mathrm{in}}=m$ 确定的临界角，当 $\alpha=\alpha_{\mathrm{cr}}^{\mathrm{in}}$，则有 $\alpha_{\mathrm{S}}^{\mathrm{tr}}=\pi/2$，从而透射波沿界面传播。如果 $\alpha_{\mathrm{S}}^{\mathrm{in}}>\alpha_{\mathrm{cr}}^{\mathrm{in}}$，则 $\alpha_{\mathrm{S}}^{\mathrm{tr}}$ 变为虚数，这时没有透射 SH 波，只能有面波类型的扰动沿分界面传播，于是发生了全反射。

2. 能量反射与透射系数

将反射 SH 波和透射 SH 波的能量通量分别除以入射 SH 波的能量通量，可得能量反射系数和能量透射系数为：

$$e_{\mathrm{SH}}^{\mathrm{re}}=\frac{|E_{\mathrm{SH}}^{\mathrm{re}}|}{|E_{\mathrm{SH}}^{\mathrm{in}}|}=\frac{n_{\mathrm{S}}^{\mathrm{re}}k_{\mathrm{S}}^{\mathrm{re}\,5}}{n_{\mathrm{S}}^{\mathrm{in}}k_{\mathrm{S}}^{\mathrm{in}\,5}}n_{\mathrm{SH}}^{\mathrm{re}\,2} \tag{5.2-40a}$$

$$e_{\mathrm{SH}}^{\mathrm{tr}}=\frac{|E_{\mathrm{SH}}^{\mathrm{tr}}|}{|E_{\mathrm{SH}}^{\mathrm{in}}|}=\frac{\mu^{\mathrm{II}}k_{\mathrm{S}}^{\mathrm{tr}\,5}n_{\mathrm{S}}^{\mathrm{tr}}}{\mu^{\mathrm{I}}k_{\mathrm{S}}^{\mathrm{in}\,5}n_{\mathrm{S}}^{\mathrm{in}}}n_{\mathrm{SH}}^{\mathrm{tr}2} \tag{5.2-40b}$$

由于入射波所携带的能量在反射过程中不消散，因此根据能量守恒，在界面 $x_3=0$ 处的反射波和透射波的能量比满足式（5.2-41）：

$$e_{sum}=e_{SH}^{re}+e_{SH}^{tr}=1 \tag{5.2-41}$$

式中，e_{sum} 为反射 SH 波和透射 SH 波的能量比之和。

3. 数值分析与讨论

假设入射 SH 波的频率为 500Hz，非饱和土层的材料参数见表 5.2-1，同样考虑非饱和土层Ⅰ的性质保持不变，而土层Ⅱ的饱和度在 0～0.99 范围变化，通过计算发现，SH 波入射角在 0°～90°内均不会出现全反射现象。图 5.2-6 为势函数振幅反射系数和透射系数随入射角和饱和度的变化情况。从图中可以看出，反射 SH 波的振幅系数起先随着入射角的增大而降低，当入射角 $\alpha_S^{in}\approx80°$时达到最小值，随后随着入射角的增大而增大。对于透射 SH 波的振幅透射系数，随着入射角的增大逐渐降低，直到水平入射（$\alpha_S^{in}=90°$）时，透射 SH 波消失。

土层Ⅱ的饱和度对反射和透射 SH 波均有影响，相比较而言，饱和度对透射 SH 波影响更为显著，随着饱和度的增大，振幅透射系数将会减小。

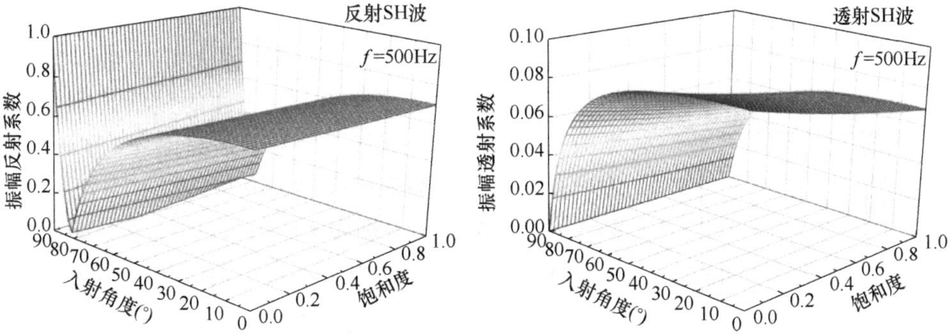

图 5.2-6　势函数振幅反射系数和透射系数随入射角和饱和度的变化情况

第 6 章

非饱和土的动力响应

6.1 非饱和土柱中弹性波动响应

6.1.1 波动控制方程

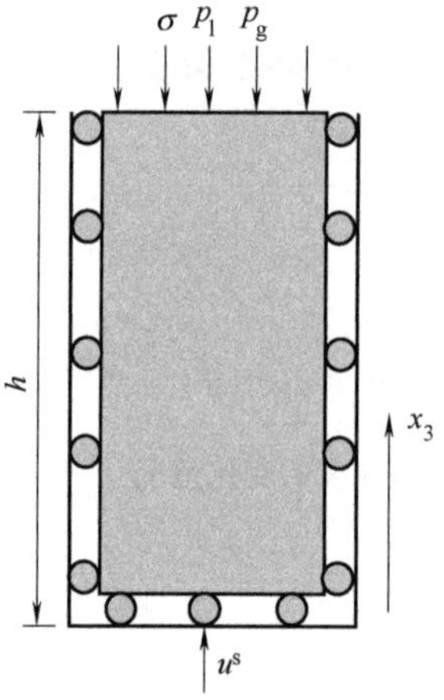

图 6.1-1 动荷载作用下的一维土柱模型

建立如图 6.1-1 所示的动荷载作用下的一维土柱模型。假设土柱的高度为 h，土柱的侧壁是刚性、无摩擦且不透水、不透气，则弹性波只沿 x_3 方向传播。考虑在土柱的顶部施加应力 σ 以及孔隙水压力 p_1 和孔隙气压力 p_g，其值分别为 $\sigma=-\sigma_0 H(t)$、$p_1=p_{1_0}H(t)$、$p_g=p_{g_0}H(t)$；底部为不透水不透气边界，且具有竖向位移 $u_3^s=u_0 H(t)$。其中 σ_0、p_{1_0}、p_{g_0}、u_0 分别表示应力、孔隙水压力、孔隙气压力和位移的初始值；$H(t)$ 为单位阶跃函数。

为了方便阅读，重写非饱和土的动力学方程：

$$\left(\xi S_{ww}S^1+\frac{nS^1}{K^w}-nS_u\right)p_1+(\xi S_{gg}S^1+nS_u)p_g+\alpha S^1\nabla\cdot\boldsymbol{u}^s+nS^1\nabla\cdot\overline{\boldsymbol{u}}^1=0 \tag{6.1-1a}$$

$$(\xi S_{ww}S^g+nS_u)p_1+\left(\xi S_{gg}S^g+\frac{nS^g}{K^g}-nS_u\right)p_g+\alpha S^g\nabla\cdot\boldsymbol{u}^s+nS^g\nabla\cdot\overline{\boldsymbol{u}}^g=0 \tag{6.1-1b}$$

$$-\nabla p_1=\rho^1\ddot{\boldsymbol{u}}^s+\rho^1\ddot{\overline{\boldsymbol{u}}}^1+\frac{nS^1}{\boldsymbol{K}_1}\dot{\overline{\boldsymbol{u}}}^1 \tag{6.1-2a}$$

$$-\nabla p_g=\rho^g\ddot{\boldsymbol{u}}^s+\rho^g\ddot{\boldsymbol{u}}_g+\frac{nS^g}{\boldsymbol{K}_g}\dot{\overline{\boldsymbol{u}}}^g \tag{6.1-2b}$$

$$\mu \nabla^2 \boldsymbol{u}^s + (\lambda+\mu)\nabla(\nabla \cdot \boldsymbol{u}^s) - \alpha S_e \nabla p_l - \alpha(1-S_e)\nabla p_g = \rho \ddot{\boldsymbol{u}}^s + nS^l \rho_w^l \ddot{\boldsymbol{u}}^l + nS^g \rho^g \ddot{\boldsymbol{u}}^g \tag{6.1-3}$$

式中，$S_u = \dfrac{\partial S^l}{\partial p_c}$。

考虑 Laplace 积分变换：

$$\widetilde{f}(s) = L[f(t)] = \int_0^{+\infty} f(t)\mathrm{e}^{-st}\,\mathrm{d}t \tag{6.1-4}$$

式中，s 为 Laplace 变换参数，其逆变换为 $f(t)=L^{-1}[\widetilde{f}(s)]$。

为了计算方便，引入如下无量纲化变换：

$$x_3^* = \frac{x_3}{h},\ u_3^{s*} = \frac{u_3^s}{h},\ u_3^{l*} = \frac{u_3^l}{h},\ u_3^{g*} = \frac{u_3^g}{h},\ \mu^* = \frac{\mu}{K},\ \lambda^* = \frac{\lambda}{K},\ K^{s*} = \frac{K^s}{K},$$

$$K^{l*} = \frac{K^l}{K},\ K^{g*} = \frac{K^g}{K},\ \sigma_{33}^* = \frac{\sigma_{33}}{K},\ p_l^* = \frac{p_l}{K},\ p_g^* = \frac{p_g}{K},\ \alpha_{vg}^* = \alpha_{vg}K,$$

$$S_u^* = S_u K,\ \xi^* = \xi K,\ \rho^{s*} = \frac{\rho^s}{\rho^s},\ \rho_w^{l*} = \frac{\rho_w^l}{\rho^s},\ \rho^{g*} = \frac{\rho^g}{\rho^s},$$

$$\boldsymbol{k}_{int}^* = \frac{\boldsymbol{k}_{int}}{h^2},\ \boldsymbol{K}_l^* = \frac{\boldsymbol{K}_l\sqrt{K\rho^s}}{h},\ \boldsymbol{K}_g^* = \frac{\boldsymbol{K}_g\sqrt{K\rho^s}}{h},\ \tau = \frac{\sqrt{K/\rho^s}}{h}t \tag{6.1-5}$$

结合 Darcy 定律，将无量纲化变量式（6.1-5）代入式（6.1-1）～式（6.1-3）中，并对时间变量 t 进行 Laplace 积分变换，经整理后可得到用 $\widetilde{u}_3^{s*}$，$\widetilde{p}_l^*$ 和 $\widetilde{p}_g^*$ 为基本未知量表示的一维非饱和土动力学控制方程：

$$(\lambda^*+2\mu^*)\frac{\partial^2 \widetilde{u}^{s*}}{\partial x_3^{2*}} - s^2(\rho^{s*} - \beta S_l \rho_w^{l*} - \gamma S_g \rho^{g*})\widetilde{u}^{s*} - (S_e - \beta S^l)\frac{\partial \widetilde{p}_l^*}{\partial x_3^*} - (1-S_e-\gamma S^g)\frac{\partial \widetilde{p}^{g*}}{\partial x_3^*} = 0 \tag{6.1-6a}$$

$$(\alpha-\beta)S^l s\frac{\partial \widetilde{u}^{s*}}{\partial x_3^*} + (\xi^* S_{gg}S^l + nS_u^*)s\widetilde{p}_g^* + \left(\zeta^* S_{ww}S_w + \frac{nS^l}{K^{w*}} - nS_u^*\right)s\widetilde{p}_l^* - \frac{\beta S^l}{\rho_w^{l*} s}\frac{\partial^2 \widetilde{p}_l^*}{\partial x_3^*} = 0 \tag{6.1-6b}$$

$$(\alpha-\gamma)S^g s\frac{\partial \widetilde{u}_3^*}{\partial x_3^*} + (\xi^* S_{ww}S^g + nS_u^*)s\widetilde{p}_l^* - \frac{\gamma S^g}{\rho^{g*} s}\frac{\partial^2 \widetilde{p}_g^*}{\partial x_3^{*2}} + \left(\xi^* S_{gg}S^g + \frac{nS^g}{K^{g*}} - nS_u^*\right)s\widetilde{p}_g^* = 0 \tag{6.1-6c}$$

式中，$\gamma = \dfrac{sn\rho^{g*}K_g^*}{nS^g + s\rho^{g*}K_g^*}$，$\beta = \dfrac{sn\rho_w^{l*}K_l^*}{nS^l + s\rho_w^{l*}K_l^*}$。

在 Laplece 变换域内，土柱上下表面的边界条件可分别表示为：

$$\left.\begin{aligned}\tilde{u}_3^{s*}\big|_{x_3^*=0}&=\frac{u_0^*}{s}\\ q^l\big|_{x_3^*=0}&=0\\ q^g\big|_{x_3^*=0}&=0\end{aligned}\right\}\tag{6.1-7a}$$

$$\left.\begin{aligned}\tilde{\sigma}_{33}^*\big|_{x_3^*=1}&=-\frac{\sigma_0^*}{s}\\ \tilde{p}_l^*\big|_{x_3^*=1}&=\frac{p_{l_0}^*}{s}\\ \tilde{p}_g^*\big|_{x_3^*=1}&=\frac{p_{g_0}^*}{s}\end{aligned}\right\}\tag{6.1-7b}$$

式中，σ_0^*，$p_{l_0}^*$，$p_{g_0}^*$ 和 u_0^* 分别为土层表面受到的无量纲应力、孔隙水压力、孔隙体压力和位移。

6.1.2 多场耦合问题的求解

由于控制方程为一个具有非齐次边界条件的齐次常微分方程组，因此 $\tilde{u}_3^{s*}$，$\tilde{p}_l^*$，$\tilde{p}_g^*$ 可表示为：

$$\tilde{u}_3^{s*}=U\mathrm{e}^{\lambda s x_3^*},\ \tilde{p}_l^*=U^l\mathrm{e}^{\lambda s x_3^*},\ \tilde{p}_g^*=U^g\mathrm{e}^{\lambda s x_3^*}\tag{6.1-8}$$

将式（6.1-8）代入式（6.1-6）中可得：

$$\begin{bmatrix}(B_1\lambda^2-B_2)s & -B_3\lambda & -B_4\lambda\\ B_5\lambda s & (B_6-B_7\lambda^2) & B_8\\ B_9\lambda s & B_{10} & (B_{11}-B_{12}\lambda^2)\end{bmatrix}\begin{bmatrix}U\\ U^l\\ U^g\end{bmatrix}=0\tag{6.1-9}$$

其特征方程为：

$$C_1\lambda^6+C_2\lambda^4+C_3\lambda^2+C_4=0\tag{6.1-10}$$

解该方程可得六个复根：

$$\lambda_1=-\lambda_4=\left(N_1+\frac{N_2C_2^2}{3C_1}-N_2C_3+\frac{1}{3N_2C_1}\right)^{1/2}\tag{6.1-11a}$$

$$\lambda_2=-\lambda_5=\left(N_1-\frac{1}{6N_2C_1}(1-\mathrm{i}\sqrt{3})+\frac{3C_1C_3-C_2^2}{6C_1}N_2(1+\mathrm{i}\sqrt{3})\right)^{1/2}\tag{6.1-11b}$$

$$\lambda_3=-\lambda_6=\left(N_1-\frac{1}{6N_2C_1}(1+\mathrm{i}\sqrt{3})+\frac{3C_1C_3-C_2^2}{6C_1}N_2(1-\mathrm{i}\sqrt{3})\right)^{1/2}\tag{6.1-11c}$$

式中，$B_1=\lambda^*+2\mu^*$，$B_2=\rho^*-\beta S^1\rho_w^{1*}-\gamma S^g\rho_g^*$，$B_3=S_e-\beta S^1$，$B_4=1-S_e-\gamma S^g$，$B_5=(\alpha-\beta)S_w$，$B_6=\xi^* S_{ww}S^1+\frac{n}{K^{1*}}S^1-nS_u^*$，$B_7=\frac{\beta S^1}{\rho_w^{1*}}$，$B_8=\xi^* S_{gg}S^1+nS_u^*$，$B_9=(\alpha-\gamma)S^g$，$B_{10}=\xi^* S_{ww}S^g+nS_u^*$，$B_{11}=\xi^* S_{gg}S^g+\frac{n}{K^{g*}}S^g-nS_u^*$，$B_9=\frac{\gamma S^g}{\rho^{g*}}$，$C_1=B_1B_7B_{12}$，$C_2=-(B_1B_6B_{12}+B_1B_7B_{11}+B_2B_7B_{12}+B_4B_7B_9+B_3B_5B_{12})$，$C_3=B_1(B_6B_{11}-B_8B_{10})+B_2(B_6B_{12}+B_7B_{11})+B_3(B_5B_{11}-B_8B_9)+B_4(B_6B_9-B_5B_{10})$，$C_4=B_2(B_8B_{10}-B_6B_{11})$，$E_1=a_{11}s^4$，$E_2=[b_{12}S_e-a_{11}(b_{33}-b_{22})+b_{13}s^2+b_{31}(1-S_e)]s^2$，$E_3=a_{11}b_{22}b_{33}-[b_{13}(b_{22}+b_{33})+b_{12}b_{31}+b_{11}b_{21}]s^2+(b_{23}b_{31}-b_{21}b_{33})S_e+(1-S_e)(b_{21}b_{32}-b_{22}b_{31})$，$E_4=b_{13}b_{22}b_{33}+b_{12}(b_{22}b_{31}-b_{21}b_{32})+b_{11}(b_{21}b_{33}-b_{23}b_{31})$，$N_1=-E_2/3E_1$，$N_2=-\sqrt[3]{2}/N_3$，$N_3=(\sqrt{4(-E_2^2+3E_1E_3)^3+(-2E_2^3+9E_1E_2E_3-27E_1^2E_4)^2}-2E_2^3+9E_1E_2E_3-27E_1^2E_4)^{1/3}$

将六个复根代入式（6.1-8）并进行叠加得到齐次问题的解：

$$\begin{cases}\tilde{u}_3^{s*}(x_3^*)=\sum_{i=1}^{6}U_i\mathrm{e}^{\lambda_i s x_3^*}\\ \tilde{p}_1^*(x_3^*)=\sum_{i=1}^{6}U_i^1\mathrm{e}^{\lambda_i s x_3^*}\\ \tilde{p}_g^*(x_3^*)=\sum_{i=1}^{6}U_i^g\mathrm{e}^{\lambda_i s x_3^*}\end{cases}\tag{6.1-12}$$

由式（6.1-9）可得U_i、U_i^1和U_i^g之间的关系：

$$U_i^1=\frac{(B_1B_8+B_4B_5)\lambda_i^2-B_2B_8}{(B_6B_7\lambda_i^2+B_3B_8-B_4B_6)\lambda_i}sU_i=a_isU_i\tag{6.1-13a}$$

$$U_i^g=\frac{(B_1B_{10}+B_4B_5)\lambda_i^2-B_2B_{10}}{(B_3B_{12}\lambda_i^2+B_4B_{10}-B_3B_{11})\lambda_i}sU_i=b_isU_i\tag{6.1-13b}$$

将式（6.1-13）代入式（6.1-12）可得由U_i表示的位移、孔隙气压和孔隙水压方程为：

$$\begin{cases}\tilde{u}^*(x_3^*)=\sum_{i=1}^{6}U_i\mathrm{e}^{\lambda_i s x_3^*}\\ \tilde{p}_1^*(x_3^*)=\sum_{i=1}^{6}a_isU_i\mathrm{e}^{\lambda_i s x_3^*}\\ \tilde{p}_g^*(x_3^*)=\sum_{i=1}^{6}b_isU_i\mathrm{e}^{\lambda_i s x_3^*}\end{cases}\tag{6.1-14}$$

由有效应力原理并结合在柱顶（$x_3^*=1$）的边界条件，可得：

$$(\lambda^*+2\mu^*)s\sum_{i=1}^{6}(\lambda_i U_i \mathrm{e}^{\lambda_i s})=(1-S_e)p_g^*+S_e p_1^*-\sigma_0^* \tag{6.1-15}$$

同理，可得顶面（$x_3^*=1$）的孔隙气压力和水压力边界条件分别为：

$$\sum_{i=1}^{6}(a_i U_i \mathrm{e}^{\lambda_i s})=\frac{p_1^*}{s^2} \tag{6.1-16a}$$

$$\sum_{i=1}^{6}(b_i U_i \mathrm{e}^{\lambda_i s})=\frac{p_g^*}{s^2} \tag{6.1-16b}$$

结合 Darcy 定律和式（6.1-12）可得由 U_i 表示的流量表达式：

$$q_1=s\tilde{u}_3^{1*}=-\frac{\beta}{n\rho_w^{1*}s}\left(s^2\sum_{i=1}^{6}a_i\lambda_i U_i \mathrm{e}^{\lambda_i s}+\rho_w^{1*}s^2\sum_{i=1}^{6}U_i \mathrm{e}^{\lambda_i s x_3^*}\right) \tag{6.1-17a}$$

$$q_g=s\tilde{u}_3^{g*}=-\frac{\gamma}{n\rho_g^* s}\left(s^2\sum_{i=1}^{6}b_i\lambda_i U_i \mathrm{e}^{\lambda_i s}+\rho_g^* s^2\sum_{i=1}^{6}U_i \mathrm{e}^{\lambda_i s x_3^*}\right) \tag{6.1-17b}$$

考虑底面 $x_3^*=0$ 不透水条件，则有：

$$\begin{cases}\sum_{i=1}^{6}(a_i\lambda_i U_i)=-\dfrac{\rho_w^{1*}u_0^*}{s}\\ \sum_{i=1}^{6}(b_i\lambda_i U_i)=-\dfrac{\rho_g^* u_0^*}{s}\end{cases} \tag{6.1-18}$$

通过式（6.1-15）、式（6.1-16）、式（6.1-18），结合边界条件［式（6.1-7）］可得如下矩阵形式的方程组：

$$\boldsymbol{AD}=\boldsymbol{F} \tag{6.1-19}$$

式中，

$$\boldsymbol{A}=\begin{bmatrix}\lambda_1\mathrm{e}^{\lambda_1 s} & \lambda_2\mathrm{e}^{\lambda_2 s} & \lambda_3\mathrm{e}^{\lambda_3 s} & -\lambda_1\mathrm{e}^{-\lambda_1 s} & -\lambda_2\mathrm{e}^{-\lambda_2 s} & -\lambda_3\mathrm{e}^{-\lambda_3 s}\\ a_1\mathrm{e}^{\lambda_1 s} & a_2\mathrm{e}^{\lambda_2 s} & a_3\mathrm{e}^{\lambda_3 s} & -a_1\mathrm{e}^{-\lambda_1 s} & -a_2\mathrm{e}^{-\lambda_2 s} & -a_3\mathrm{e}^{-\lambda_3 s}\\ b_1\mathrm{e}^{\lambda_1 s} & b_2\mathrm{e}^{\lambda_2 s} & b_3\mathrm{e}^{\lambda_3 s} & -b_1\mathrm{e}^{-\lambda_1 s} & -b_2\mathrm{e}^{-\lambda_2 s} & -b_3\mathrm{e}^{-\lambda_3 s}\\ a_1\lambda_1 & a_2\lambda_2 & a_3\lambda_3 & a_1\lambda_1 & a_2\lambda_2 & a_3\lambda_3\\ b_1\lambda_1 & b_2\lambda_2 & b_3\lambda_3 & b_1\lambda_1 & b_2\lambda_2 & b_3\lambda_3\\ 1 & 1 & 1 & 1 & 1 & 1\end{bmatrix},$$

$$\boldsymbol{D}=\{U_1\quad U_2\quad U_3\quad U_4\quad U_5\quad U_6\}^{\mathrm{T}},$$

$$\boldsymbol{F}=\left\{-\frac{\sigma_0^*}{(\lambda^*+2\mu^*)s^2}\quad 0\quad 0\quad 0\quad 0\quad 0\right\}^{\mathrm{T}}$$

求解式（6.1-19）并代入式（6.1-14）可得 Laplace 域中位移 $\tilde{u}_3^{s*}$、水压 $\tilde{p}_1^*$ 及气压 $\tilde{p}_g^*$ 的表达式为：

$$\widetilde{u}_3^{s*}=\frac{\sigma_0^*}{M(\lambda^*+2\mu^*)s^2}\sum_{i=1}^{3}\left[\frac{e^{-\lambda_i s(x_3^*+1)}-e^{\lambda_i s(x_3^*-1)}}{1+e^{-2\lambda_i s}}t_i\right] \tag{6.1-20a}$$

$$\widetilde{p}_1^*=\frac{\sigma_0^*}{M(\lambda^*+2\mu^*)s}\sum_{i=1}^{3}\left[\frac{e^{-\lambda_i s(x_3^*+1)}+e^{\lambda_i s(x_3^*-1)}}{1+e^{-2\lambda_i s}}t_i a_i\right] \tag{6.1-20b}$$

$$\widetilde{p}_g^*=\frac{\sigma_0^*}{M(\lambda^*+2\mu^*)s}\sum_{i=1}^{3}\left[\frac{e^{-\lambda_i s(x_3^*+1)}+e^{\lambda_i s(x_3^*-1)}}{1+e^{-2\lambda_i s}}t_i b_i\right] \tag{6.1-20c}$$

式中，$t_1=a_2b_3-a_3b_2$，$t_2=a_3b_1-a_1b_3$，$t_3=a_1b_2-a_2b_1$，$M=t_1\lambda_1+t_2\lambda_2+t_3\lambda_3$。

由 β 及 γ 的表达式可知 β 及 γ 依赖于 Laplace 参数 s，则 λ_i，a_i 及 b_i 也与 s 相关。由于流体黏度项的存在，无法直接对式（6.1-20）进行逆 Laplace 变换求得时域中的解析解答。当忽略流体黏度（即流体渗透率无穷大）时，由 β 及 γ 表达式可得：

$$\begin{cases} K_1^*\to\infty \quad\Rightarrow\quad \beta=\dfrac{sn\rho_w^{1*}K_1^*}{nS^1+s\rho_w^{1*}K_1^*}=n \\ K_g^*\to\infty \quad\Rightarrow\quad \gamma=\dfrac{sn\rho^{g*}K_g^*}{nS^g+s\rho^{g*}K_g^*}=n \end{cases} \tag{6.1-21}$$

此时 β 及 γ 与参数 s 无关，利用 Laplace 逆变换可得到时域内的解答。

其他边界条件有如下解：

（1）除了柱顶有气压的存在以外，其余都为零，即：

$$\left.\begin{aligned} &\widetilde{u}_3^{s*}\big|_{x_3^*=0}=0\\ &\widetilde{p}_1^*\big|_{x_3^*=1}=0\\ &\widetilde{p}_g^*\big|_{x_3^*=1}=\frac{p_{g_0}^*}{s}\\ &\widetilde{\sigma}_{33}^*\big|_{x_3^*=1}=0 \end{aligned}\right\} \tag{6.1-22}$$

由边界条件［式（6.1-22）］可得到问题的解答为：

$$\widetilde{u}_3^{s*}=\frac{p_{g_0}^*}{Ms^2}\sum_{i=1}^{3}\left[\left(\frac{(1-S_e)t_i}{\lambda^*+2\mu^*}+g_i\right)\frac{e^{\lambda_i s(x_3^*-1)}-e^{-\lambda_i s(x_3^*+1)}}{1+e^{-2\lambda_i s}}\right] \tag{6.1-23a}$$

$$\widetilde{p}_1^*=\frac{p_{g_0}^*}{Ms^2}\sum_{i=1}^{3}\left[a_i\left(\frac{(1-S_e)t_i}{\lambda^*+2\mu^*}+g_i\right)\frac{e^{\lambda_i s(x_3^*-1)}-e^{-\lambda_i s(x_3^*+1)}}{1+e^{-2\lambda_i s}}\right] \tag{6.1-23b}$$

$$\widetilde{p}_g^*=\frac{p_{g_0}^*}{Ms^2}\sum_{i=1}^{3}\left[b_i\left(\frac{(1-S_e)t_i}{\lambda^*+2\mu^*}+g_i\right)\frac{e^{\lambda_i s(x_3^*-1)}-e^{-\lambda_i s(x_3^*+1)}}{1+e^{-2\lambda_i s}}\right] \tag{6.1-23c}$$

式中：$g_1=a_3\lambda_2-a_2\lambda_3$，$g_2=a_3\lambda_1-a_1\lambda_3$，$g_3=a_1\lambda_2-a_2\lambda_1$

（2）除了柱顶有水压的存在以外，其余都为零，即：

$$\left.\begin{aligned}&\tilde{u}_3^{s*}\big|_{x_3^*=0}=0\\&\tilde{p}_1^*\big|_{x_3^*=1}=\frac{p_{1_0}^*}{s}\\&\tilde{p}_g^*\big|_{x_3^*=1}=0\\&\tilde{\sigma}_{33}^*\big|_{x_3^*=1}=0\end{aligned}\right\}\tag{6.1-24}$$

与边界条件［式（6.1-24）］对应的解答为：

$$\tilde{u}_3^{s*}=\frac{p_{1_0}^*}{Ms^2}\sum_{i=1}^{3}\left[\left(\frac{S_e t_i}{\lambda^*+2\mu^*}+h_i\right)\frac{e^{\lambda_i s(x_3^*-1)}-e^{-\lambda_i s(x_3^*+1)}}{1+e^{-2\lambda_i s}}\right]\tag{6.1-25a}$$

$$\tilde{p}_1^*=\frac{p_{1_0}^*}{Ms}\sum_{i=1}^{3}\left[a_i\left(\frac{S_e t_i}{\lambda^*+2\mu^*}+h_i\right)\frac{e^{\lambda_i s(x_3^*-1)}-e^{-\lambda_i s(x_3^*+1)}}{1+e^{-2\lambda_i s}}\right]\tag{6.1-25b}$$

$$\tilde{p}_g^*=\frac{p_{1_0}^*}{Ms}\sum_{i=1}^{3}\left[b_i\left(\frac{S_e t_i}{\lambda^*+2\mu^*}+h_i\right)\frac{e^{\lambda_i s(x_3^*-1)}-e^{-\lambda_i s(x_3^*+1)}}{1+e^{-2\lambda_i s}}\right]\tag{6.1-25c}$$

式中，$h_1=b_2\lambda_3-b_3\lambda_2$，$h_2=b_1\lambda_3-b_3\lambda_1$，$h_3=b_2\lambda_1-b_1\lambda_2$。

（3）除了柱底有位移的存在以外，其余都为零，即：

$$\left.\begin{aligned}&\tilde{u}_3^{s*}\big|_{x_3^*=0}=\frac{u_0^*}{s}\\&\tilde{p}_1^*\big|_{x_3^*=1}=0\\&\tilde{p}_g^*\big|_{x_3^*=1}=0\\&\tilde{\sigma}_{33}^*\big|_{x_3^*=1}=0\end{aligned}\right\}\tag{6.1-26}$$

与边界条件［式（6.1-26）］对应的解答为：

$$\tilde{u}_3^{s*}=\frac{u_0^*}{H}\sum_{i=1}^{3}\left[(e_i\rho_w^{1*}+f_i\rho_g^*+x_i t_i)\frac{e^{\lambda_i s(x_3^*-2)}+e^{-\lambda_i s x_3^*}}{1+e^{-2\lambda_i s}}\right]\tag{6.1-27a}$$

$$\tilde{p}_1^*=\frac{u_0^*}{H}\sum_{i=1}^{3}\left[(e_i\rho_w^{1*}+f_i\rho_g^*+x_i t_i)a_i s\frac{e^{\lambda_i s(x_3^*-2)}+e^{-\lambda_i s x_3^*}}{1+e^{-2\lambda_i s}}\right]\tag{6.1-27b}$$

$$\tilde{p}_g^*=\frac{u_0^*}{H}\sum_{i=1}^{3}\left[(e_i\rho_w^{1*}+f_i\rho_g^*+x_i t_i)b_i s\frac{e^{\lambda_i s(x_3^*-2)}+e^{-\lambda_i s x_3^*}}{1+e^{-2\lambda_i s}}\right]\tag{6.1-27c}$$

式中，$e_1=b_3\lambda_3-b_2\lambda_2$，$e_2=b_1\lambda_1-b_3\lambda_3$，$e_3=b_2\lambda_2-b_1\lambda_1$，$f_1=a_2\lambda_2-a_3\lambda_3$，

$f_2=a_3\lambda_3-a_1\lambda_1$，$f_1=a_1\lambda_1-a_2\lambda_2$，$x_1=\lambda_2\lambda_3$，$x_2=\lambda_1\lambda_3$，$x_3=\lambda_1\lambda_2$，$H=\lambda_2\lambda_3 t_1+\lambda_1\lambda_3 t_2+\lambda_1\lambda_2 t_3$。

6.1.3 数值分析与讨论

1. 方法有效性

运用 Durbin（2013）的 Laplace 数值逆变换计算时域中的解。选取数值变换的参数 $T_0=4$，$c=2.5$，$N=5000$ 进行计算。为了验证计算结果的有效性，选取 $\sigma_0=1\text{N/m}$，$h=20\text{m}$。非饱和土的物理力学参数如表 4.1-1 所示。图 6.1-2～图 6.1-4 分别绘出了在阶跃荷载作用下 $x_3^*=1$ 处的无量纲化的骨架位移曲线以及 $x_3^*=0$ 处无量纲化孔隙水压力和孔隙气压力随无量纲化时间的变化曲线，并与 Li（2015）的结果进行了比较。从图中可以看出两者的解答非常吻合。

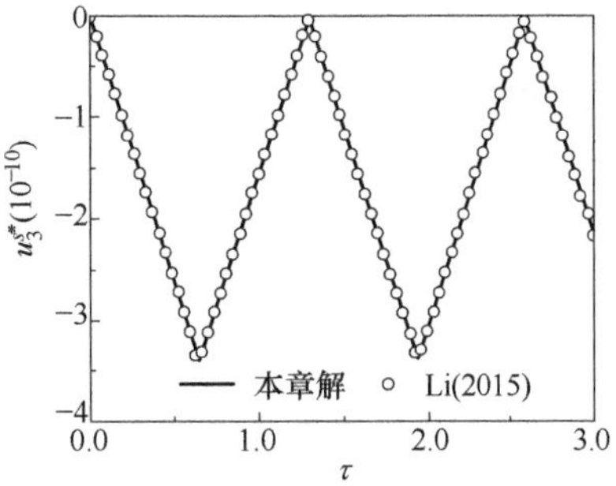

图 6.1-2 $x_3^*=1$ 处的无量纲化的骨架位移曲线

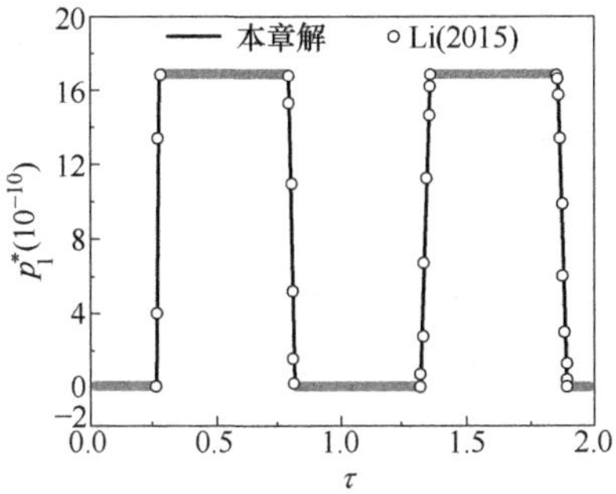

图 6.1-3 $x_3^*=0$ 处的无量纲化孔隙水压力随无量纲化时间的变化曲线

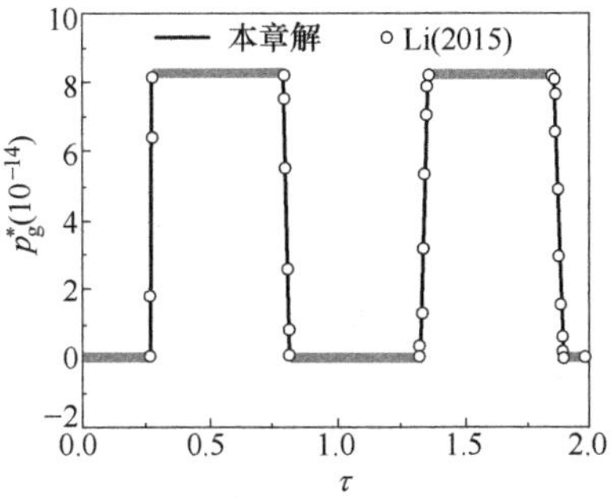

图 6.1-4 $x_3^*=0$ 处的无量纲化孔隙气压力随无量纲化时间的变化曲线

从图 6.1-3 和图 6.1-4 可以看出，在阶跃荷载作用下孔隙水压力和孔隙气压力只呈现出一种压缩波的波动。这是因为在一维条件下非饱和多孔介质中虽然存在三种 P 波，但是 P_2 波、P_3 波具有很强的衰减性，在 P_2 波和 P_3 波到达底部之前就已经消散，而 P_1 波的波速较慢且衰减较缓慢，故图 6.1-3 和图 6.1-4 中只能显示出 P_1 波传播而看不出 P_2 波和 P_3 波。

2. 非饱和土中的 P_2 波和 P_3 波

由于渗透系数大小可以描述流体通过固体骨架间孔隙的难易程度。当渗透系数较低时，孔隙间流体与固体颗粒骨架之间的黏滞耦合作用很强，相应的固体颗粒对流体的阻碍作用很大，流体较难在土孔隙中流动。这种情况下，流固项若想发生相对移动就必须克服很大的阻力，从而导致 P_2 波和 P_3 波很快地衰减；反之，随着渗透系数的增大，固体与流体之间的相互作用减弱，相应的能量耗散也随之降低，使得 P_2 波和 P_3 波的传播更加明显。

为了观察非饱和介质中，三种纵波的传播特性，在饱和度 $S_e=0.8$ 时，分别选取孔隙流体的渗透系数为 $K_l=K_g=10^{-9}\text{m}^4/\text{Ns}$ 及 $K_l=K_g=1000\text{m}^4/\text{Ns}$。考虑到相对其他两种波，$P_1$ 波速度很快，所以为了减小 P_1 波对其他两种纵波的干扰，这里选取土层厚度为 $h=1000\text{m}$，并在顶面以下 20m（$x_3^*=0.98$）处观察孔隙水压力和孔隙气压力的变化情况，$x_3^*=0.98$ 处的无量纲化的孔隙水压力和孔隙气压力如图 6.1-5 和图 6.1-6 所示。

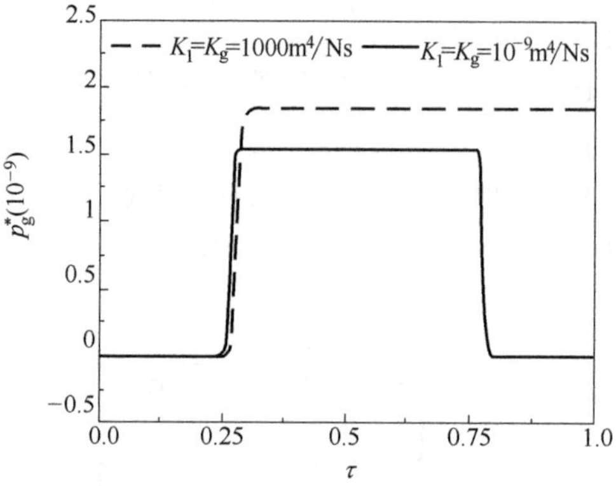

图 6.1-5 $x_3^*=0.98$ 处的无量纲化的孔隙水压力

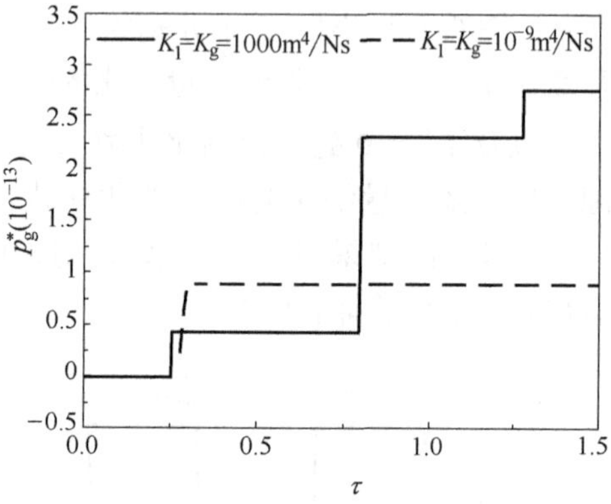

图 6.1-6 $x_3^*=0.98$ 处的无量纲化的孔隙气压力

由图 6.1-5 可以看出，不同的渗透系数使得孔隙水压力的变化曲线完全不同。当渗透系数较大时，孔隙水压力明显改变了两次，这是由于在 τ 约为 0.25 时刻，P_1 波首先到达观测点处使得水压第一次增大；随后 P_2 波到达；P_3 波衰减很快，其对孔隙水压力变化的影响很小。与孔隙水压力的变化不同，如图 6.1-6 所示孔隙气压力产生了三次上升的现象。同样是因为 P_1 波，P_2 波和 P_3 波依次到达观测位置，且均对孔隙气压起到了增大的作用，从而可以证明非饱和介质中存在三种纵波。

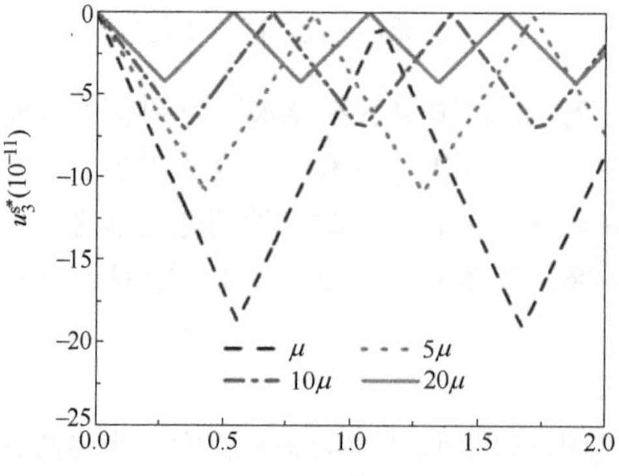

图 6.1-7 剪切模量对无量纲化骨架位移的影响

3. 非饱和土动力响应

为了分析土体剪切模量对波动特性的影响，图 6.1-7 为剪切模量对无量纲化骨架位移的影响。从图中可以发现，随着土体剪切模量的增大，土体的位移幅值减小，但是振动频率会随之增大。

剪切模量对无量纲化孔隙水压力和孔隙气压力的影响如图 6.1-8 和图 6.1-9 所示。可以明显地看出随着剪切模量的增大，孔隙水压力和孔隙气压力幅值呈减小趋势，并且振荡频率增大。

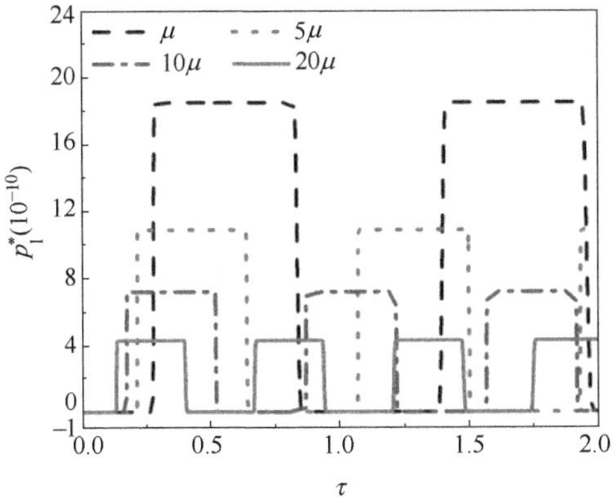

图 6.1-8　剪切模量对无量纲化孔隙水压力的影响

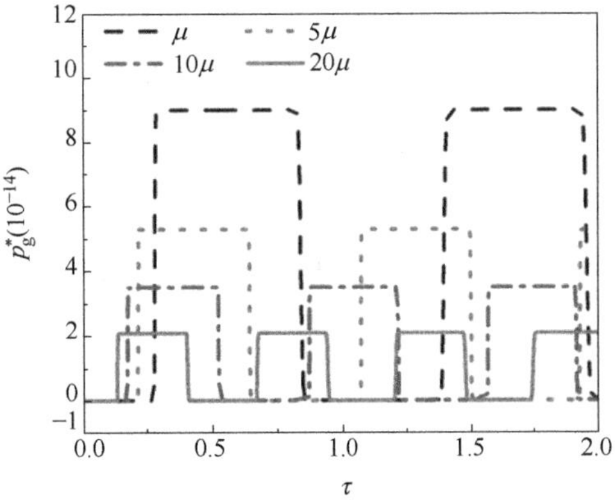

图 6.1-9　剪切模量对无量纲化孔隙气压力的影响

图 6.1-10～图 6.1-12 为孔隙率对无量纲化骨架位移以及孔隙水压力和气压力的变化的影响。从图中可以看出随着孔隙率增大，土体位移幅值随之增大，而孔隙水压力和孔隙气压力随孔隙率的增大而减小。

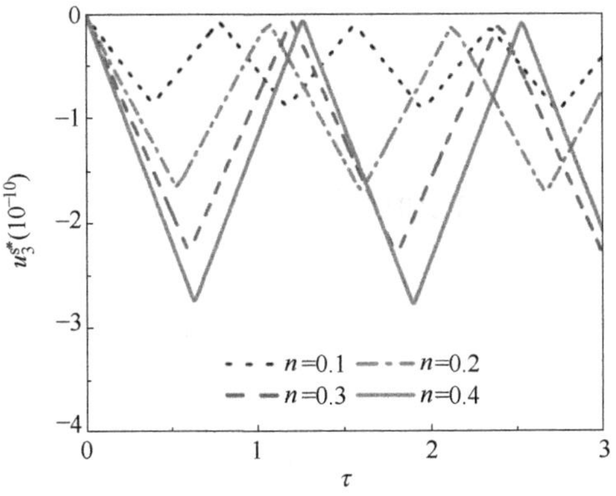

图 6.1-10　孔隙率对无量纲化骨架位移的影响

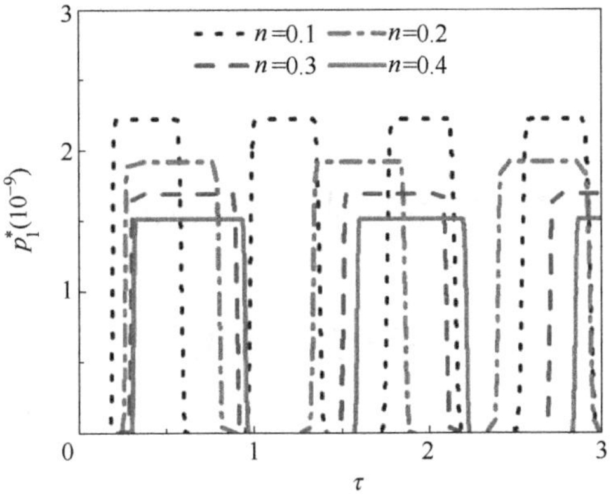

图 6.1-11　孔隙率对无量纲化孔隙水压力的影响

图 6.1-13～图 6.1-15 为压缩系数对无量纲化骨架位移、孔隙水压力和孔隙气压力的影响。可以看到固相压缩性变化时，非饱和土体中各物理量的动力响应变化并不明显。

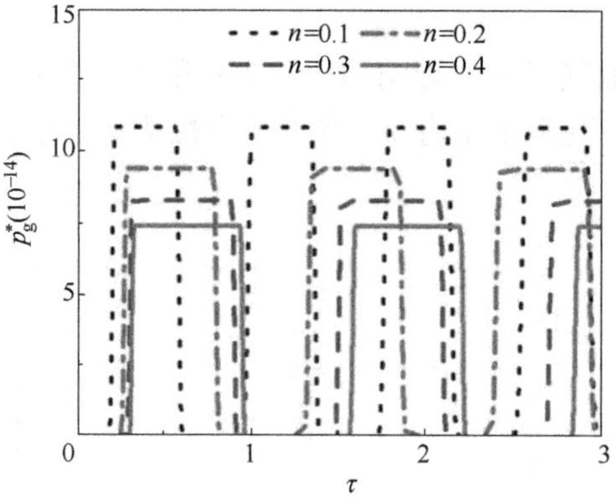

图 6.1-12　孔隙率对无量纲化孔隙气压力的影响

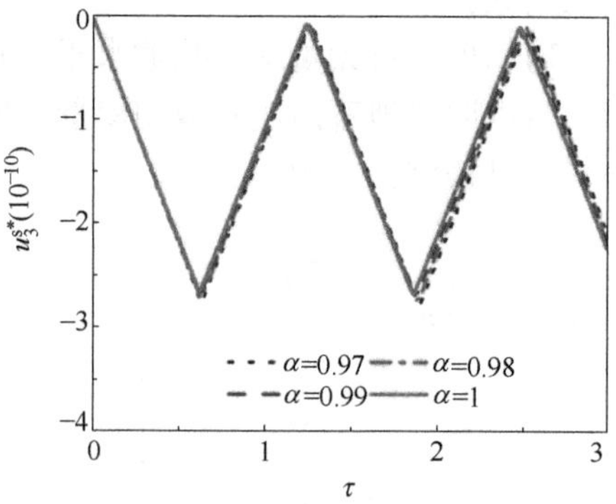

图 6.1-13　压缩系数对无量纲化骨架位移的影响

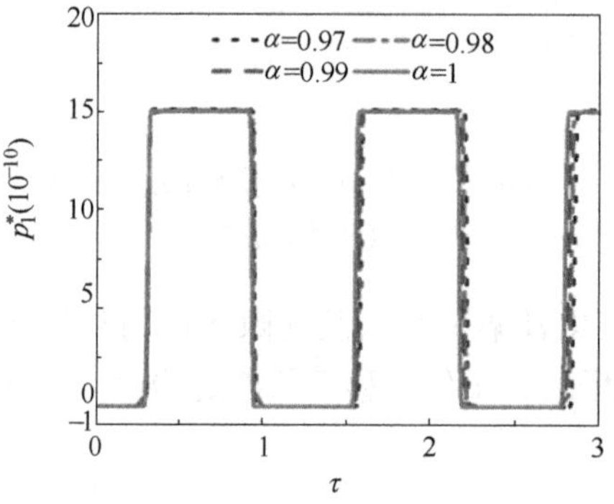

图 6.1-14　压缩系数对无量纲化孔隙水压力的影响

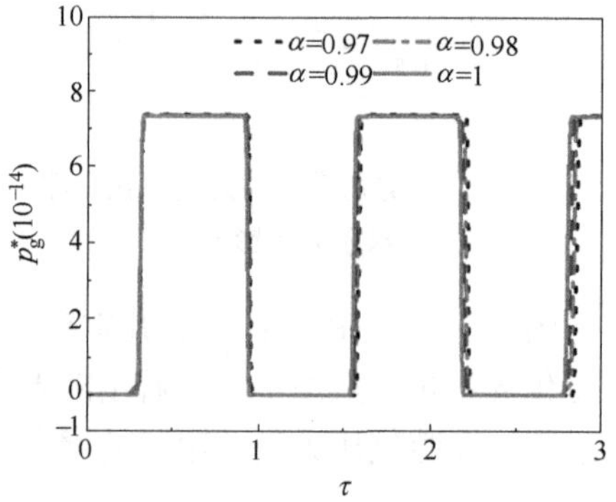

图 6.1-15　压缩系数对无量纲化孔隙气压力的影响

6.2　半空间表面受竖向荷载作用下的 Lamb 问题

6.2.1　问题的数学模型

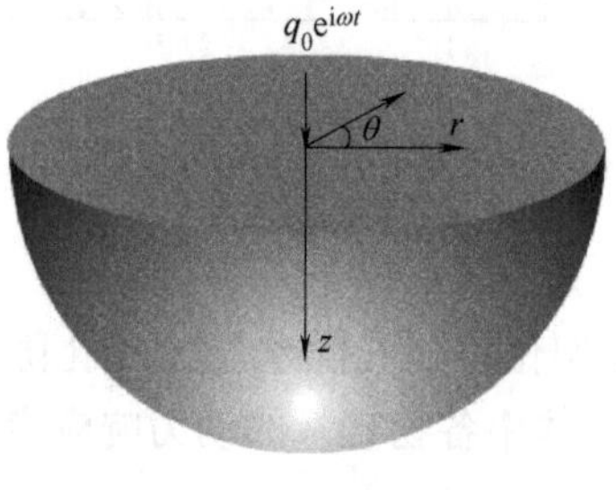

图 6.2-1　半空间计算模型

如图 6.2-1 所示的半空间计算模型，非饱和半空间表面受到频率为 ω，幅度为 q_0 的竖向简谐荷载作用，考虑轴对称性，Lamb 问题在柱坐标系 $r\theta z$ 下的基本方程包括：

1）时域内固体骨架动量平衡方程：

$$\frac{\partial \sigma_r}{\partial r}+\frac{\partial \tau_{rz}}{\partial z}+\frac{1}{r}(\sigma_r-\sigma_\theta)=\rho\ddot{u}_r^s+nS^l\rho^l\ddot{u}_r^l+nS^g\rho^g\ddot{u}_r^g \tag{6.2-1a}$$

$$\frac{\partial \tau_{rz}}{\partial r}+\frac{\partial \sigma_z}{\partial z}+\frac{1}{r}\tau_{rz}=\rho\ddot{u}_z^s+nS^l\rho^l\ddot{u}_z^l+nS^g\rho^g\ddot{u}_z^g \tag{6.2-1b}$$

2）时域内孔隙流体运动平衡方程：

$$-\frac{\partial p_l}{\partial r}=b^l(\dot{u}_r^l-\dot{u}_r^s)+\rho^l\ddot{u}_r^l \tag{6.2-2a}$$

$$-\frac{\partial p_l}{\partial z}=b^l(\dot{u}_z^l-\dot{u}_z^s)+\rho^l u_z^l \tag{6.2-2b}$$

$$-\frac{\partial p_g}{\partial r}=b^g(\dot{u}_r^l-\dot{u}_r^s)+\rho^g\ddot{u}_r^l \tag{6.2-2c}$$

$$-\frac{\partial p_g}{\partial z}=b^g(\dot{u}_z^l-\dot{u}_z^s)+\rho^g\ddot{u}_z^l \tag{6.2-2d}$$

式中，σ_r，σ_z，σ_θ 和 τ_{rz} 分别代表土体单元体上的总应力分量；$b^l=nS^l/K_l$，$b^g=nS^g/K_g$；其余符号的定义见第 2 章。

3）本构方程：

① 在柱坐标系下，弹性各向同性非饱和土的本构方程为：

$$\sigma_r=(\lambda+2\mu)\frac{\partial u_r^s}{\partial r}+\lambda\frac{u_r^s}{r}+\lambda\frac{\partial u_z^s}{\partial z}-\alpha S_e p_l-\alpha(1-S_e)p_g \tag{6.2-3a}$$

$$\sigma_\theta=\lambda\frac{\partial u_r^s}{\partial r}+(\lambda+2\mu)\frac{u_r^s}{r}+\lambda\frac{\partial u_z^s}{\partial z}-\alpha S_e p_l-\alpha(1-S_e)p_g \tag{6.2-3b}$$

$$\sigma_z=\lambda\frac{\partial u_r^s}{\partial r}+\lambda\frac{u_r^s}{r}+(\lambda+2\mu)\frac{\partial u_z^s}{\partial z}-\alpha S_e p_l-\alpha(1-S_e)p_g \tag{6.2-3c}$$

$$\tau_{rz}=\mu\left(\frac{\partial u_r^s}{\partial z}+\frac{\partial u_z^s}{\partial r}\right) \tag{6.2-3d}$$

② 渗流连续方程：

$$-\dot{p}_l=a_{11}\left(\frac{\partial\dot{u}_r^s}{\partial r}+\frac{\dot{u}_r^s}{r}+\frac{\partial\dot{u}_z^s}{\partial z}\right)+a_{12}\left(\frac{\partial\dot{u}_r^l}{\partial r}+\frac{\dot{u}_r^l}{r}+\frac{\dot{u}\dot{w}_z^l}{\partial z}\right)+a_{13}\left(\frac{\partial\dot{u}_r^g}{\partial r}+\frac{\dot{u}_r^g}{r}+\frac{\partial\dot{u}_z^g}{\partial z}\right) \tag{6.2-4a}$$

$$-\dot{p}_g=a_{21}\left(\frac{\partial\dot{u}_r^s}{\partial r}+\frac{\dot{u}_r^s}{r}+\frac{\partial\dot{u}_z^s}{\partial z}\right)+a_{22}\left(\frac{\partial\dot{u}_r^l}{\partial r}+\frac{\dot{u}_r^l}{r}+\frac{\partial\dot{u}_z^l}{\partial z}\right)+a_{23}\left(\frac{\partial\dot{u}_r^g}{\partial r}+\frac{\dot{u}_r^g}{r}+\frac{\partial\dot{u}_z^g}{\partial z}\right) \tag{6.2-4b}$$

式中，系数 a_{ij} 的具体表达式详见 3.1.1 节。

6.2.2 问题的求解

简谐荷载作用下各位移分量的形式如下：

$$\left.\begin{aligned}u_r^\pi&=u_r^\pi(r,\theta,z,\omega)e^{i\omega t}\\u_z^\pi&=u_z^\pi(r,\theta,z,\omega)e^{i\omega t}\end{aligned}\right\}(\pi=s,l,g) \tag{6.2-5}$$

将式（6.2-5）代入孔隙流体运动平衡方程［式（6.2-2）］中，并结合式（6.2-1）、式（6.2-3）和式（6.2-4），整理后可得频域内非饱和半空间的动力控制方程：

$$V_{\mathrm{P}}^{2}\frac{\partial}{\partial r}\left(\frac{\partial u_{\mathrm{r}}^{\mathrm{s}}}{\partial r}+\frac{u_{\mathrm{r}}^{\mathrm{s}}}{r}+\frac{\partial u_{\mathrm{z}}^{\mathrm{s}}}{\partial z}\right)+V_{\mathrm{S}}^{2}\frac{\partial}{\partial z}\left(\frac{\partial u_{\mathrm{r}}^{\mathrm{s}}}{\partial z}-\frac{\partial u_{\mathrm{z}}^{\mathrm{s}}}{\partial r}\right)+\kappa_{1}\omega^{2}u_{\mathrm{r}}^{\mathrm{s}}-\kappa_{2}\frac{\partial p_{1}}{\partial r}-\kappa_{3}\frac{\partial p_{\mathrm{g}}}{\partial r}=0 \tag{6.2-6a}$$

$$V_{\mathrm{P}}^{2}\frac{\partial}{\partial z}\left(\frac{\partial u_{\mathrm{r}}^{\mathrm{s}}}{\partial r}+\frac{u_{\mathrm{r}}^{\mathrm{s}}}{r}+\frac{\partial u_{\mathrm{z}}^{\mathrm{s}}}{\partial z}\right)+V_{\mathrm{S}}^{2}\frac{\partial}{\partial r}\left(\frac{\partial u_{\mathrm{z}}^{\mathrm{s}}}{\partial r}-\frac{\partial u_{\mathrm{r}}^{\mathrm{s}}}{\partial z}\right)+\frac{V_{\mathrm{S}}^{2}}{r}\left(\frac{\partial u_{\mathrm{z}}^{\mathrm{s}}}{\partial r}-\frac{\partial u_{\mathrm{r}}^{\mathrm{s}}}{\partial z}\right)$$
$$+\kappa_{1}\omega^{2}u_{\mathrm{z}}^{\mathrm{s}}-\kappa_{2}\frac{\partial p_{1}}{\partial z}-\kappa_{3}\frac{\partial p_{\mathrm{g}}}{\partial z}=0 \tag{6.2-6b}$$

$$-p_{1}=\left(a_{11}+a_{12}\frac{\mathrm{i}\omega b^{1}}{\theta_{1}}+a_{13}\frac{\mathrm{i}\omega b^{\mathrm{g}}}{\theta_{2}}\right)\left(\frac{\partial u_{\mathrm{r}}^{\mathrm{s}}}{\partial r}+\frac{u_{\mathrm{r}}^{\mathrm{s}}}{r}+\frac{\partial u_{\mathrm{z}}^{\mathrm{s}}}{\partial z}\right)-\frac{a_{12}}{\theta_{1}}\nabla^{2}p_{1}-\frac{a_{13}}{\theta_{2}}\nabla^{2}p_{\mathrm{g}} \tag{6.2-7a}$$

$$-p_{\mathrm{g}}=\left(a_{21}+a_{22}\frac{\mathrm{i}\omega b^{1}}{\theta_{1}}+a_{23}\frac{\mathrm{i}\omega b^{\mathrm{g}}}{\theta_{2}}\right)\left(\frac{\partial u_{\mathrm{r}}^{\mathrm{s}}}{\partial r}+\frac{u_{\mathrm{r}}^{\mathrm{s}}}{r}+\frac{\partial u_{\mathrm{z}}^{\mathrm{s}}}{\partial z}\right)-\frac{a_{22}}{\theta_{1}}\nabla^{2}p_{1}-\frac{a_{23}}{\theta_{2}}\nabla^{2}p_{\mathrm{g}} \tag{6.2-7b}$$

式中，$\theta_1=\mathrm{i}\omega b^1-\rho^1\omega^2$，$\theta_2=\mathrm{i}\omega b^{\mathrm{g}}-\rho_{\mathrm{g}}\omega^2$，$V_{\mathrm{P}}=\sqrt{(\lambda+2\mu)/\rho}$，$V_{\mathrm{S}}=\sqrt{\mu/\rho}$，$\kappa_1=1+\dfrac{\mathrm{i}\omega nS^1\rho^1b^1}{\rho\theta_1}+\dfrac{\mathrm{i}\omega nS^{\mathrm{g}}\rho^{\mathrm{g}}b^{\mathrm{g}}}{\rho\theta_2}$，$\kappa_2=\dfrac{nS^1\rho^1\omega^2}{\rho\theta_1}+\dfrac{\alpha S_{\mathrm{e}}}{\rho}$，$\kappa_3=\dfrac{nS^{\mathrm{g}}\rho^{\mathrm{g}}\omega^2}{\rho\theta_2}+\dfrac{\alpha(1-S_{\mathrm{e}})}{\rho}$

根据 Helmholtz 分解定理，引入柱坐标系下的两个势函数 Φ 和 Ψ 则 u_r^{s} 和 u_z^{s} 可表示为：

$$u_{\mathrm{r}}^{\mathrm{s}}=\frac{\partial\Phi}{\partial r}+\frac{\partial^{2}\Psi}{\partial r\partial z} \tag{6.2-8a}$$

$$u_{\mathrm{r}}^{\mathrm{s}}=\frac{\partial\Phi}{\partial z}-\frac{\partial\Psi}{r\partial r}-\frac{\partial^{2}\Psi}{\partial r^{2}} \tag{6.2-8b}$$

将式（6.2-8）分别代入式（6.2-6）和式（6.2-7）中，可得：

$$V_{\mathrm{P}}^{2}\nabla^{2}\Phi+\kappa_{1}\omega^{2}\Phi=\kappa_{2}p_{1}+\kappa_{3}p_{\mathrm{g}} \tag{6.2-9a}$$

$$V_{\mathrm{S}}^{2}\nabla^{2}\Psi+\kappa_{1}\omega^{2}\Psi=0 \tag{6.2-9b}$$

$$-p_{1}=\left(a_{11}+a_{12}\frac{\mathrm{i}\omega b^{1}}{\theta_{1}}+a_{13}\frac{\mathrm{i}\omega b^{\mathrm{g}}}{\theta_{2}}\right)\nabla^{2}\Phi-\frac{a_{12}}{\theta_{1}}\nabla^{2}p_{1}-\frac{a_{13}}{\theta_{2}}\nabla^{2}p_{\mathrm{g}} \tag{6.2-10a}$$

$$-p_{\mathrm{g}}=\left(a_{21}+a_{22}\frac{\mathrm{i}\omega b^{1}}{\theta_{1}}+a_{23}\frac{\mathrm{i}\omega b^{\mathrm{g}}}{\theta_{2}}\right)\nabla^{2}\Phi-\frac{a_{22}}{\theta_{1}}\nabla^{2}p_{1}-\frac{a_{23}}{\theta_{2}}\nabla^{2}p_{\mathrm{g}} \tag{6.2-10b}$$

考虑到因变量的时间导数同二阶空间导数的乘积与其时间导数同一阶空间导数的乘积相比，前者是高阶小量。因此，利用式（6.2-4）可以得到：

$$p_1=\frac{a_{11}+a_{12}\dfrac{\mathrm{i}\omega b^{1}}{\theta_1}+a_{13}\dfrac{\mathrm{i}\omega b^{g}}{\theta_2}}{a_{21}+a_{22}\dfrac{\mathrm{i}\omega b^{1}}{\theta_1}+a_{23}\dfrac{\mathrm{i}\omega b^{g}}{\theta_2}}p_g \tag{6.2-11a}$$

$$p_g=\frac{a_{21}+a_{22}\dfrac{\mathrm{i}\omega b^{1}}{\theta_1}+a_{23}\dfrac{\mathrm{i}\omega b^{g}}{\theta_2}}{a_{11}+a_{12}\dfrac{\mathrm{i}\omega b^{1}}{\theta_1}+a_{13}\dfrac{\mathrm{i}\omega b^{g}}{\theta_2}}p_1 \tag{6.2-11b}$$

将式（6.2-11）代入式（6.2-9），可得：

$$p_1=\frac{V_P^2}{h_1}\nabla^2\Phi+\frac{\kappa_1\omega^2}{h_1}\Phi \tag{6.2-12a}$$

$$p_g=\frac{V_P^2}{h_2}\nabla^2\Phi+\frac{\kappa_1\omega^2}{h_2}\Phi \tag{6.2-12b}$$

将式（6.2-12）代入式（6.2-10），整理后可得：

$$\nabla^2(\nabla^2\Phi)+\frac{H_2}{H_1}\nabla^2\Phi+\frac{H_3}{H_1}\Phi=0 \tag{6.2-13}$$

式中，$H_1=\dfrac{a_{22}-a_{12}}{\theta_1}\dfrac{V_P^2}{h_1}+\dfrac{a_{23}-a_{13}}{\theta_2}\dfrac{V_P^2}{h_2}$

$$H_2=\left(\frac{a_{22}-a_{12}}{\theta_1h_1}+\frac{a_{23}-a_{13}}{\theta_2h_2}\right)\kappa_1\omega^2+(a_{21}-a_{11})+(a_{22}-a_{12})\frac{\mathrm{i}\omega b^{1}}{\theta_1}+$$

$$(a_{23}-a_{13})\frac{\mathrm{i}\omega b^{g}}{\theta_2}+\frac{V_P^2}{h_1}-\frac{V_P^2}{h_2}$$

$$H_3=\frac{\kappa_1\omega^2}{h_1}-\frac{\kappa_1\omega^2}{h_2}$$

$$h_1=\kappa_2+\kappa_3\frac{a_{21}+a_{22}\dfrac{\mathrm{i}\omega b^{1}}{\theta_1}+a_{23}\dfrac{\mathrm{i}\omega b^{g}}{\theta_2}}{a_{11}+a_{12}\dfrac{\mathrm{i}\omega b^{1}}{\theta_1}+a_{13}\dfrac{\mathrm{i}\omega}{\theta_2}b^{g}}$$

$$h_2=\kappa_2\frac{a_{11}+a_{12}\dfrac{\mathrm{i}\omega b^{1}}{\theta_1}+a_{13}\dfrac{\mathrm{i}\omega b^{g}}{\theta_2}}{a_{21}+a_{22}\dfrac{\mathrm{i}\omega b^{1}}{\theta_1}+a_{23}\dfrac{\mathrm{i}\omega b^{g}}{\theta_2}}+\kappa_3$$

式（6.2-9）和式（6.2-13）即为以势函数表示的频域内控制方程。在得到势函数解答的基础上，可通过基本方程得到各位移分量、应力分量等物理量的解答。

利用分离变量法求解微分方程［式（6.2-9）、式（6.2-13)］，可得：

$$\Phi_{11}=[A_{11}I_0(\zeta_{11}r)+B_{11}K_0(\zeta_{11}r)][C_{11}\sin(mz)+D_{11}\cos(mz)]\mathrm{e}^{\mathrm{i}\omega t} \tag{6.2-14a}$$

$$\Phi_{12}=[A_{12}I_0(\zeta_{12}r)+B_{12}K_0(\zeta_{12}r)][C_{12}\sin(mz)+D_{12}\cos(mz)]\mathrm{e}^{\mathrm{i}\omega t} \tag{6.2-14b}$$

$$\Psi=[A_2I_0(\zeta_2r)+B_2K_0(\zeta_2r)][C_2\sin(mz)+D_2\cos(mz)]\mathrm{e}^{\mathrm{i}\omega t} \tag{6.2-15}$$

式中，$I_0(\zeta_{11}r)$，$K_0(\zeta_{11}r)$，$I_0(\zeta_{12}r)$，$K_0(\zeta_{12}r)$，$I_0(\zeta_2r)$，$K_0(\zeta_2r)$ 分别为第一类和第二类零阶贝塞尔函数；$d_{11}=\dfrac{H_2}{H_1}$，$d_{12}=\dfrac{H_3}{H_1}$，$\xi_2=\sqrt{-\dfrac{\kappa_1\omega^2}{V_{\mathrm{S}}^2}}$，$\xi_{11}^2=\dfrac{-d_{11}+\sqrt{d_{11}^2-4d_{12}}}{2}$，$\xi_{12}^2=\dfrac{-d_{11}-\sqrt{d_{11}^2-4d_{12}}}{2}$，$\zeta_{11}=\sqrt{\xi_{11}^2+a}$，$\zeta_{12}=\sqrt{\xi_{12}^2+a}$，$\zeta_2=\sqrt{\xi_2^2+a}$；待定系数 A、B、C、D 由具体的边界条件确定。

考虑如下边界条件：

$$\left.\begin{array}{l}\sigma_{\mathrm{z}}\,|_{z=0,0\leqslant r\leqslant r_0}=q_0\mathrm{e}^{\mathrm{i}\omega t}\\ \tau_{\mathrm{rz}}\,|_{z=0}=0\\ u_{\mathrm{r}}\,|_{r,z\to\infty}=u_{\mathrm{z}}\,|_{r,z\to\infty}=0\end{array}\right\} \tag{6.2-16}$$

根据边界条件［式（6.2-16）］可得：

$$A_{11}=A_{12}=A_2=C_{11}=C_{12}=D_2=0 \tag{6.2-17}$$

$$a=\frac{(2m-1)\pi}{2z},(m=1,2,3\cdots\cdots) \tag{6.2-18}$$

因此，势函数可表示为以下形式：

$$\Phi_m=\cos(a_mz)[B_{11m}K_0(\zeta_{11m}r)+B_{12m}K_0(\zeta_{12m}r)]\mathrm{e}^{\mathrm{i}\omega t} \tag{6.2-19}$$

$$\Psi_m=\sin(a_mz)B_{2m}K_0(\zeta_{2m}r)\mathrm{e}^{\mathrm{i}\omega t} \tag{6.2-20}$$

将式（6.2-19）和式（6.2-20）代入式（6.2-18）和式（6.2-12）中，最终可获得非饱和多孔介质中孔隙压力及位移分量的表达式：

$$p_{\mathrm{l}m}=\sum_{m=1}^{\infty}\cos(a_mz)[B_{11m}K_0(\zeta_{11m}r)\zeta_{11m}+B_{12m}K_0(\zeta_{12m}r)\zeta_{12m}]\frac{\mathrm{e}^{\mathrm{i}\omega t}}{h_1} \tag{6.2-21a}$$

$$p_{\mathrm{g}m}=\sum_{m=1}^{\infty}\cos(a_mz)[B_{11m}K_0(\zeta_{11m}r)\zeta_{11m}+B_{12m}K_0(\zeta_{12m}r)\zeta_{12m}]\frac{\mathrm{e}^{\mathrm{i}\omega t}}{h_2} \tag{6.2-21b}$$

$$u_{\mathrm{r}}^{\mathrm{s}}=-\mathrm{e}^{\mathrm{i}\omega t}\sum_{m=1}^{\infty}\cos(a_mz)[B_{11m}K_1(\zeta_{11m}r)\zeta_{11m}+B_{12m}K_1(\zeta_{12m}r)\zeta_{12m}+B_{2m}K_1(\zeta_{2m}r)m\zeta_{2m}] \tag{6.2-22a}$$

$$u_{\mathrm{z}}^{\mathrm{s}}=\mathrm{e}^{\mathrm{i}\omega t}\sum_{m=1}^{\infty}\sin(a_mz)-[B_{11m}K_0(\zeta_{11m}r)m-B_{12m}K_0(\zeta_{12m}r)m$$

$$+B_{2m}K_0(\zeta_{2m}r)\zeta_{2m}^2\Big] \tag{6.2-22b}$$

将孔隙压力和位移的结果代入式（6.2-3）中，可得各应力分量的表达式为：

$$\begin{aligned}\sigma_r=&-\sum_{m=0}^{\infty}\cos(a_m z)\Bigg\{B_{11m}\left[\eta_{11m}K_0(\zeta_{11m}r)-\frac{2\mu\zeta_{11m}}{r}K_1(\zeta_{11m}r)\right]\\&+B_{12m}\left[\eta_{12m}K_0(\zeta_{12m}r)-\frac{2\mu\zeta_{12m}}{r}K_1(\zeta_{12m}r)\right]\\&+B_{2m}m\left[\eta_{2m}K_0(\zeta_{2m}r)-\frac{2\mu\zeta_{2m}}{r}K_1(\zeta_{2m}r)\right]\Bigg\}\mathrm{e}^{\mathrm{i}\omega t}\end{aligned} \tag{6.2-23a}$$

$$\begin{aligned}\sigma_z=&-\mathrm{e}^{\mathrm{i}\omega t}\sum_{m=0}^{\infty}\cos(a_m z)\big[B_{11m}\eta'_{11m}K_0(\zeta_{11m}r)+B_{12m}\eta'_{12m}K_0(\zeta_{12m}r)\\&+B_{2m}\eta'_{2m}K_0(\zeta_{2m}r)\big]\end{aligned} \tag{6.2-23b}$$

在非饱和半空间表面（$z=0$）分别考虑透水（气）和不透水（气）两种边界条件：

1）当半空间表面排水（气）时，土体表面孔隙气压力和孔隙水压力为 0，即：

$$p_1|_{z=0}=p_g|_{z=0}=0 \tag{6.2-24}$$

此时，式（6.2-21）～式（6.2-23）中各参数分别为：

$B_{11m}=\dfrac{\delta_6}{\delta_6(\delta_1+\delta_0\delta_2)-\delta_3(\delta_4+\delta_0\delta_5)}\delta$，$B_{12m}=\dfrac{\delta_0\delta_6}{\delta_6(\delta_1+\delta_0\delta_2)-\delta_3(\delta_4+\delta_0\delta_5)}\delta$，

$B_{2m}=\dfrac{\delta_4+\delta_0\delta_5}{\delta_3(\delta_4+\delta_0\delta_5)-\delta_6(\delta_1+\delta_0\delta_2)}\delta$，$\delta=\dfrac{q_0}{\pi r_0^2}$，$\delta_0=-\dfrac{K_0(\zeta_{11m}r)(\zeta_{11m}^2+m^2)}{K_0(\zeta_{12m}r)(\zeta_{12m}^2+m^2)}$，

$\delta_1=[(\lambda+2\mu)m^2+\lambda\zeta_{11m}^2]K_0(\zeta_{11m}r_0)$，$\delta_2=[(\lambda+2\mu)m^2+\lambda\zeta_{12m}^2]K_0(\zeta_{12m}r_0)$，$\delta_3=-2m\mu\zeta_{2m}^2K_0(\zeta_{2m}r_0)$，$\delta_4=2m\zeta_{11m}K_1(\zeta_{11m}r)$，$\delta_5=2m\zeta_{12m}K_1(\zeta_{12m}r)$，$\delta_6=(m^2-\zeta_{2m}^2)\zeta_{2m}K_1(\zeta_{2m}r)$，$\zeta_{11m}=\kappa_1\omega^2-V_{\mathrm{P}}^2(\zeta_{11m}^2+m^2)$，$\zeta_{12m}=\kappa_1\omega^2-V_{\mathrm{P}}^2(\zeta_{12m}^2+m^2)$，

$\eta_{11m}=\left[(\lambda+2\mu)\zeta_{11m}^2+\lambda m^2+\alpha S_{\mathrm{e}}\dfrac{\zeta_{11m}}{h_1}+\alpha(1-S_{\mathrm{e}})\dfrac{\zeta_{11m}}{h_2}\right]$，$\eta_{12m}=\Big[(\lambda+2\mu)\zeta_{12m}^2+\lambda m^2+\alpha S_{\mathrm{e}}\dfrac{\zeta_{12m}}{h_1}+\alpha(1-S_{\mathrm{e}})\dfrac{\zeta_{12m}}{h_2}\Big]$，$\eta_{2m}=[(\lambda+2\mu)\zeta_{2m}^2-\lambda\zeta_{2m}]$，$\eta'_{11m}=\left[(\lambda+2\mu)m^2+\lambda\zeta_{11m}^2+\alpha S_{\mathrm{e}}\dfrac{\zeta_{11m}}{h_1}+\alpha(1-S_{\mathrm{e}})\dfrac{\delta_{11m}}{h_2}\right]$，$\eta'_{12m}=\Big[(\lambda+2\mu)m^2+\lambda\zeta_{12m}^2+\alpha S_{\mathrm{e}}\dfrac{\zeta_{12m}}{h_1}+\alpha(1-S_{\mathrm{e}})\dfrac{\zeta_{12m}}{h_2}\Big]$，$\eta'_{2m}=-2m\mu\zeta_{2m}^2$

2）当半空间表面不排水（气）时，土体表面孔隙流体和土骨架之间的相对位移为 0。此时，式（5.48）～式（5.50）中各参数可表示为：

$$B_{11m}=\frac{\delta_6'\delta_8'-\delta_5'\delta_9'}{(\delta_3'\delta_5'-\delta_2'\delta_6')\ \delta_7'+\ (\delta_1'\delta_6'-\delta_3'\delta_4')\ \delta_8'+\ (\delta_2'\delta_4'-\delta_1'\delta_5')\ \delta_9'}\delta'$$

$$B_{12m}=\frac{\delta_4'\delta_9'-\delta_6'\delta_7'}{(\delta_3'\delta_5'-\delta_2'\delta_6')\ \delta_7'+\ (\delta_1'\delta_6'-\delta_3'\delta_4')\ \delta_8'+\ (\delta_2'\delta_4'-\delta_1'\delta_5')\ \delta_9'}\delta'$$

$$B_{2m}=\frac{\delta_5'\delta_7'-\delta_4'\delta_8'}{(\delta_3'\delta_5'-\delta_2'\delta_6')\ \delta_7'+\ (\delta_1'\delta_6'-\delta_3'\delta_4')\ \delta_8'+\ (\delta_2'\delta_4'-\delta_1'\delta_5')\ \delta_9'}\delta'$$

$\delta'=\delta$，$\delta_1'=\eta_{11m}'K_0(\zeta_{11m}r_0)$，$\delta_2'=\eta_{12m}'K_0(\zeta_{12m}r_0)$，$\delta_3'=\eta_{2m}'K_0(\zeta_{2m}r_0)$，$\delta_4'=\delta_4$，$\delta_5'=\delta_5$，$\delta_6'=\delta_6$，$\delta_7'=\dfrac{\zeta_{11m}}{\theta_1}(\zeta_{11m}-\mathrm{i}\omega b^l)-\dfrac{\zeta_{11m}}{\theta_2}(\zeta_{11m}-\mathrm{i}\omega b^g)$，$\delta_8'=\dfrac{\zeta_{12m}}{\theta_1}(\zeta_{12m}-\mathrm{i}\omega b^l)-\dfrac{\zeta_{12m}}{\theta_2}(\zeta_{12m}-\mathrm{i}\omega b^g)$，$\delta_9'=m\zeta_{2m}\mathrm{i}\omega\left(\dfrac{b^g}{\theta_2}-\dfrac{b^l}{\theta_1}\right)$

通常情况下，半空间表面单位面积的能量传播情况可由其表面牵引力和质点运动速度的积表示。因此，本章所考虑的非饱和多孔介质材料，单位面积上的能量，可由式（6.2-25）表示，结合两类边界条件可求得不同透水（气）条件下，非饱和半空间表面受到竖向简谐荷载作用时能量密度为：

$$E=\frac{\omega}{2\pi}\int_0^{\frac{2\pi}{\omega}}\boldsymbol{\sigma}\dot{\boldsymbol{u}}^{\mathrm{s}}+p_{\mathrm{w}}^{1}\dot{\boldsymbol{u}}^{1}+p_{\mathrm{g}}\dot{\boldsymbol{u}}^{\mathrm{g}}\mathrm{d}t \tag{6.2-25}$$

6.2.3 数值分析与讨论

1. 解答的有效性验证

在经典 Lamb 问题的分析研究中，学者们往往采用位移解的形式进行描述。为验证本节计算结果的准确性，利用式（6.2-22）得出的非饱和半空间表面的竖向位移 u_z 和水平位移 u_r 的解析解答，同文献（Chen，2014）在饱和半空间中的计算结果进行对比，其分析结果十分接近，说明本节所得结果可以和经典饱和半空间理论很好地衔接，进一步证明了计算结果的有效性，有效性验证如图 6.2-2 所示。

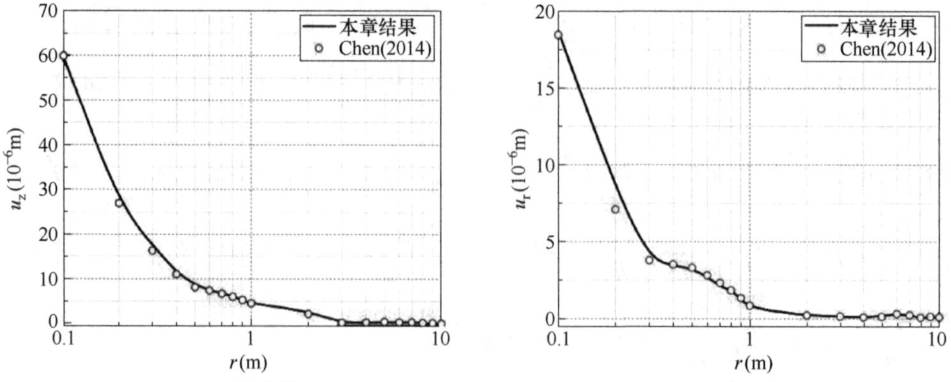

(a) 垂直位移　　(b) 水平位移

图 6.2-2　有效性验证

2. 参数分析

为讨论不同边界条件下相关参数对非饱和半空间动力响应和能量传输特性的影响规律，本节将通过数值算例分析在不透水（气）条件、透水（气）条件下土体表面位移及能量变化受到饱和度、振动频率、渗透系数的影响情况。数值算例中所选取的计算参数如表 6.2-1 所示。

数值算例中所选取的计算参数　　表 6.2-1

参数名称	参数符号	数值
孔隙率	n	0.4
土颗粒密度	ρ^s	$2700kg/m^3$
液体密度	ρ^l	$1000kg/m^3$
气体密度	ρ^g	$1.29kg/m^3$
液体体积模量	K^w	2.0GPa
气体体积模量	K^g	100kPa
土颗粒体积模量	K^s	36GPa
Lame 系数	λ	12.9MPa
剪切模量	μ	19.4MPa
固有渗透率	k_{int}	$1\times10^{-13}m^2$
液体动力黏滞系数	μ_l	$1\times10^{-3}kg/(m\cdot s)$
气体动力黏滞系数	μ_g	$1.8\times10^{-5}kg/(m\cdot s)$
van Genuchten 模型参数	α_{vg} m_{vg}	$1\times10^{-4}Pa^{-1}$ 0.5

在荷载幅值为 $q_0=1kN$，激振圆频率 $\omega=1rad/s$ 时，绘制了非饱和半空间表面处为不透水（气）条件、透水（气）条件下，饱和度变化对其表面位移和能量传输特性的影响曲线，如图 6.2-3 所示。由图可见，非饱和半空间表面位移幅值会随着饱和度的增大而增大。这主要是由于随着饱和度的升高，非饱和介质中基质吸力降低从而引起粒间吸力降低，导致半空间表面位移幅值会呈现出逐渐增大的趋势。在不透水（气）条件下，整体的位移幅值低于透水（气）条件下的位移幅值，当饱和度较低时，孔隙内部存在大量气体，由于气体本身有很强的可压缩性，因此当饱和度较低时，两种不同边界条件下的位移幅值相差很小；当饱和度较高时，土中孔隙水的含量明显升高，非饱和介质抵抗变形的能力也会随之提升，因此当饱和度较高时，不透水（气）条件下的位移幅值会较为明显低于透水（气）条件下的位移幅值。同位移幅值的变化情况类似，半空间中的能量同样呈现出随着距离振源位置的增大而呈振荡下降的趋势，且在表面不透水（气）条件下，孔隙流体压力占比相对更大，但由于总力没有变化，导致有效应力占比相对较小，因此在不透水（气）条件下半空间表面受外荷载作用时的总能量值依然小于透水（气）条件下的能量。

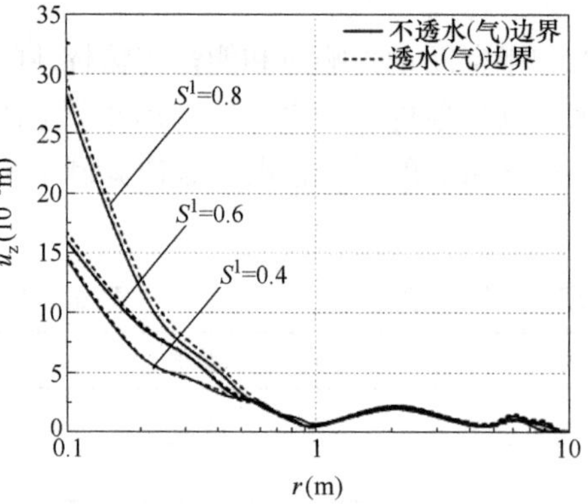

(a) 垂直位移

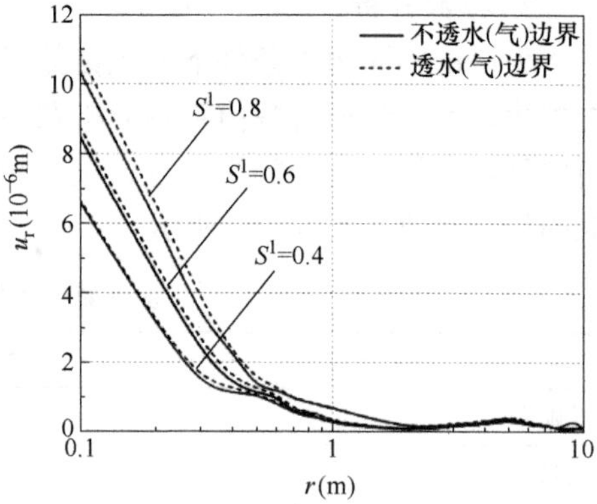

(b) 水平位移

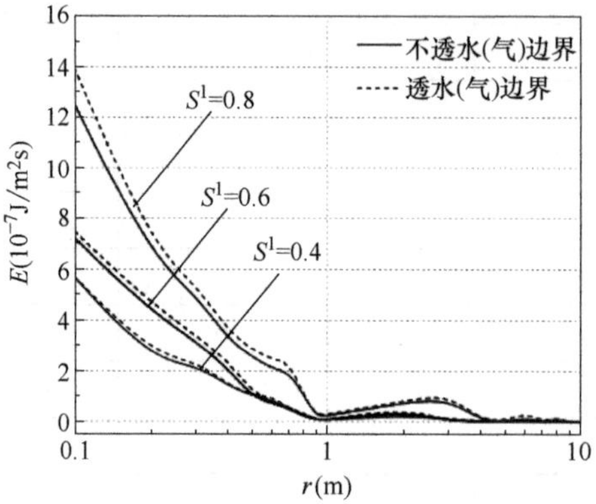

(c) 能量密度

图 6.2-3　饱和度变化对其表面位移和能量传输特性的影响曲线

为了分析荷载激振圆频率对非饱和半空间表面位移及能量传输特性的影响，图 6.2-4 绘出了激振频率对位移和能量密度的影响曲线。从图中可以看出，随着激

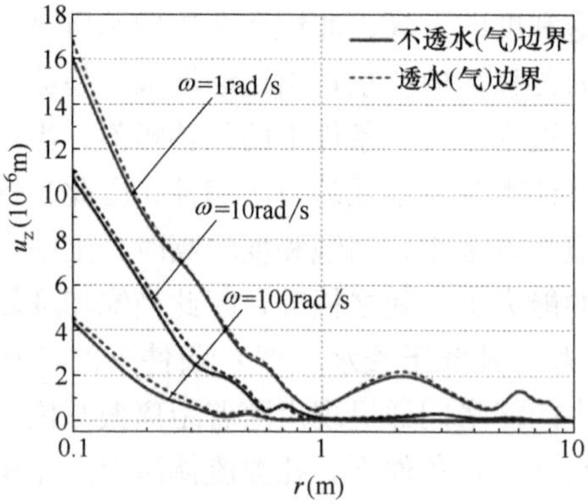

(a) 竖向位移

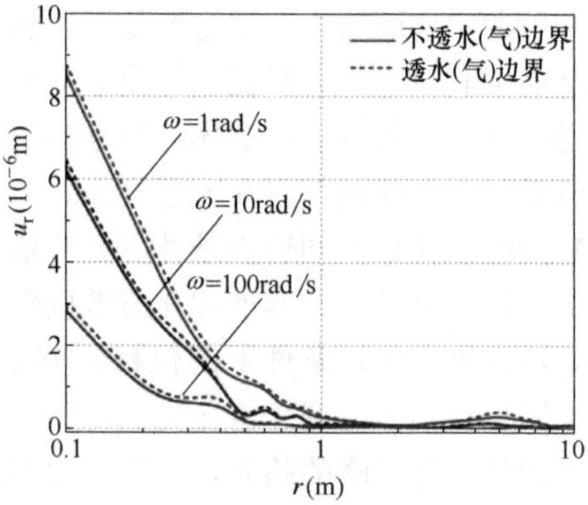

(b) 径向位移

图 6.2-4　激振频率对位移和能量密度的影响曲线（一）

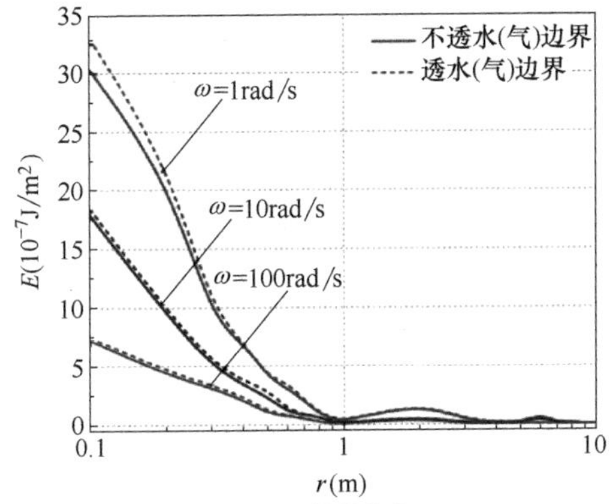

(c) 能量密度

图 6.2-4　激振频率对位移和能量密度的影响曲线（二）

振频率的逐渐增大，不论是径向位移还是竖向位移的幅值均逐渐减小。因为在荷载振动频率较小时，透水（气）条件下的地表孔隙水（气）压力更容易消散，所以在透水（气）和不透水（气）两种不同边界条件下的位移幅值显现出一定的差异，荷载振动频率较大时的现象与之相反。且由于施加的外力水平不变，因此非饱和半空间中的能量变化会呈现出相似的变化趋势。

图 6.2-5 为渗透系数对位移和能量密度的影响曲线，在 $\omega=1\text{rad/s}$，饱和度 $S_r=0.6$ 时。由图 6.2-5 可见，随着固有渗透系数的逐渐降低，骨架位移也随之减小。随着距离振源位置的逐渐增大，位移幅值呈现出振荡下降的现象。当渗透系数很低时，两种边界条件的性质趋于一致，因为在半空间表面排水（气）时，表面虽透水（气），但由于半空间内部的孔隙水（气）压力难以快速消散，所以位移幅值会随着渗透系数的降低而呈现出一定的下降趋势。在表面不透水（气）条件下，孔隙流体会持续影响半空间的表面位移，且孔隙中流体和土骨架之间没有相对位移，

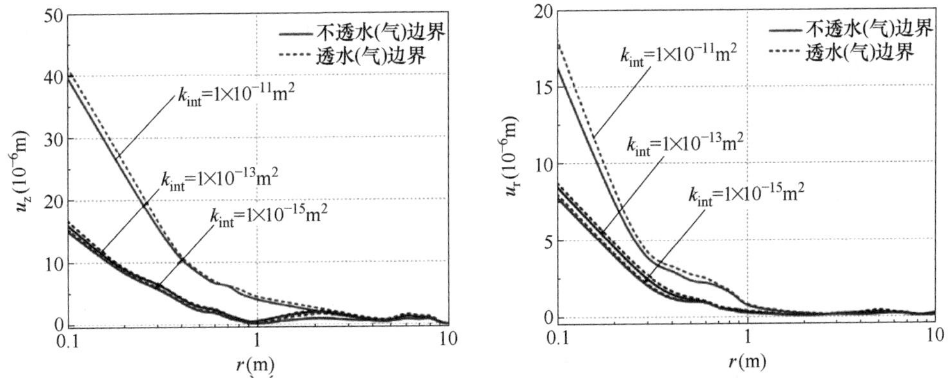

(a) 垂直位移　　(b) 水平位移

图 6.2-5　渗透系数对位移和能量密度的影响曲线（一）

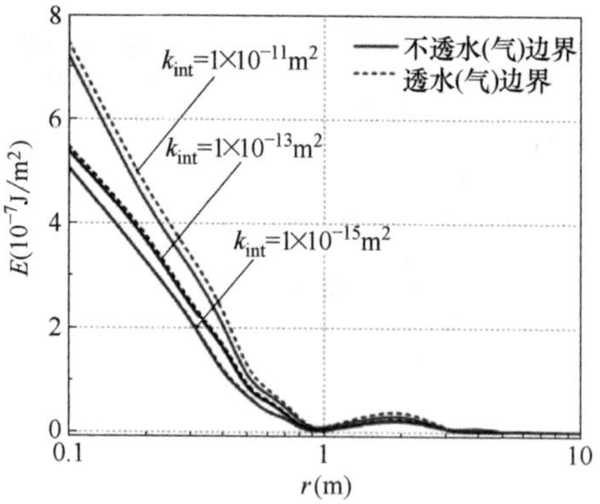

(c) 能量密度

图 6.2-5 渗透系数对位移和能量的影响曲线（二）

因此不透水（气）边界条件下非饱和半空间表面的位移幅值会略低于透水（气）边界条件下的位移幅值，且当土骨架位移幅值减小时，总能量也会呈现出减小的现象，当渗透系数下降至 1×10^{-13}m/s 时，地表位移幅值受渗透系数影响趋于极限值，并且随着渗透系数的逐渐降低，这两种不同边界条件所产生的宏观现象会逐渐趋于一致，但其差异性将一直存在。

6.3 半空间表面受切向荷载作用下的 Lamb 问题

在上一节中分析了非饱和弹性半空间在竖向简谐荷载作用下的动力响应问题。本节将考虑半空间表面受水平简谐荷载作用下的 Lamb 问题，属于三维非轴对称问题。

6.3.1 控制方程

半空间计算模型如图 6.3-1 所示，非饱和弹性半空间表面受到水平简谐荷载作用，q_0 为荷载幅值，ω 为荷载的激振圆频率。

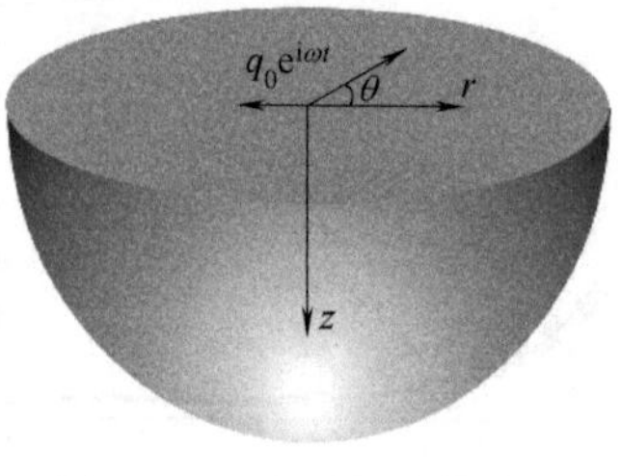

图 6.3-1 半空间计算模型

考虑简谐荷载作用下各相的位移在柱坐标系（$r\theta z$）中可表示为如下形式：

$$\left.\begin{aligned}u_r^\pi&=u_r^\pi(r,\theta,z,\omega)e^{i\omega t}\\u_\theta^\pi&=u_\theta^\pi(r,\theta,z,\omega)e^{i\omega t}\\u_z^\pi&=u_z^\pi(r,\theta,z,\omega)e^{i\omega t}\end{aligned}\right\}\quad(\pi=s,l,g)\qquad(6.3\text{-}1)$$

式中，$\theta_1=b^1 i\omega-\rho_1\omega^2$；$\theta_2=b^g i\omega-\rho_a\omega^2$

式（6.3-1）结合动量平衡方程、本构方程和渗流连续方程等基本方程可以得到：

$$V_{\mathrm{S}}^{2}\frac{\partial}{r\partial\theta}\left(\frac{\partial u_{\mathrm{r}}^{\mathrm{s}}}{r\partial\theta}-\frac{\partial u_{\theta}^{\mathrm{s}}}{\partial r}-\frac{u_{\theta}^{\mathrm{s}}}{r}\right)+V_{\mathrm{S}}^{2}\frac{\partial}{\partial z}\left(\frac{\partial u_{\mathrm{r}}^{\mathrm{s}}}{\partial z}-\frac{\partial u_{\mathrm{z}}^{\mathrm{s}}}{\partial r}\right)+V_{\mathrm{P}}^{2}\frac{\partial e}{\partial r}$$

$$+\kappa_{1}\omega^{2}u_{r}^{s}-\kappa_{2}\frac{\partial p_{1}}{\partial r}-\kappa_{3}\frac{\partial p_{\mathrm{g}}}{\partial r}=0 \tag{6.3-2a}$$

$$V_{\mathrm{S}}^{2}\frac{\partial}{\partial r}\left(\frac{\partial u_{\theta}^{\mathrm{s}}}{\partial r}+\frac{u_{\theta}^{\mathrm{s}}}{r}-\frac{\partial u_{\mathrm{r}}^{\mathrm{s}}}{r\partial\theta}\right)+V_{\mathrm{S}}^{2}\frac{\partial}{\partial z}\left(\frac{\partial u_{\theta}^{\mathrm{s}}}{\partial z}-\frac{\partial u_{\mathrm{z}}^{\mathrm{s}}}{r\partial\theta}\right)+V_{\mathrm{P}}^{2}\frac{\partial e}{r\partial\theta}$$

$$+\kappa_{1}\omega^{2}u_{\theta}^{\mathrm{s}}-\kappa_{2}\frac{\partial p_{1}}{r\partial\theta}-\kappa_{3}\frac{\partial p_{\mathrm{g}}}{r\partial\theta}=0 \tag{6.3-2b}$$

$$V_{\mathrm{S}}^{2}\left(\frac{\partial^{2}u_{\mathrm{z}}^{\mathrm{s}}}{\partial r^{2}}+\frac{\partial^{2}u_{\mathrm{z}}^{\mathrm{s}}}{r^{2}\partial\theta^{2}}+\frac{\partial u_{\mathrm{z}}^{\mathrm{s}}}{r\partial r}\right)-V_{\mathrm{S}}^{2}\frac{\partial}{\partial z}\left(\frac{\partial u_{\mathrm{r}}^{\mathrm{s}}}{\partial r}+\frac{u_{\mathrm{r}}^{\mathrm{s}}}{r}+\frac{\partial u_{\theta}^{\mathrm{s}}}{r\partial\theta}\right)$$

$$+V_{\mathrm{P}}^{2}\frac{\partial e}{\partial z}+\kappa_{1}\omega^{2}u_{\mathrm{z}}^{\mathrm{s}}-\kappa_{2}\frac{\partial p_{1}}{\partial z}-\kappa_{3}\frac{\partial p_{\mathrm{g}}}{\partial z}=0 \tag{6.3-2c}$$

$$-p_{1}=\left(a_{11}+a_{12}\frac{\mathrm{i}\omega b^{1}}{\theta_{1}}+a_{13}\frac{\mathrm{i}\omega b^{\mathrm{g}}}{\theta_{2}}\right)e-\frac{a_{12}}{\theta_{1}}\nabla^{2}p_{1}-\frac{a_{13}}{\theta_{2}}\nabla^{2}p_{\mathrm{g}} \tag{6.3-3a}$$

$$-p_{\mathrm{g}}=\left(a_{21}+a_{22}\frac{\mathrm{i}\omega b^{1}}{\theta_{1}}+a_{23}\frac{\mathrm{i}\omega b^{\mathrm{g}}}{\theta_{2}}\right)e-\frac{a_{22}}{\theta_{1}}\nabla^{2}p_{1}-\frac{a_{23}}{\theta_{2}}\nabla^{2}p_{\mathrm{g}} \tag{6.3-3b}$$

式中，$e=\frac{\partial u_{\mathrm{r}}^{\mathrm{s}}}{\partial r}+\frac{u_{\mathrm{r}}^{\mathrm{s}}}{r}+\frac{1}{r}\frac{\partial u_{\theta}^{\mathrm{s}}}{\partial\theta}+\frac{\partial u_{\mathrm{z}}^{\mathrm{s}}}{\partial z}$表示土骨架的体应变。

根据 Helmholtz 分解定理，骨架位移分量与势函数的关系可表示为：

$$u_{r}^{\mathrm{s}}=\frac{\partial\Phi}{\partial r}+\frac{\partial\Psi}{r\partial\theta}+\frac{\partial^{2}\chi}{\partial r\partial z} \tag{6.3-4a}$$

$$u_{\theta}^{\mathrm{s}}=\frac{\partial\Phi}{r\partial\theta}-\frac{\partial\Psi}{\partial r}+\frac{\partial^{2}\chi}{r\partial\theta\partial z} \tag{6.3-4b}$$

$$u_{z}^{\mathrm{s}}=\frac{\partial\Phi}{\partial z}-\left[\frac{\partial}{r\partial r}\left(r\frac{\partial\chi}{\partial r}\right)+\frac{\partial^{2}\chi}{r^{2}\partial\theta^{2}}\right] \tag{6.3-4c}$$

将式（6.3-4）分别代入式（6.3-3）和式（6.3-2），可得：

$$V_{\mathrm{P}}^{2}\nabla^{2}\Phi+\kappa_{1}\omega^{2}\Phi=\kappa_{2}p_{1}+\kappa_{3}p_{\mathrm{g}} \tag{6.3-5}$$

$$V_{\mathrm{S}}^{2}\nabla^{2}\Psi+\kappa_{1}\omega^{2}\Psi=0 \tag{6.3-6}$$

$$V_{\mathrm{S}}^{2}\nabla^{2}\chi+\kappa_{1}\omega^{2}\chi=0 \tag{6.3-7}$$

$$-p_{1}=\left(a_{11}+a_{12}\frac{b^{1}\mathrm{i}\omega}{\theta_{1}}+a_{13}\frac{b^{\mathrm{g}}\mathrm{i}\omega}{\theta_{2}}\right)\nabla^{2}\Phi-\frac{a_{12}}{\theta_{1}}\nabla^{2}p_{1}-\frac{a_{13}}{\theta_{2}}\nabla^{2}p_{\mathrm{g}} \tag{6.3-8a}$$

$$-p_{\mathrm{g}}=\left(a_{21}+a_{22}\frac{b^{1}\mathrm{i}\omega}{\theta_{1}}+a_{23}\frac{b^{\mathrm{g}}\mathrm{i}\omega}{\theta_{2}}\right)\nabla^{2}\Phi-\frac{a_{22}}{\theta_{1}}\nabla^{2}p_{1}-\frac{a_{23}}{\theta_{2}}\nabla^{2}p_{\mathrm{g}} \tag{6.3-8b}$$

利用式渗流连续方程可以得到：

$$\left(a_{21}+a_{22}\frac{b^{1}\mathrm{i}\omega}{\theta_{1}}+a_{23}\frac{b^{\mathrm{g}}\mathrm{i}\omega}{\theta_{2}}\right)p_{1}-\left(a_{11}+a_{12}\frac{b^{1}\mathrm{i}\omega}{\theta_{1}}+a_{13}\frac{b^{\mathrm{g}}\mathrm{i}\omega}{\theta_{2}}\right)p_{\mathrm{g}}=0 \tag{6.3-9}$$

将式（6.3-9）代入式（6.3-5），可得：

$$V_{\mathrm{P}}^2 \nabla^2 \Phi + \kappa_1 \omega^2 \Phi - h_1 p_1 = 0 \tag{6.3-10a}$$

$$V_{\mathrm{P}}^2 \nabla^2 \Phi + \kappa_1 \omega^2 \Phi - h_2 p_{\mathrm{g}} = 0 \tag{6.3-10b}$$

将式（6.3-10）代入式（6.3-8）中，整理后可得：

$$\nabla^2(\nabla^2 \Phi) + \frac{H_2}{H_1}\nabla^2 \Phi + \frac{H_3}{H_1}\Phi = 0 \tag{6.3-11}$$

式（6.3-6）、式（6.3-7）和式（6.3-11）为以势函数表示的动力学控制方程。可通过势函数解答，然后再利用相应的基本方程得到位移、应力等物理量的解答。

6.3.2 解析解答

利用分离变量法求解式（6.3-2）、式（6.3-7）和式（6.3-11），可得：

$$\Phi_{11} = [A_{11} I_1(\xi_{11} r) + B_{11} K_1(\xi_{11} r)][C_{11}\sin(\theta) + D_{11}\cos(\theta)][E_1\cos(az) + F_1\sin(az)]\mathrm{e}^{\mathrm{i}\omega t} \tag{6.3-12a}$$

$$\Phi_{12} = [A_{12} I_1(\xi_{12} r) + B_{12} K_1(\xi_{12} r)][C_{12}\sin(\theta) + D_{12}\cos(\theta)][E_1\cos(az) + F_1\sin(az)]\mathrm{e}^{\mathrm{i}\omega t} \tag{6.3-12b}$$

$$\Psi = [A_2 I_1(\xi_2 r) + B_2 K_1(\xi_2 r)][C_2\sin(\theta) + D_2\cos(\theta)][E_2\cos(az) + F_2\sin(az)]\mathrm{e}^{\mathrm{i}\omega t} \tag{6.3-13}$$

$$\chi = [A_3 I_1(\xi_3 r) + B_3 K_1(\xi_3 r)][C_3\sin(\theta) + D_3\cos(\theta)][E_3\cos(az) + F_3\sin(az)]\mathrm{e}^{\mathrm{i}\omega t} \tag{6.3-14}$$

式中，$I_1(\xi_{11} r)$，$K_1(\xi_{11} r)$，$I_1(\xi_{12} r)$，$K_1(\xi_{12} r)$，$I_1(\xi_2 r)$，$K_1(\xi_2 r)$，$I_1(\xi_3 r)$，$K_1(\xi_3 r)$ 分别为第一类和第二类 1 阶贝塞尔函数；其余符号同 5.3 节；待定系数 A、B、C、D、E、F 由具体的边界条件确定。

考虑如下边界条件：

$$\left.\begin{aligned} &\sigma_z |_{z=0} = 0 \\ &\tau_{rz} |_{r \leqslant r_0} = q_0 \mathrm{e}^{\mathrm{i}\omega t}\cos\theta \\ &\tau_{\theta z} |_{r \leqslant r_0} = -q_0 \mathrm{e}^{\mathrm{i}\omega t}\sin\theta \\ &u_\theta |_{\theta=0} = u_r |_{\theta=\frac{\pi}{2}} = 0 \end{aligned}\right\} \tag{6.3-15}$$

根据式（6.3-15）可得：

$$A_{11} = A_{12} = A_2 = C_{11} = C_{12} = D_2 = F_1 = F_2 = 0 \tag{6.3-16}$$

$$a = \frac{(2m-1)\pi}{2z}, (m = 1, 2, 3\cdots\cdots) \tag{6.3-17}$$

因此，势函数可表示为以下形式：

$$\Phi_m = \cos(a_m z)\cos(\theta)[B_{11m} K_1(\xi_{11m} r) + B_{12m} K_1(\xi_{12m} r)]\mathrm{e}^{\mathrm{i}\omega t} \tag{6.3-18}$$

$$\Psi_m=\cos(a_m z)\sin(\theta)B_{2m}K_1(\xi_{2m}r)\mathrm{e}^{\mathrm{i}\omega t} \tag{6.3-19}$$

$$\chi_m=\sin(a_m z)\cos(\theta)B_{3m}K_1(\xi_{3m}r)\mathrm{e}^{\mathrm{i}\omega t} \tag{6.3-20}$$

将式（6.3-18）～式（6.3-20）代入式（6.3-4）、式（6.3-8）中，最终可获得土中应力、孔隙压力及土体位移分量的表达式：

$$p_{lm}=\sum_{m=0}^{\infty}\cos(a_m z)[B_{11m}K_1(\xi_{11m}r)\zeta_{11m}+B_{12m}K_1(\xi_{12m}r)\zeta_{12m}]\frac{\mathrm{e}^{\mathrm{i}\omega t}\cos\theta}{h_1} \tag{6.3-21a}$$

$$p_{gm}=\sum_{m=0}^{\infty}\cos(a_m z)[B_{11m}K_1(\xi_{11m}r)\zeta_{11m}+B_{12m}K_1(\xi_{12m}r)\zeta_{12m}]\frac{\mathrm{e}^{\mathrm{i}\omega t}\cos\theta}{h_2} \tag{6.3-21b}$$

$$u_r^s=\mathrm{e}^{\mathrm{i}\omega t}\cos\theta\sum_{m=0}^{\infty}\cos(a_m z)\Big[B_{11m}\xi_{11m}K_0(\xi_{11m}r)-\frac{B_{11m}}{r}K_1(\xi_{11m}r)+B_{12m}\xi_{12m}K_0(\xi_{12m}r)$$
$$-\frac{B_{12m}}{r}K_1(\xi_{12m}r)+\frac{B_{2m}}{r}K_1(\xi_{2m}r)+B_{3m}a_m\xi_{3m}K_0(\xi_{3m}r)-\frac{B_{3m}a_m}{r}K_1(\xi_{3m}r)\Big] \tag{6.3-22a}$$

$$u_\theta^s=\mathrm{e}^{\mathrm{i}\omega t}\sin\theta\sum_{m=0}^{\infty}\cos(a_m z)\Big[-\frac{B_{11m}}{r}K_1(\xi_{11m}r)-\frac{B_{12m}}{r}K_1(\xi_{12m}r)$$
$$-B_{2m}\xi_{2m}K_0(\xi_{2m}r)+\frac{B_{2m}}{r}K_1(\xi_{2m}r)-\frac{B_{3m}a_m}{r}K_1(\xi_{3m}r)\Big] \tag{6.3-22b}$$

$$\tau_{zr}=\mu\mathrm{e}^{\mathrm{i}\omega t}\cos\theta\sum_{m=0}^{\infty}\sin(a_m z)\Big[-2B_{11m}a_m\xi_{11m}K_0(\xi_{11m}r)+\frac{2B_{11m}a_m}{r}K_1(\xi_{11m}r)-$$
$$2B_{12m}a_m\xi_{12m}K_0(\xi_{12m}r)+\frac{2B_{12m}a_m}{r}K_1(\xi_{12m}r)-\frac{B_{2m}a_m}{r}K_1(\xi_{2m}r)+$$
$$B_{3m}\xi_{3m}(\xi_{3m}^2-a_m^2)K_0(\xi_{3m}r)+\frac{B_{3m}(a_m^2-\xi_{3m}^2)}{r}K_1(\xi_{3m}r)\Big] \tag{6.3-23a}$$

$$\tau_{z\theta}=\mu\mathrm{e}^{\mathrm{i}\omega t}\sin\theta\sum_{m=0}^{\infty}\sin(a_m z)\Big[\frac{2B_{11m}a_m}{r}K_1(\xi_{11m}r)+\frac{2B_{12m}a_m}{r}K_1(\xi_{12m}r)+$$
$$B_{2m}a_m\xi_{2m}K_0(\xi_{2m}r)-\frac{B_{2m}a_m}{r}K_1(\xi_{2m}r)+\frac{B_{3m}(a_m^2-\xi_{3m}^2)}{r}K_1(\xi_{3m}r)\Big] \tag{6.3-23b}$$

$$\sigma_z=\mathrm{e}^{\mathrm{i}\omega t}\cos\theta\sum_{m=0}^{\infty}\cos(a_m z)[B_{11m}\eta_{11m}K_1(\xi_{11m}r)+B_{12m}\eta_{12m}K_1(\xi_{12m}r)+$$
$$2B_{3m}\mu a_m\xi_{3m}^2K_1(\xi_{3m}r)] \tag{6.3-23c}$$

在非饱和半空间表面（$z=0$）分别考虑透水（气）和不透水（气）两种边界条件：

1）当半空间表面排水（气）时，有$p_1|_{z=0}=p_g|_{z=0}=0$，此时，式（6.3-21）～式（6.3-23）中各参数分别为：

$$B_{11m}=\frac{\delta\delta_0\delta_{11}(\delta_3+\delta_7)}{(\delta_2\delta_7-\delta_3\delta_6)\delta_{11}+(\delta_3\delta_8-\delta_4\delta_7)\delta_{10}+(\delta_3\delta_5-\delta_1\delta_7)\delta\delta_{11}+(\delta_4\delta_7-\delta_3\delta_8)\delta\delta_9}$$

$$B_{12m}=\frac{\delta_0\delta_{11}(\delta_3+\delta_7)}{(\delta_2\delta_7-\delta_3\delta_6)\delta_{11}+(\delta_3\delta_8-\delta_4\delta_7)\delta_{10}+(\delta_3\delta_5-\delta_1\delta_7)\delta\delta_{11}+(\delta_4\delta_7-\delta_3\delta_8)\delta\delta_9}$$

$$B_{2m}=\frac{\delta_0(\delta_2\delta_{11}-\delta_4\delta_{10})+\delta_0(\delta_6\delta_{11}-\delta_8\delta_{10})+\delta\delta_0(\delta_4\delta_9-\delta_1\delta_{11})+\delta\delta_0(\delta_8\delta_9-\delta_5\delta_{11})}{\delta_{11}(\delta_2\delta_7-\delta_3\delta_6)+\delta_{10}(\delta_3\delta_8-\delta_4\delta_7)+\delta\delta_{11}(\delta_3\delta_5-\delta_1\delta_7)+\delta\delta_9(\delta_4\delta_7-\delta_3\delta_8)}$$

$$B_{3m}=\frac{\delta_0(\delta_3+\delta_7)(\delta_{10}-\delta\delta_9)}{\delta_{11}(\delta_2\delta_7-\delta_3\delta_6)+\delta\delta_9(\delta_4\delta_7-\delta_3\delta_8)+\delta\delta_{11}(\delta_3\delta_5-\delta_1\delta_7)+\delta_{10}(\delta_3\delta_8-\delta_4\delta_7)}$$

$\delta=\frac{q_0}{\pi r_0^2}$，$\delta_0=-\frac{K_1(\xi_{12m}r)\zeta_{12m}}{K_1(\xi_{11m}r)\zeta_{11m}}$，$\delta_1=-2\mu a_m\xi_{11m}K_0(\xi_{11m}r)+\frac{2\mu a_m}{r}K_1(\xi_{11m}r)$，$\delta_2=-2\mu a_m\xi_{12m}K_0(\xi_{12m}r)+\frac{2\mu a_m}{r}K_1(\xi_{12m}r)$，$\delta_3=-\frac{\mu a_m}{r}K_1(\xi_{2m}r)$，$\delta_4=\mu(\xi_{3m}^2-a_m^2)\left[\xi_{3m}K_0(\xi_{3m}r)-\frac{K_1(\xi_{3m}r)}{r}\right]$，$\delta_5=\frac{2\mu a_m}{r}K_1(\xi_{11m}r)$，$\delta_6=\frac{2\mu a_m}{r}K_1(\xi_{12m}r)$，$\delta_7=\mu a_m\xi_{2m}K_0(\xi_{2m}r)-\frac{\mu a_m}{r}K_1(\xi_{2m}r)$，$\delta_8=\frac{\mu(a_m^2-\xi_{3m}^2)}{r}K_1(\xi_{3m}r)$，$\delta_9=-[\lambda\xi_{11m}^2+(\lambda+2\mu)a_m^2]K_1(\xi_{11m}r)$，$\delta_{10}=-[\lambda\xi_{12m}^2+(\lambda+2\mu)a_m^2]K_1(\xi_{12m}r)$，$\delta_{11}=2\mu a_m\xi_{3m}^2K_1(\xi_{3m}r)$，$\zeta_{11m}=\kappa_1\omega^2-V_P^2(a_m^2+\xi_{11m}^2)$，$\zeta_{12m}=\kappa_1\omega^2-V_P^2(a_m^2+\xi_{12m}^2)$，$\eta_{11m}=\frac{\alpha(S_e-1)\zeta_{11m}}{h_2}-\frac{\alpha S_e\zeta_{11m}}{h_1}-\lambda\xi_{11m}^2-(\lambda+2\mu)a_m^2$，$\eta_{12m}=\frac{\alpha(S_e-1)\zeta_{12m}}{h_2}-\frac{\alpha S_e\zeta_{12m}}{h_1}-\lambda\xi_{12m}^2-(\lambda+2\mu)a_m^2$

2）当半空间表面不排水（气）时，土体表面孔隙流体和土骨架之间的相对位移为0。此时，式（6.3-21）～式（6.3-23）中各参数分别为：

$$B_{11m}=\frac{\delta_0'(\delta_3'+\delta_7')(\delta_{10}'\delta_{14}'-\delta_{11}'\delta_{13}')}{(\delta_{10}'\delta_{14}'-\delta_{11}'\delta_{13}')(\delta_1'\delta_7'-\delta_3'\delta_5')+(\delta_{11}'\delta_{12}'-\delta_9'\delta_4')(\delta_2'\delta_7'-\delta_3'\delta_6')+(\delta_{10}'\delta_{12}'-\delta_9'\delta_{13}')(\delta_3'\delta_8'-\delta_4'\delta_7')}$$

$$B_{12m}=\frac{\delta_0'(\delta_3'+\delta_7')(\delta_{11}'\delta_{12}'-\delta_9'\delta_{14}')}{(\delta_{10}'\delta_{14}'-\delta_{11}'\delta_{13}')(\delta_1'\delta_7'-\delta_3'\delta_5')+(\delta_{11}'\delta_{12}'-\delta_9'\delta_4')(\delta_2'\delta_7'-\delta_3'\delta_6')+(\delta_{10}'\delta_{12}'-\delta_9'\delta_{13}')(\delta_3'\delta_8'-\delta_4'\delta_7')}$$

$$B_{2m}=\frac{\delta_0'(\delta_1'+\delta_5')(\delta_{11}'\delta_{13}'-\delta_{10}'\delta_{14}')+\delta_0'(\delta_2'+\delta_6')(\delta_9'\delta_{14}'-\delta_{11}'\delta_{12}')+\delta_0'(\delta_4'+\delta_8')(\delta_{10}'\delta_{12}'-\delta_9'\delta_{13}')}{(\delta_{10}'\delta_{14}'-\delta_{11}'\delta_{13}')(\delta_1'\delta_7'-\delta_3'\delta_5')+(\delta_{11}'\delta_{12}'-\delta_9'\delta_4')(\delta_2'\delta_7'-\delta_3'\delta_6')+(\delta_{10}'\delta_{12}'-\delta_9'\delta_{13}')(\delta_3'\delta_8'-\delta_4'\delta_7')}$$

$$B_{3m}=\frac{\delta_0'(\delta_3'+\delta_7')(\delta_9'\delta_{13}'-\delta_{10}'\delta_{12}')}{(\delta_{10}'\delta_{14}'-\delta_{11}'\delta_{13}')(\delta_1'\delta_7'-\delta_3'\delta_5')+(\delta_{11}'\delta_{12}'-\delta_9'\delta_4')(\delta_2'\delta_7'-\delta_3'\delta_6')+(\delta_{10}'\delta_{12}'-\delta_9'\delta_{13}')(\delta_3'\delta_8'-\delta_4'\delta_7')}$$

$\delta_0'=\delta_0$，$\delta_1'=\delta_1$，$\delta_2'=\delta_2$，$\delta_3'=\delta_3$，$\delta_4'=\delta_4$，$\delta_5'=\delta_5$，$\delta_6'=\delta_6$，$\delta_7'=\delta_7$，$\delta_8'=\delta_8$，$\delta_9'=$

$\eta_{11m}K_1(\xi_{11m}r)$，$\delta'_{10}=\eta_{12m}K_1(\xi_{12m}r)$，$\delta'_{11}=\delta_{11}$，$\delta'_{12}=\left[\frac{1}{\theta_2}\left(\mathrm{i}\omega\, b^{\mathrm{g}}+\frac{\zeta_{11m}}{h_2}\right)-\frac{1}{\theta_1}\left(\mathrm{i}\omega\, b^{\mathrm{l}}+\frac{\zeta_{11m}}{h_1}\right)\right]a_mK_1(\xi_{11m}r)$，$\delta'_{13}=\left[\frac{1}{\theta_2}\left(\mathrm{i}\omega\, b^{\mathrm{g}}+\frac{\zeta_{12m}}{h_2}\right)-\frac{1}{\theta_1}\left(\mathrm{i}\omega\, b^{\mathrm{l}}+\frac{\zeta_{12m}}{h_1}\right)\right]a_mK_1(\xi_{12m}r)$，$\delta'_{14}=\mathrm{i}\omega\left(\frac{b^{\mathrm{l}}}{\theta_1}-\frac{b^{\mathrm{g}}}{\theta_2}\right)\xi_{3m}^2K_1(\xi_{3m}r)$。

同样，非饱和半空间表面受到水平简谐荷载作用时一个周期内的平均能量密度可用式（6.2-25）进行计算。

6.3.3 数值分析与讨论

为讨论不同边界条件下相关参数对非饱和半空间动力响应和能量传输特性的影响规律，下面将通过数值算例分析在不透水（气）条件、透水（气）条件下土体表面位移及能量变化受到饱和度、振动频率、渗透系数的影响情况。数值算例中所选取的计算参数见表 6.2-1 所示。

图 6.3-2 为饱和度对位移和能量密度的影响曲线。由图可知，随着饱和度的增大，两种边界条件下半空间表面的径向位移和垂直位移均呈现出逐渐增大的现象，这是由于饱和度的增大使粒间吸应力降低，导致土中有效应力增大，进而使位移幅值增大。图 6.3-2 还说明边界条件不同时，饱和度的变化对土体动力响应产生的影响稍有不同，尤其在饱和度较高时，透水（气）边界的位移幅值明显大于不透水（气）边界，这是由于孔隙中液体的可压缩性远低于气体，当饱和度较高时，孔隙中液体含量升高，半空间抵抗外力变形的能力会有一定的提升，因此饱和度的变化对透水（气）边界动力响应的影响更明显。

饱和度升高同样会使周期内非饱和半空间表面的能量密度变大，在不透水（气）边界条件中，由于存在孔隙中流体相对土骨架的惯性作用，产生内摩擦消耗，

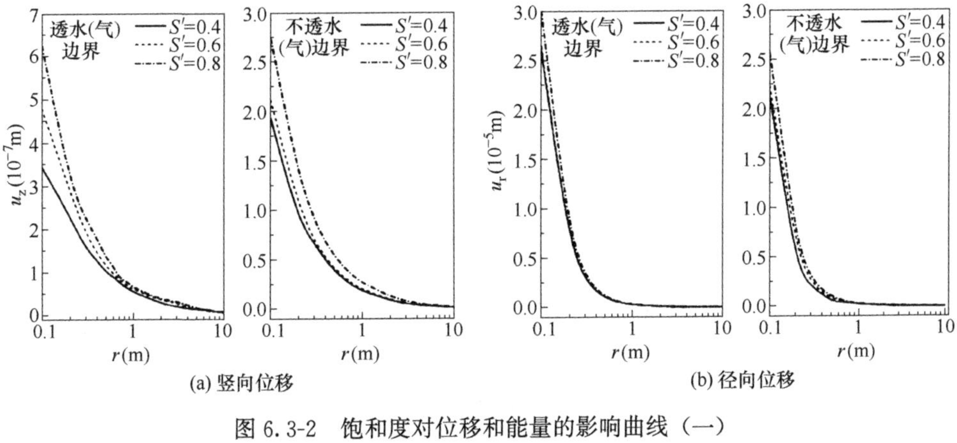

图 6.3-2 饱和度对位移和能量的影响曲线（一）

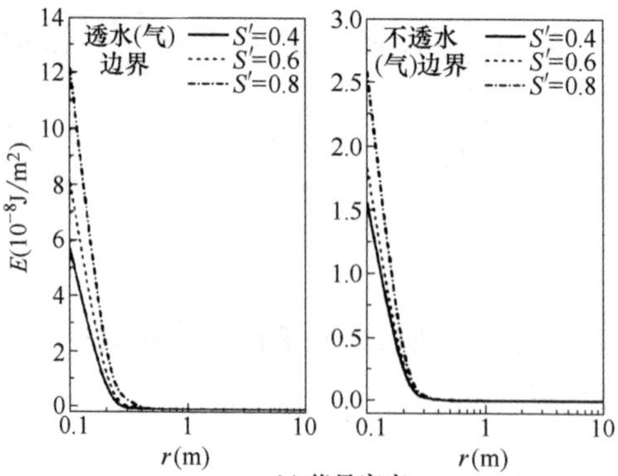

(c) 能量密度

图 6.3-2　饱和度对位移和能量的影响曲线（二）

且半空间表面的孔隙流体压力无法消散，在总应力水平不变的情况下，使得有效应力占比降低，因此不透水（气）边界条件下的能流密度水平低于透水（气）边界。

图 6.3-3 为激振频率对位移和能量密度的影响曲线。从图中可以看出，随着激振频率的增大，非饱和半空间表面的位移幅值和能流密度水平逐渐减小，这是由于高频激振作用下，孔隙压力更不易消散，且在不透水（气）边界条件下，激振频率

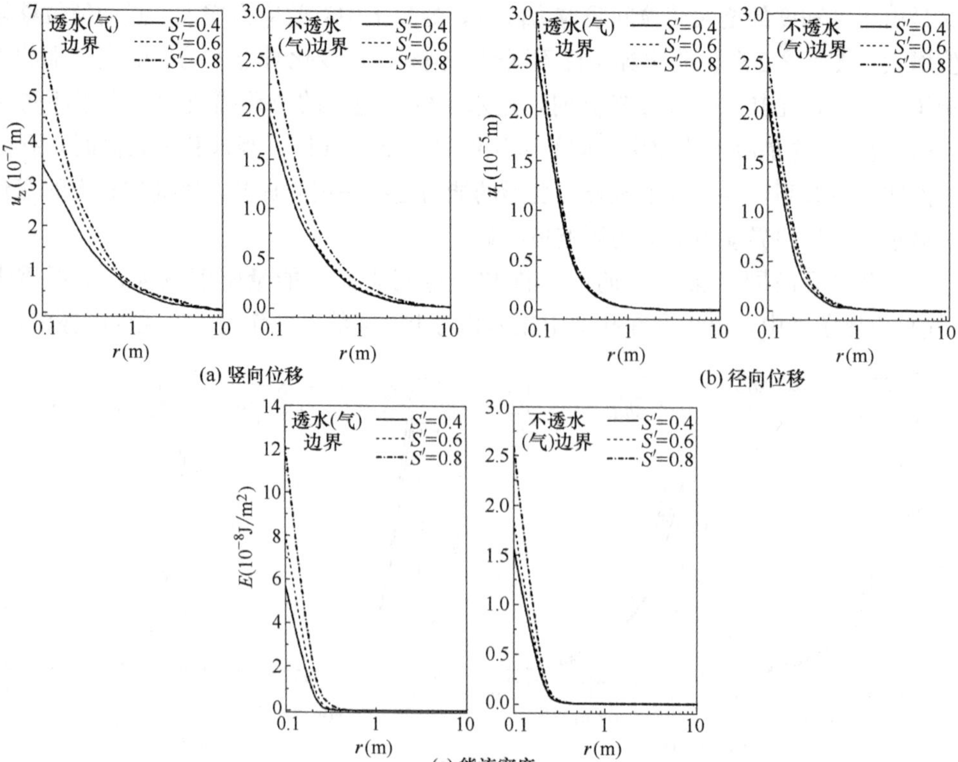

(c) 能流密度

图 6.3-3　激振频率对位移和能量密度的影响曲线

越高，孔隙流体和土骨架之间的惯性运动和内摩擦消耗越强，因此会降低半空间位移幅值和平均能量密度水平。

图 6.3-4 为渗透系数对位移和能量密度的影响曲线。由图 6.3-4 可知，当渗透系数增大时，非饱和半空间表面的位移幅值和能流密度水平均呈现出增大趋势，当渗透系数较高、土体渗透性较好时，由外荷载引起的孔隙流体压力更易消散，因此位移幅值会呈现出逐渐增大的现象。在透水（气）边界条件下，当渗透系数较低时，孔隙中流体压力依然不易消散，因此会呈现出类似于不透水（气）边界条件中孔隙流体和土骨架间对能量的耗散作用，导致位移幅值和能流密度水平的降低。

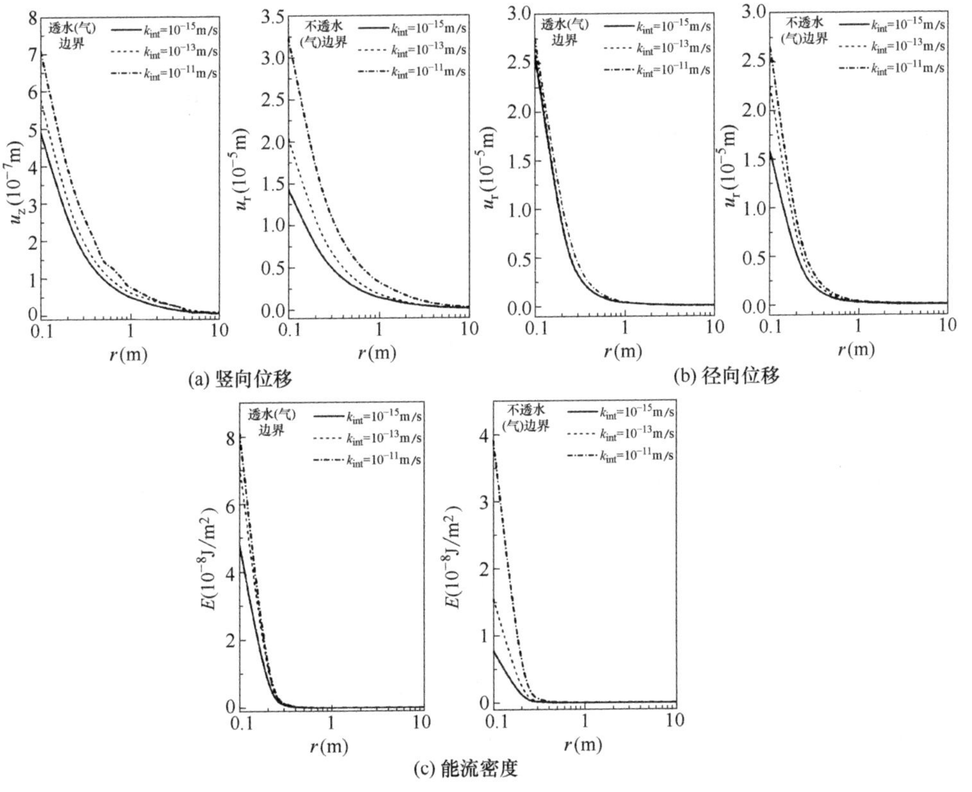

图 6.3-4　渗透系数对位移和能量密度的影响曲线

6.4　移动荷载作用下非饱和半空间动力响应

6.4.1　问题的描述

图 6.4-1 为移动荷载作用下半空间非饱和土地基示意图。其中荷载幅值为 q_0，分布长度为 $2l$ 的移动荷载以速度 c 匀速运动。(x_1，x_3) 为固定坐标系，(x，z)

是移动荷载沿着 x_1 轴方向运动的移动坐标系。

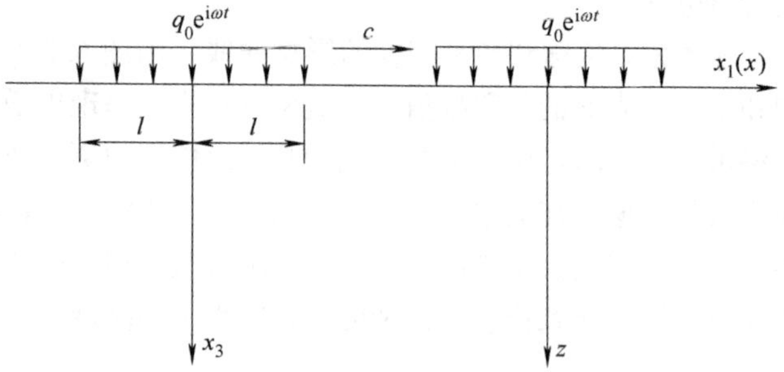

图 6.4-1　移动荷载作用下半空间非饱和土地基示意图

根据 Helmholtz 矢量分解定理，引入固、液、气三相介质位移矢量可以用势函数表示，经过散度和旋度运算后弹性波动控制方程如式（3.2-2）所示，这里不再赘述。

考虑如下坐标变换：

$$\begin{cases} x_1=x-ct \\ x_3=z \end{cases} \tag{6.4-1}$$

这里考虑稳态情况，则固定坐标系（x_1，x_3）下固体骨架、液体和气体相应的位移及势函数可表示为：

$$F(x_1,x_3,t)=F(x-ct,z)e^{i\omega t} \tag{6.4-2}$$

则相应的时间导数为：

$$\dot{F}(x-ct,z,t)=(i\omega F-cF_{,x})e^{i\omega t} \tag{6.4-3}$$

$$\ddot{F}(x-ct,z,t)=(-\omega^2F-2i\omega cF_{,x}+c^2F_{,xx})e^{i\omega t} \tag{6.4-4}$$

对空间变量 x 进行 Fourier 变换：

$$\overline{f}(\xi,z,t)=\int_{-\infty}^{\infty}f(x,z,t)e^{-i\xi x}dx \tag{6.4-5}$$

对式（3.2-2a）～式（3.2-2c）经过 Fourier 变换整理，可得：

$$a_{11}\frac{\partial^2\overline{\psi}_s}{\partial z^2}+b_{11}\overline{\psi}_s+a_{12}\frac{\partial^2\overline{\psi}_l}{\partial z^2}+b_{12}\overline{\psi}_l+a_{13}\frac{\partial^2\overline{\psi}_g}{\partial z^2}+b_{13}\overline{\psi}_g=0 \tag{6.4-6a}$$

$$a_{21}\frac{\partial^2\overline{\psi}_s}{\partial z^2}+b_{21}\overline{\psi}_s+a_{22}\frac{\partial^2\overline{\psi}_l}{\partial z^2}+b_{22}\overline{\psi}_l+a_{23}\frac{\partial^2\overline{\psi}_g}{\partial z^2}+b_{23}\overline{\psi}_g=0 \tag{6.4-6b}$$

$$(\lambda_c+2\mu)\frac{\partial^2\overline{\psi}_s}{\partial z^2}+b_{31}\overline{\psi}_s+B_1\frac{\partial^2\overline{\psi}_l}{\partial z^2}+b_{32}\overline{\psi}_l+B_2\frac{\partial^2\psi_g}{\partial z^2}+b_{33}\overline{\psi}_g=0 \tag{6.4-6c}$$

式中，$b_{11}=\rho^l(\omega^2-2\omega c\xi+c^2\xi^2)-a_{11}\xi^2$，$b_{12}=\rho^l(\omega^2-2\omega c\xi+c^2\xi^2)-\vartheta^l(i\omega-ic\xi)-a_{12}\xi^2$，$b_{13}=-a_{13}\xi^2$，$b_{21}=\rho^g(\omega^2-2\omega c\xi+c^2\xi^2)-a_{21}\xi^2$，$b_{22}=-a_{22}\xi^2$，$b_{23}=\rho^g(\omega^2-2\omega c\xi+c^2\xi^2)-\vartheta^g(i\omega-ic\xi)-a_{23}\xi^2$，$b_{31}=\rho(\omega^2-2\omega c\xi+c^2\xi^2)-\xi^2(\lambda_c+$

$2\mu)$，$b_{32}=nS^{1}\rho^{1}(\omega^{2}-2\omega c\xi+c^{2}\xi^{2})-B_{1}\xi^{2}$，$b_{33}=nS^{g}\rho^{g}(\omega^{2}-2\omega c\xi+c^{2}\xi^{2})-B_{2}\xi^{2}$。

假设式（6.4-6）的解为：

$$\{\overline{\psi}_{s},\overline{\psi}_{1},\overline{\psi}_{g}\}=\{c^{s},c^{1},c^{g}\}e^{\lambda z} \tag{6.4-7}$$

将式（6.4-7）代入式（6.4-6）整理后，可得：

$$\begin{bmatrix}\lambda^{2}a_{11}+b_{11} & \lambda^{2}a_{12}+b_{12} & \lambda^{2}a_{13}+b_{13}\\ \lambda^{2}a_{21}+b_{21} & \lambda^{2}a_{22}+b_{22} & \lambda^{2}a_{23}+b_{23}\\ \lambda^{2}(\lambda_{c}+2\mu)+b_{31} & \lambda^{2}B_{1}+b_{32} & \lambda^{2}B_{2}+b_{33}\end{bmatrix}\begin{Bmatrix}c^{s}\\ c^{1}\\ c^{g}\end{Bmatrix}=0 \tag{6.4-8}$$

式（6.4-8）有非零解的条件为系数矩阵行列式为零，从而可得：

$$\beta_{1}\lambda^{6}+\beta_{2}\lambda^{4}+\beta_{3}\lambda^{2}+\beta_{4}=0 \tag{6.4-9}$$

式中，

$\beta_{1}=B_{1}a_{13}a_{21}-B_{1}a_{11}a_{23}+B_{2}a_{11}a_{22}-B_{2}a_{12}a_{21}+(\lambda_{c}+2\mu)(a_{12}a_{23}-a_{13}a_{22})$，$\beta_{2}=B_{1}a_{13}b_{21}-B_{1}a_{11}b_{23}+B_{1}a_{21}b_{13}-B_{1}a_{23}b_{11}+B_{2}a_{11}b_{22}-B_{2}a_{21}b_{12}+B_{2}a_{22}b_{11}+a_{11}a_{22}b_{33}-a_{11}a_{23}b_{32}-a_{12}a_{23}b_{32}+a_{23}a_{21}b_{32}-a_{13}a_{22}b_{32}+(\lambda_{c}+2\mu)(a_{12}b_{23}+a_{23}b_{12}-a_{13}b_{22}-a_{22}b_{13})$，$\beta_{3}=B_{1}b_{13}b_{21}-B_{1}b_{11}b_{23}+B_{2}b_{11}b_{22}-B_{2}b_{12}b_{21}+a_{11}a_{22}b_{33}+a_{11}b_{22}b_{33}-a_{11}b_{23}b_{32}-a_{12}b_{21}b_{33}+a_{12}b_{23}b_{32}+a_{13}b_{21}b_{32}-a_{13}b_{22}b_{32}-a_{21}b_{12}b_{33}+a_{21}b_{13}b_{32}+a_{22}b_{11}b_{33}-a_{22}b_{13}b_{32}-a_{23}b_{11}b_{32}+a_{23}b_{12}b_{32}+(\lambda_{c}+2\mu)(b_{12}b_{23}-b_{13}b_{22})$，$\beta_{4}=b_{11}b_{22}b_{33}-b_{11}b_{23}b_{32}-b_{12}b_{21}b_{33}+b_{12}b_{23}b_{32}+b_{13}b_{21}b_{32}-b_{13}b_{22}b_{32}$。

设式（6.4-9）的根为$\pm\lambda_{n}$，则$\lambda_{n}=\sqrt{r_{n}}$，r_{n}满足$\beta_{1}r_{n}^{3}+\beta_{2}r_{n}^{2}+\beta_{3}r_{n}+\beta_{4}=0$。由此可得常微分方程组（6.4-6）的通解形式为：

$$\overline{\psi}_{s}=\sum_{n=1}^{3}c^{s}(D_{n}e^{\lambda_{n}z}+E_{n}e^{-\lambda_{n}z}) \tag{6.4-10a}$$

$$\overline{\psi}_{1}=\sum_{n=1}^{3}c^{1}(D_{n}e^{\lambda_{n}z}+E_{n}e^{-\lambda_{n}z}) \tag{6.4-10b}$$

$$\overline{\psi}_{g}=\sum_{n=1}^{3}c^{g}(D_{n}e^{\lambda_{n}z}+E_{n}e^{-\lambda_{n}z}) \tag{6.4-10c}$$

同样，对式（3.2-2d）～式（3.2-2f）进行 Fourier 变换后整理可得：

$$d_{11}\overline{\boldsymbol{H}}_{s}+d_{12}\overline{\boldsymbol{H}}_{1}=0 \tag{6.4-11a}$$

$$d_{21}\overline{\boldsymbol{H}}_{s}+d_{22}\overline{\boldsymbol{H}}_{g}=0 \tag{6.4-11b}$$

$$\mu\frac{\partial^{2}\overline{\boldsymbol{H}}_{s}}{\partial z^{2}}+d_{31}\overline{\boldsymbol{H}}_{s}+d_{32}\overline{\boldsymbol{H}}_{1}+d_{33}\overline{\boldsymbol{H}}_{g}=0 \tag{6.4-11c}$$

式中，$d_{11}=\rho_{w}^{1}(\omega^{2}-2\omega c\xi+c^{2}\xi^{2})$，$d_{12}=\rho^{1}(\omega^{2}-2\omega c\xi+c^{2}\xi^{2})-\vartheta^{1}(i\omega-ic\xi)$，$d_{21}=$

$\rho^{g}(\omega^2-2\omega c\xi+c^2\xi^2)$，$d_{22}=\rho^{g}(\omega^2-2\omega c\xi+c^2\xi^2)-\vartheta^{g}(\mathrm{i}\omega-\mathrm{i}c\xi)$，$d_{31}=\rho(\omega^2-2\omega c\xi+c^2\xi^2-\mu\xi^2)$，$d_{32}=nS^{l}\rho^{l}(\omega^2-2\omega c\xi+c^2\xi^2)$，$d_{33}=nS^{g}\rho^{g}(\omega^2-2\omega c\xi+c^2\xi^2)$。

同样，假设式（6.4-11）的解为：

$$\{\overline{\boldsymbol{H}}_{s},\overline{\boldsymbol{H}}_{l},\overline{\boldsymbol{H}}_{g}\}=\{d^{s},d^{l},d^{g}\}\mathrm{e}^{\gamma z} \tag{6.4-12}$$

将式（6.4-12）代入式（6.4-11），整理后，可得：

$$\begin{bmatrix} d_{11} & d_{12} & 0 \\ d_{21} & 0 & d_{23} \\ \mu\gamma^2+d_{31} & d_{32} & d_{33} \end{bmatrix}\begin{bmatrix} d^{s} \\ d^{l} \\ d^{g} \end{bmatrix}=0 \tag{6.4-13}$$

上式有非零解的条件为系数矩阵行列式为零，从而可得：

$$\beta_5\gamma^2+\beta_6=0 \tag{6.4-14}$$

式中，

$\beta_5=\mu d_{12}d_{23}$，$\beta_6=d_{12}d_{23}d_{31}-d_{11}d_{23}d_{32}-d_{21}d_{12}d_{33}$。

求解式（6.4-14）可得其两个根为 γ 和 $-\gamma$，其中 $\gamma=\sqrt{-\beta_6/\beta_5}$。由此可得式（6.4-11）的通解形式为：

$$\overline{\boldsymbol{H}}_{s}=d^{s}(D_4\mathrm{e}^{\gamma z}+E_4\mathrm{e}^{-\gamma z}) \tag{6.4-15a}$$

$$\overline{\boldsymbol{H}}_{l}=d^{l}(D_4\mathrm{e}^{\gamma z}+E_4\mathrm{e}^{-\gamma z}) \tag{6.4-15b}$$

$$\overline{\boldsymbol{H}}_{g}=d^{g}(D_4\mathrm{e}^{\gamma z}+E_4\mathrm{e}^{-\gamma z}) \tag{6.4-15c}$$

6.4.2 问题的解答

将式（6.4-10）、式（6.4-15）代入式（3.2-1），最终可得在 Fourier 变换域中土体中各位移、应力和孔隙水、气压力的通解为：

$$\overline{u}_x^{s}=\mathrm{i}\xi\sum_{n=1}^{3}c^{s}(D_n\mathrm{e}^{\lambda_n z}+E_n\mathrm{e}^{-\lambda_n z})-\gamma d^{s}(D_4\mathrm{e}^{\gamma z}+E_4\mathrm{e}^{-\gamma z}) \tag{6.4-16a}$$

$$\overline{u}_z^{s}=\sum_{n=1}^{3}\lambda_n c^{s}(D_n\mathrm{e}^{\lambda_n z}+E_n\mathrm{e}^{-\lambda_n z})+\mathrm{i}\xi d^{s}(D_4\mathrm{e}^{\gamma z}+E_4\mathrm{e}^{-\gamma z}) \tag{6.4-16b}$$

$$\overline{u}_z^{l}=\sum_{n=1}^{3}\lambda_n c^{l}(D_n\mathrm{e}^{\lambda_n z}+E_n\mathrm{e}^{-\lambda_n z})+\mathrm{i}\xi d^{l}(D_4\mathrm{e}^{\gamma z}+E_4\mathrm{e}^{-\gamma z}) \tag{6.4-16c}$$

$$\overline{u}_z^{g}=\sum_{n=1}^{3}\lambda_n c^{g}(D_n\mathrm{e}^{\lambda_n z}+E_n\mathrm{e}^{-\lambda_n z})+\mathrm{i}\xi d^{g}(D_4\mathrm{e}^{\gamma z}+E_4\mathrm{e}^{-\gamma z}) \tag{6.4-16d}$$

$$\begin{aligned}\overline{\sigma}_{zz}=&f_{11}\sum_{n=1}^{3}(D_n\mathrm{e}^{\lambda_n z}+E_n\mathrm{e}^{-\lambda_n z})+f_{12}\sum_{n=1}^{3}\lambda_n^2(D_n\mathrm{e}^{\lambda_n z}+E_n\mathrm{e}^{-\lambda_n z})\\&+2\mathrm{i}\mu\xi\gamma d^{s}(D_4\mathrm{e}^{\gamma z}+E_4\mathrm{e}^{-\gamma z})\end{aligned} \tag{6.4-17a}$$

$$\overline{\sigma}_{xz}=2\mathrm{i}\mu\xi\sum_{n=1}^{3}\lambda_n c^{s}(D_n\mathrm{e}^{\lambda_n z}+E_n\mathrm{e}^{-\lambda_n z})-\mu d^{s}(\gamma^2+\xi^2)(D_4\mathrm{e}^{\gamma z}+E_4\mathrm{e}^{-\gamma z}) \tag{6.4-17b}$$

$$\begin{aligned}\overline{p}_1=&-a_{11}\left[-\xi^2\sum_{n=1}^{3}c^{s}(D_n e^{\lambda_n z}+E_n e^{-\lambda_n z})+\sum_{n=1}^{3}\lambda_n^2 c^{s}(D_n e^{\lambda_n z}+E_n e^{-\lambda_n z})\right]\\&-a_{12}\left[-\xi^2\sum_{n=1}^{3}c^{l}(D_n e^{\lambda_n z}+E_n e^{-\lambda_n z})+\sum_{n=1}^{3}\lambda_n^2 c^{l}(D_n e^{\lambda_n z}+E_n e^{-\lambda_n z})\right]\\&-a_{13}\left[-\xi^2\sum_{n=1}^{3}c^{g}(D_n e^{\lambda_n z}+E_n e^{-\lambda_n z})+\sum_{n=1}^{3}\lambda_n^2 c^{g}(D_n e^{\lambda_n z}+E_n e^{-\lambda_n z})\right]\end{aligned} \tag{6.4-18a}$$

$$\begin{aligned}\overline{p}_g=&-a_{21}\left[-\xi^2\sum_{n=1}^{3}c^{s}(D_n e^{\lambda_n z}+E_n e^{-\lambda_n z})+\sum_{n=1}^{3}\lambda_n^2 c^{s}(D_n e^{\lambda_n z}+E_n e^{-\lambda_n z})\right]\\&-a_{22}\left[-\xi^2\sum_{n=1}^{3}c^{l}(D_n e^{\lambda_n z}+E_n e^{-\lambda_n z})+\sum_{n=1}^{3}\lambda_n^2 c^{l}(D_n e^{\lambda_n z}+E_n e^{-\lambda_n z})\right]\\&-a_{23}\left[-\xi^2\sum_{n=1}^{3}c^{g}(D_n e^{\lambda_n z}+E_n e^{-\lambda_n z})+\sum_{n=1}^{3}\lambda_n^2 c^{g}(D_n e^{\lambda_n z}+E_n e^{-\lambda_n z})\right]\end{aligned} \tag{6.4-18b}$$

式中，$f_{11}=\lambda_n c^{s}+2\mu c^{s}+B_1 c^{l}+B_2 c^{g}$，$f_{12}=-\lambda_n\xi^2 c^{s}-B_1\xi^2 c^{l}-B_2\xi^2 c^{g}$

式（6.4-16）～式（6.4-18）为移动荷载作用下非饱和半空间动力响应问题的位移、应力和孔隙水气压力在频域内的解答。当 $z\to\infty$ 时，土体的位移、应力及孔隙水气压力均趋于0，所以四个未知常数 $D_1=D_2=D_3=D_4=0$，另外四个未知常数 E_1，E_2，E_3，E_4 可根据边界条件求出。

这里考虑半空间表面处（$z=0$）的边界条件为透水透气，则有：

$$\overline{\sigma}_{zz}|_{z=0}=q_0\frac{\sin(\xi l)}{\xi l},\ \overline{\sigma}_{xz}|_{z=0}=0,\ \overline{p}_1|_{z=0}=0,\ \overline{p}_g|_{z=0}=0 \tag{6.4-19}$$

将式（6.4-17）～式（6.4-18）代入式（6.4-19），可得以下矩阵方程：

$$[T]\{E_1,E_2,E_3,E_4\}^{T}=\left\{q_0\frac{\sin(\xi l)}{\xi l},0,0,0\right\}^{T} \tag{6.4-20}$$

最后，根据式（6.4-20）就可求得未知常数 E_1、E_2、E_3、E_4，就可得到频域中非饱和土地基中任一点的位移和孔隙压力等物理量，然后利用 Fourier 逆变换，就可获得时域-空间域上相应的位移和应力。

6.4.3 算例分析与讨论

1. 有效性验证

Tabatabaie 等（2014）推导得到了二维饱和土地基在条形荷载作用下的解析解。为了验证求解过程的正确性，令荷载移动速度 $c=0$，并将本节非饱和土地基退化为饱和土地基，与 Tabatabaie 等给出的解答进行了比较。计算参数为 $H/l=40$，$\omega=1\text{rad/s}$，$\lambda=5.77\times10^{7}\text{N/m}^2$，$\mu=3.85\times10^{7}\text{N/m}^2$，$\alpha=1$，$\rho_s=2\text{g/cm}^3$，$\rho^l=1\text{g/cm}^3$，$n=0.4$。本节基于 FFT 方法进行 Fourier 逆变换，计算区间为 200m，波数离散点为 2048。土骨架在地基表面处的竖向位移沿着水平方向的变化曲线与文献 Tabatabaie（2014）的对比见图 6.4-2，由可知，本节结果与文献的结果吻合较好，说明了本节方法的正确性。

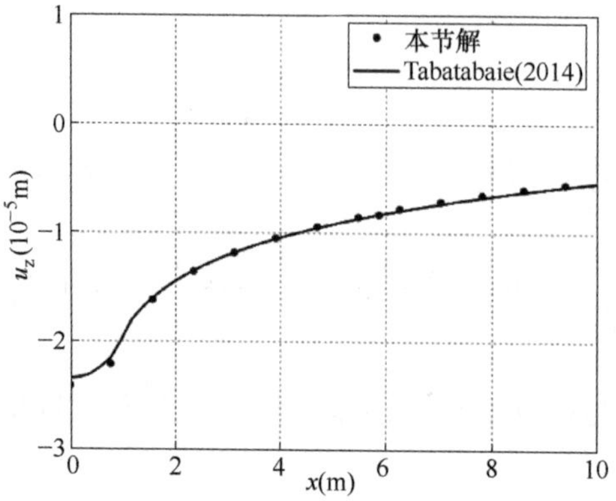

图 6.4-2　土骨架在地基表面处的竖向位移沿着水平方向的变化曲线与文献 Tabatabaie（2014）的对比

2. 数值结果和讨论

为了研究在透水透气边界条件下移动荷载对半空间非饱和土的动力响应，作为本节解答的具体算例，取均布荷载幅值 $q_0=1\text{kPa}$，频率 $\omega=1\text{rad/s}$，$l=1\text{m}$。非饱和土体的物理力学参数如表 6.4-1 所示，其中 $S_{sat}^{l}=1$，$S_{res}^{l}=0.05$，$m_{vg}=0.5$，$\alpha_{vg}=1\times10^{-4}\ \text{Pa}^{-1}$。

非饱和土的物理力学参数　　表 6.4-1

参数名称	参数符号	数值
孔隙率	n	0.4
土颗粒密度	ρ_s	2700kg/m^3
液体密度	ρ^l	1000kg/m^3
气体密度	ρ^g	1.29kg/m^3
液体体积模量	K^w	2.1GPa
气体体积模量	K^g	0.1MPa
骨架体积模量	K^b	1.02GPa
土颗粒体积模量	K^s	36GPa
剪切模量	μ	1.94GPa
固有渗透率	k_{int}	$1\times10^{-12}\text{m}^2$
液体动力黏滞系数	μ_l	$1\times10^{-3}\text{kg/(m·s)}$
气体动力黏滞系数	μ_g	$1.5\times10^{-5}\text{kg/(m·s)}$

图 6.4-3 为地表竖向位移随荷载移动速度的变化曲线。由图可知 u_z（竖向位移）随荷载移动速度的增大而增大。在速度较低时，随移动速度增大（0～40m/s），u_z 增长较小；而在速度较大时，随着速度继续增大（40～80m/s），u_z 迅速增大，移动速度对非饱和土地基的动力响应更加显著。

为了研究饱和度对地表竖向位移的影响，图 6.4-4 给出了地表竖向位移随饱和度的变化曲线。由图可知，在移动荷载作用下地表竖向位移 u_z 随着 S^1 的增大而增大。

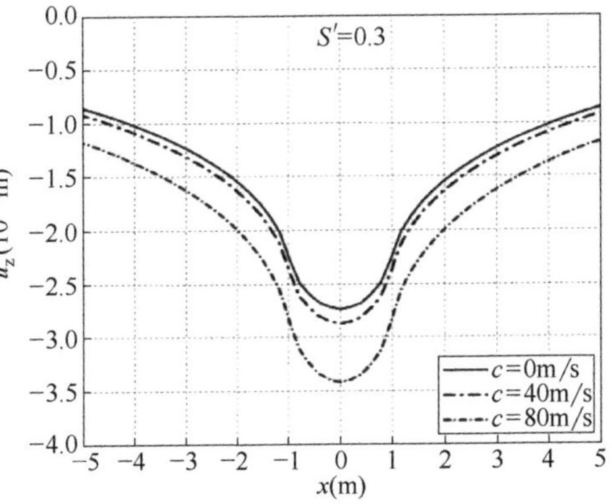

图 6.4-3　地表竖向位移随荷载移动速度的变化曲线

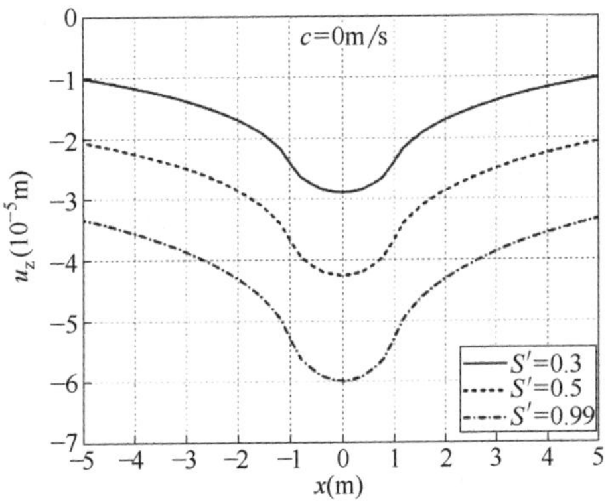

图 6.4-4　地表竖向位移随饱和度的变化曲线

图 6.4-5 为不同饱和度下孔隙水压力和孔隙气压力随深度的变化曲线。由图可知，孔隙水压力和孔隙气压力都随着饱和度的增大而增大。另外，孔隙水压力和孔隙气压力沿地基深度方向先迅速增长到峰值后非线性降低趋于恒值，且峰值出现在离地表很近的位置。

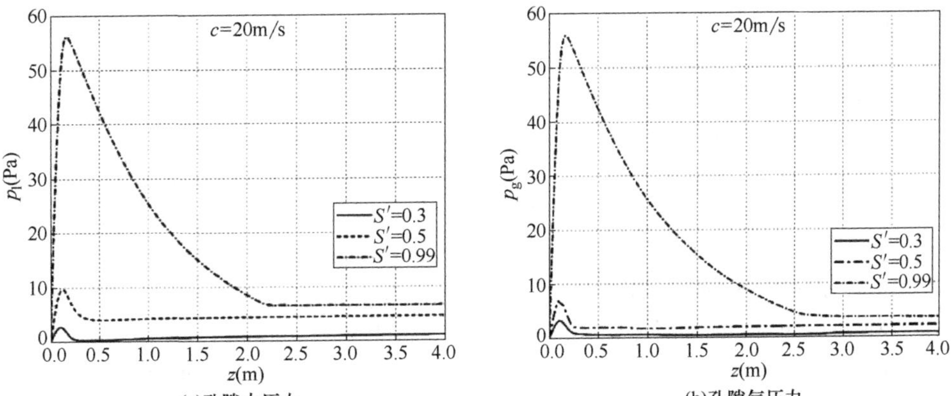

(a)孔隙水压力　(b)孔隙气压力

图 6.4-5　不同饱和度下孔隙水压力和孔隙气压力随深度的变化曲线

参考文献

[1] Abed A A, Solowski W T. A study on how to couple thermo-hydro-mechanical behaviour of unsaturated soils: Physical equations, numerical implementation and examples [J]. Computers & Geotechnics, 2017, 92 (10): 132-155.

[2] Albers B. Linear elastic wave propagation in unsaturated sands, silts, loams and clays [J]. Transport in porous media, 2011, 86 (2): 537-557.

[3] Babu G L S, Srivastava A, Rao K S N, et al. Analysis and Design of Vibration Isolation System Using Open Trenches [J]. International Journal of Geomechanics, 2010, 11 (5): 364-369.

[4] Biot M A. General solutions of the equations of elasticity and consolidation for a porous material [J]. Journal of Applied Mechanics, 1956, 23 (1): 91-96.

[5] Biot M A. Theory of propagation of elastic waves in a fluid-saturated porous solid. I. Low-frequeney range [J]. J. Aeoust. Sot. Am., 1956a, 28: 168-178.

[6] Biot M A. Theory of propagation of elastic waves in a fluid-saturated porous solid. Ⅱ. Higher-frequeney range [J]. J. Aeoust. Sot. Am., 1956b, 28: 179-191.

[7] Chen W, Xia T, Hu W. A mixture theory analysis for the surface-wave propagation in an unsaturated porous medium [J]. International Journal of Solids and Structures, 2011, 48 (s 16-17): 2402-2412.

[8] Chen Weiyun, Chen Guoxing, Xia Tangdai, et al. Energy flux characteristics of seismic waves at the interface between soil layers with different saturations [J]. Science China Technological Sciences, 2014, 57 (010): 2062-2069.

[9] Chouw N, Le R, Schmid G. An approach to reduce foundation vibrations and soil waves using dynamic transmitting behavior of a soil layer [J]. Bauingenieur, 1991, 66: 215-221.

[10] Coleman J D. Stress-strain relations for partly saturated soils [J]. Geotechnique, 1962, 12 (4): 348-350.

[11] Durbin F. Numerical Inversion of Laplace Transforms: An Efficient Improvement to Dubner and Abate's Method [J]. Computer Journal, 2013, 17 (4): 371-376.

[12] Fisher R A. On the capillary forces in an ideal soil; correction of formulae given by WB Haines [J]. The Journal of Agricultural Science, 1926, 16 (3): 492-505.

[13] Fredlund D G, Morgenstern N R. Stress state variables for unsaturated soils [J]. Journal of the Geotechnical Engineering Division, 1977, 103: 447-466.

[14] Hongbo Liu, Fengxi Zhou, Liye Wang, et al. Propagation of Rayleigh waves in unsaturated porothermoelastic media [J]. International Journal for Numerical and Analytical Methods in Geomechanics. 2020, 44 (12): 1656-1675.

[15] Hongbo Liu, Fengxi Zhou, Ruiling Zhang, et al. The effect of the tortuosity of fluid phases on the phase velocity of Rayleigh wave in unsaturated porothermoelastic media [J]. Journal of Thermal Stresses, 2020, 43 (8): 929-939.

[16] Hongbo Liu, Mingjing Jiang, Fengxi Zhou. Attenuation characteristics of thermoelastic

waves in unsaturated soil [J]. Arab J Geosci, 2021, 14: 1878-1889.

[17] Li P , Schanz M. Wave propagation in a 1-D partially saturated poroelastic column [J]. Geophysical Journal International, 2011, 184: 1341-1353.

[18] Liu H B, Zhou F X, Wang L Y, et al. Propagation of Rayleigh waves in unsaturated porothermoelastic media [J]. International Journal for Numerical and Analytical Methods in Geomechanics. 2020, 44 (12): 1656-1675.

[19] Lo W C, Sposito G, Majer E. Wave propagation through elastic porous media containing two immiscible fluids [J]. Water Resources Research, 2005, 41 (2): 1-20.

[20] Lu J F, Hanyga A, Jeng D S. A mixture-theory-based dynamic model for a porous medium saturated by two immiscible fluids [J]. Journal of Applied Geophysics, 2007, 62 (2): 89-106.

[21] Lu N , Likos W J . Suction Stress Characteristic Curve for Unsaturated Soil [J]. Journal of Geotechnical & Geoenvironmental Engineering, 2006, 132 (2): 131-142.

[22] Ma Qiang, Zhou Fengxi, Zhang Wuyu. Vibration isolation of saturated foundations by functionally graded wave impeding block under a moving load [J]. Journal of the Brazilian Society of Mechanical Sciences and Engineering, 2019, 41 (2): 108-118.

[23] Min Z, Wei S, Zhong-chao Z, et al. Propagation characteristics of Rayleigh waves in double-layer unsaturated soils [J]. Rock and Soil Mechanics, 2017, 38 (10): 2931-2938.

[24] Murphy W F. Effects of partial water saturation on attenuation in Massilon sandstone and Vycor porous glass [J]. Journal of the Acoustical Society of America, 1982, 71 (6): 639-648.

[25] Ning Lu, Godt J W, Wu D T. A closed-form equation for effective stress in unsaturated soil [J]. Water Resources Research, 2010, 46 (5): 567-573.

[26] Ning Lu, Likos W J. Suction Stress Characteristic Curve for Unsaturated Soil [J]. Journal of Geotechnical and Geoenvironmental Engineering, 2006, 132 (2): 131-142.

[27] Qiang Ma, Fengxi Zhou, Wuyu Zhang. An analytical study on blast-induced ground vibration with gravitational effect [J]. Soil Mechanics and Foundation Engineering, 2019, 56 (4): 285-291.

[28] Qiang Ma, Fengxi Zhou. Propagation Conditions of Rayleigh Waves in Nonhomogeneous Saturated Porous Media [J]. Soil Mechanics and Foundation Engineering, 2016, 53 (4): 268-273.

[29] Santos J E, Douglas Jr J, Corberó J, et al. A model for wave propagation in a porous medium saturated by a two-phase fluid [J]. The Journal of the Acoustical Society of America, 1990, 87 (4): 1439-1448.

[30] Schrefler B A, Zhan X. A fully coupled model for water flow and airflow in deformable porous media [J]. Water Resources Research, 1993, 29 (1): 155-167.

[31] TABATABAIE Y J, VALLIAPPAN S, ZHAO C B. Analytical and numerical solutions for wave propagation in water-saturated porous layered half-space [J]. Soil Dynamics and

Earthquake Engineering, 1994, 13: 249-257.

[32] Takemiya H. Field vibration mitigation honeycomb WIB for pile foundations of a high-speed train viaduct [J]. Soil Dynamics and Earthquake Engineering, 2004, 24: 69-87.

[33] Tsai P H. Effects of Open Trench Dimension on Screening Effectiveness for High Speed Train Induced Vibration [J]. Applied Mechanics & Materials, 2013, 256-259: 1187-1190.

[34] Wei-Cheng Lo, Chao-Lung Yeh, Chyan-Deng Jan. Effect of soil texture and excitation frequency on the propagation and attenuation of acoustic waves at saturated conditions [J]. Journal of Hydrology, 2008, 357: 270-281.

[35] Woods R D. Screening of surface waves in soils [J]. Journal of the Soil Mechanics and Foundations Division, ASCE. 1968, 94 (4): 951-979.

[36] Yang Y B, Hung H H. Wave Propagation for Train-Induced Vibrations [J]. World Scientific, 2009.

[37] Zhang M, Wang X, Yang G, et al. Solution of dynamic Greens function for unsaturated soil under internal excitation [J]. Soil Dynamics and Earthquake Engineering, 2014, 64: 63-84.

[38] Zhao C G, Liu Y, Gao F P. Work and energy equations and the principle of generalized effective stress for unsaturated soils [J]. International Journal for Numerical & Analytical Methods in Geomechanics, 2010, 34 (9): 920-936.

[39] Zhou Fengxi, H Liu, S Li. Propagation of thermoelastic waves in unsaturated porothermoelastic media [J]. Journal of Thermal Stresses , 2019, 42 (10): 1256-1271.

[40] Zhou Fengxi, LAI Yuanming, SONG Ruixia. Propagation of plane wave in non-homogeneously saturated soils [J]. SCIENCE CHINA Technological Sciences, 2013, 56 (2): 430-440.

[41] Zhou Fengxi, Liu Hongbo, Li Shirong. Propagation of thermoelastic waves in unsaturated porothermoelastic media [J]. Journal of Thermal Stresses , 2019, 42 (10): 1256-1271.

[42] Zhou Fengxi, Ma Qiang. Exact solution for capillary interactions between two particles with fixed liquid volume [J]. Applied Mathematics & Mechanics, 2016, 7 (12): 1597-1606.

[43] Zhou Fengxi, Qiang Ma, Gao Bei Bei. Efficient Unsplit Perfectly Matched Layers for Finite-Element Time-Domain Modeling of Elastodynamics [J]. Journal of Engineering Mechanics, 2016, 142 (11): 1-12.

[44] Zhou Fengxi, Qiang Ma. Propagation of Rayleigh waves in fluid-saturated non-homogeneous soils with the graded solid skeleton distribution [J]. International Journal for Numerical and Analytical Methods in Geomechanics, 2016, 40 (11): 1513-1530.

[45] Zhou Fengxi, Ruiling Zhang, Hongbo Liu, et al. Reflection characteristics of plane S wave at the free boundary of unsaturated porothermoelastic media [J]. Journal of Thermal Stresses, 2020, 43 (5): 579-593.

[46] Zhou Fengxi, Wang Liye. An Efficient Unsplit Perfectly Matched Layer for Finite-Element

Time-Domain Modeling of Elastodynamics in Cylindrical Coordinates [J]. Pure and Applied Geophysics，2020，177：4345-4363.

[47] Zhou Fengxi. Transient Dynamic Analysis of Gradient-Saturated Viscoelastic Porous Media [J]. Journal of Engineering Mechanics，2014，140 (4)：1-9.

[48] 陈炜昀. 非饱和弹性多孔介质中体波与表面波的传播特性研究 [D]. 杭州：浙江大学，2013.

[49] 胡冉，陈益峰，周创兵. 降雨入渗过程中土质边坡的固-液-气三相耦合分析 [J]. 中国科学：技术科学，2011，41 (11)：1469-1482.

[50] 黎在良，刘殿魁. 固体中的波 [M]. 北京：科学出版社，1995.

[51] 刘伟，范爱武，黄晓明. 多孔介质传热传质理论与应用 [M]. 北京：科学出版社，2006.

[52] 柳鸿博，周凤玺，岳国栋，等. 非饱和土中热弹性波的传播特性分析 [J]. 岩土力学，2020，41 (5)：1613-1624.

[53] 柳鸿博，周凤玺，张瑞玲，等. 饱和多孔介质中热弹耦合对体波传播特性的影响分析 [J]. 岩石力学与工程学报，2020，39 (S1)：2693-2702.

[54] 柳鸿博，周凤玺，郝磊超. 平面S波在饱和多孔热弹性介质边界的反射问题研究 [J]. 地震工程学报，2021，43 (1)：105-112.

[55] 马强，周凤玺，刘杰. 梯度波阻板的地基振动控制研究 [J]. 力学学报，2017，49 (6)：1360-1369.

[56] 邵彦平. 应用吸应力变量的非饱和土弹塑性本构模型研究 [D]. 兰州：兰州理工大学，2020.

[57] 时刚，高广运. 饱和地基中二维空沟远场被动隔振研究 [J]. 振动与冲击，2011，30 (9)：157-162.

[58] 王春玲，赵鲁珂，李东波. 非饱和地基上多层矩形板稳态响应解析研究 [J]. 岩土工程学报，2019，41 (12)：2182-2190.

[59] 王立安，赵建昌，侯小强，等. 非均匀饱和半空间的Lamb问题 [J]. 岩土力学，2020，41 (5)：1790-1798.

[60] 吴世明. 土介质中的波 [M]. 北京：科学出版社，1997.

[61] 谢定义，冯志焱. 对非饱和土有效应力研究中若干基本观点的思辨 [J]. 岩土工程学报，2006，28 (2)：170-173.

[62] 徐明江，魏德敏. 非饱和多孔介质中弹性波的传播特性 [J]. 科学技术与工程，2009，9 (18)：5403-5409.

[63] 徐长节，史焱永. 非饱和土中波的传播特性 [J]. 岩土力学，2004 (3)：354-358.

[64] 周凤玺，曹小林，马强. 颗粒间的毛细作用以及吸应力特征曲线分析 [J]. 岩土力学，2017，38 (7)：2036-2042.

[65] 周凤玺，赖远明，米海珍. 非均匀地基与均匀地基解答之间的相似关系 [J]. 岩土力学，2013，34 (12)：3372-3376.

[66] 周凤玺，赖远明. 饱和冻土中弹性波的传播特性 [J]. 岩土力学，2011，32 (9)：2669-2674.

[67] 周凤玺，赖远明. 梯度饱和土瞬态响应分析 [J]. 力学学报 2012，44 (5)：943-947.

[68] 周凤玺，赖远明. 条形荷载作用下梯度饱和土的动力响应分析 [J]. 岩土力学，2013，34 (6)：1723-1730.

[69] 周凤玺，柳鸿博，蔡袁强. 饱和多孔热弹性介质中 Rayleigh 波传播特性分析 [J]. 岩土力学，2020，41 (1)：315-324.

[70] 周凤玺，柳鸿博. 非饱和土中 Rayleigh 波的传播特性分析 [J]. 岩土力学，2019，40 (8)：3218-3226.

[71] 周凤玺，马强，赖远明. 含液饱和多孔波阻板的地基振动控制研究 [J]. 振动与冲击，2016，35 (1)：96-105.

[72] 周凤玺，张雅森，曹小林，等. 非饱和土半空间 Lamb 问题及能量传输特性 [J]. 力学学报，2021，53 (7)：2079-2089.

[73] 周凤玺，曹永春，赵王刚. 移动荷载作用下非均匀地基的动力响应分析 [J]. 岩土力学，2015，36 (7)：2027-2033.

[74] 周凤玺，翟睿智，蔡袁强. 非饱和多孔介质中弹性波动响应分析 [J]. 应用基础与工程科学学报，2022，30 (2)：407-420.

[75] 周凤玺，高令猛，马强. 平面 SH 波作用下衬砌隧道对地下地震动的影响 [J]. 地震学报，2019，41 (2)：269-276.

[76] 周凤玺，赖远明，任圆圆. 饱和土地基在简谐荷载作用下的解析分析 [J]. 固体力学学报，2013，34 (5)：536-540.

[77] 周凤玺，宋瑞霞. 平面 P-SV 波入射时非均匀饱和土自由场地的响应 [J]. 地震学报，2015，37 (4)：629-639.